U0249718

未读 | 自然写作

极北森林

移动的林木线

The Treeline

The Last Forest and the Future of Life on Earth

[英] 本 · 罗伦斯 —— 著　王晨 —— 译
Ben Rawlence

海峡出版发行集团
THE STRAITS PUBLISHING & DISTRIBUTING GROUP
海峡书局

图书在版编目（CIP）数据

极北森林：移动的林木线 / (英) 本·罗伦斯著；
王晨译. -- 福州：海峡书局, 2025. 1
ISBN 978-7-5567-1284-7

Ⅰ. S718.5

中国国家版本馆CIP数据核字第2024NB2867号

著作权合同登记号图字：13-2024-058号
审图号：GS京（2024）2601号

出 版 人：林前汐
责任编辑：廖飞琴　俞晓佳
特约编辑：杨子兮
封面设计：孙晓彤
美术编辑：程　阁

极北森林：移动的林木线
JIBEI SENLIN:YIDONG DE LINMUXIAN

作　　者：（英）本·罗伦斯
译　　者：王晨
出版发行：海峡书局
地　　址：福州市白马中路15号海峡出版发行集团2楼
邮　　编：350004
印　　刷：北京联兴盛业印刷股份有限公司
开　　本：889mm × 1194mm　1/32
印　　张：12.5
字　　数：266千字
版　　次：2025年1月第1版
印　　次：2025年1月第1次
书　　号：ISBN 978-7-5567-1284-7
定　　价：88.00元

关注未读好书

客服咨询

献给树木和所有以森林为家的生命

目录

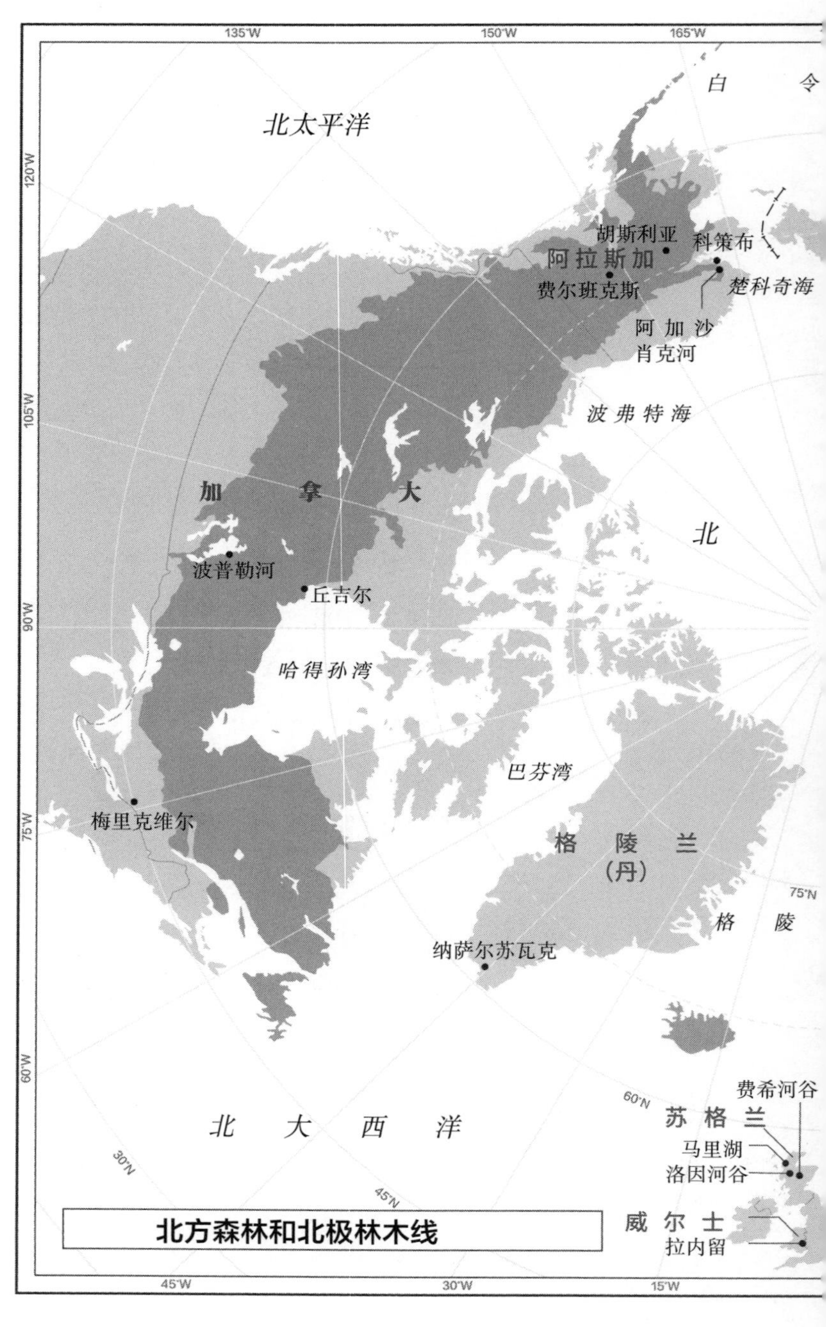

北太平洋
白
令
胡斯利亚
科策布
阿拉斯加
费尔班克斯
楚科奇海
阿加沙
肖克河
波弗特海
加拿大
北
波普勒河
丘吉尔
哈得孙湾
巴芬湾
梅里克维尔
格陵兰
(丹)
格
陵
纳萨尔苏瓦克
费希河谷
苏格兰
马里湖
洛因河谷
威尔士
拉内留
北大西洋
北方森林和北极林木线

注：本书插图系原文原图。

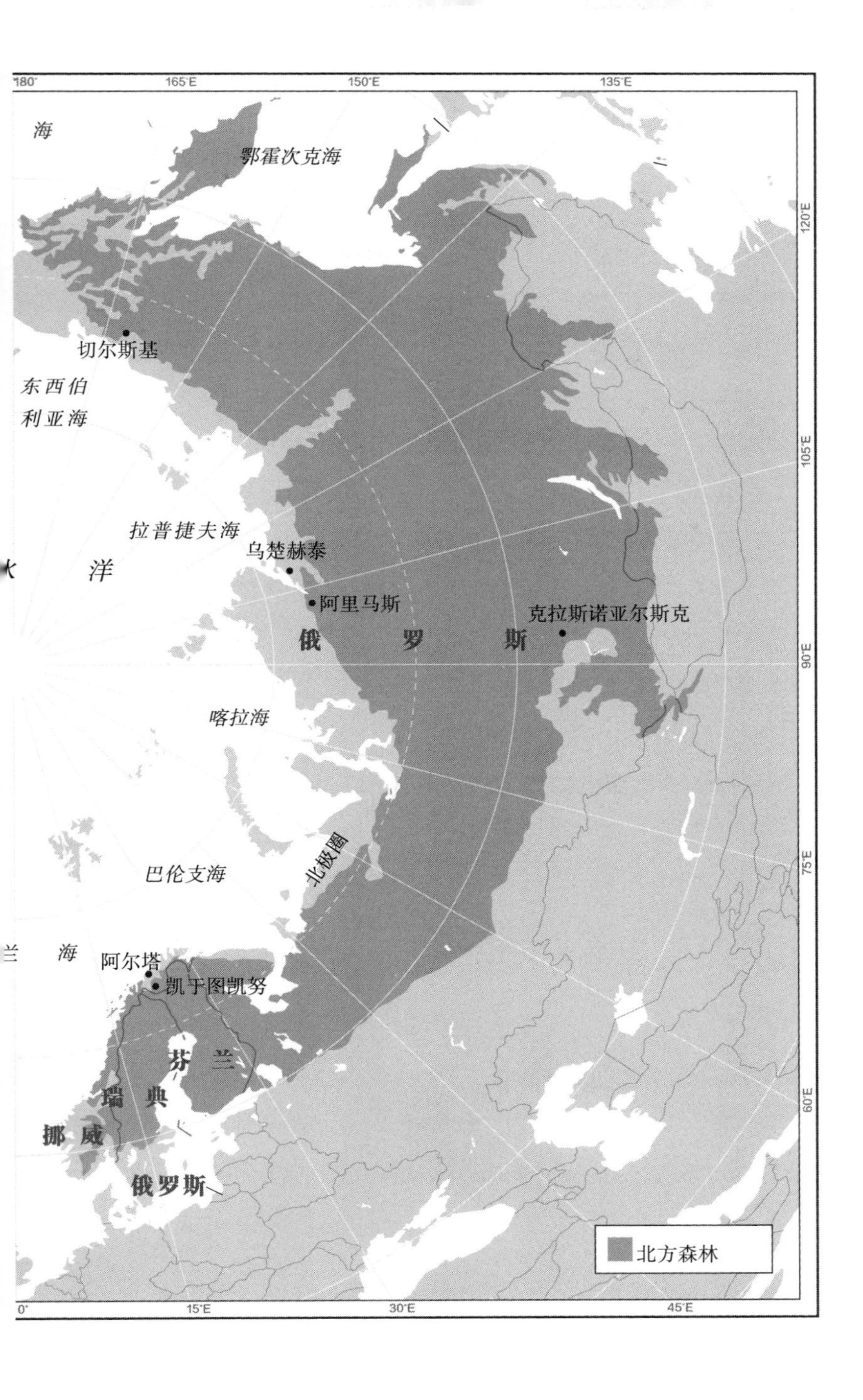

180°
165°E
150°E
135°E
120°E
105°E
90°E
75°E
60°E
0°
15°E
30°E
45°E
海
鄂霍次克海
切尔斯基
东西伯
利亚海
拉普捷夫海
乌楚赫泰
洋
阿里马斯
克拉斯诺亚尔斯克
俄　　罗　　斯
喀拉海
北极圈
巴伦支海
兰　海
阿尔塔
凯于图凯努
芬　兰
瑞　典
挪　威
俄罗斯
北方森林

导 言

欧洲红豆杉（Yew，拉丁学名*Taxus baccata*）

拉内留，威尔士

52° 00'01"N

我家房子后面有一棵很大很老的树。对于它，我从来没有多想过，它只不过是司空见惯的东西，教堂墓地边上一棵粗糙多瘤的老树，典型的威尔士景色。但是最近，我发现自己开始更加关注树木了。

这棵树是一棵欧洲红豆杉。它矗立在高出路面数米的一座土丘上，根系虬曲有力，紧紧地扎在土壤下方。这棵欧洲红豆杉精致的常绿针叶像细密的头发，挂在巨大而弯曲的树枝上，略显凌乱的刘海下仿佛隐藏着一张脸——也许是一个害羞的绿人①。要想接近树干，你必须将头探进下垂的刘海下方，然后像拉开厚重的帷幕一样分开树枝，仿佛走到祭坛后面冒险一样。这是一处神秘的庇护所，距离小路仅有几步之遥，充满了常绿树和生命的微酸气息。

在小路的另一侧，还生长着另一棵欧洲红豆杉，它稍小一些，但有着同样光滑的粉红色树皮，有些地方毛茸茸的，而且发黏。我

---

① 绿人（Green Man）是英国民间传说中的古老人物，象征着春天和重生。绿人的形象经常出现在建筑和艺术中，通常是由树叶组成或者被树叶包围的男性脸庞。——译者注（若无说明，本书注释均为译者注）

沿着它从土壤里冒出的裸露根系向前探寻，它们沿着路边的土坡伸展，钻进路面之下，与它体形更大的邻居的根系纠缠在一起，共同形成一个生命结构。仔细观察，这棵较小的树结着鲜红色的浆果：它是雌树。更大的那棵没有果实，是雄树。它们是端庄又威严的一对，但无论我如何努力，都找不到任何人来告诉我这对古老爱人的年龄，也没人知道它们是怎么来到这里的。

确定欧洲红豆杉的年代是一件极其困难的事。部分原因在于它们没有年龄上限。欧洲红豆杉在青年时期生长迅速，在中年时期稳定生长，而在衰老后似乎可以无限期地存活。有时，这种树会停止生长，休眠很长一段时间，可能长达数个世纪。年轮分析法不适用于欧洲红豆杉。它们和雪松一样，低垂的树枝向土壤中扎根可以长成新的树，树桩也可以发芽并抽生枝条。如果放任不管，一棵欧洲红豆杉大概能永远再生。这是它们被凯尔特人视为神圣之物的原因之一。他们崇拜拥有红色有毒浆果、粉色果肉和丰富汁液的欧洲红豆杉，是因为它的神性、它赋予生命和死亡的能力，以及它的不死之名。教堂墓地是圆形的，表明这里曾经有一个“拉恩”（威尔士语中的llan）——基督教出现之前的神圣场所，先于那座诺曼风格的小教堂而存在。欧洲红豆杉常常和“拉恩”一起出现。这对古老的爱人静静地矗立在石头围成的圆圈上方，在那条小路下牵手走过几个世纪，甚至几千年，这可能就是拉内留（Llanelieu）这座村庄存在于此的原因。

古树总是令人惊叹。它们是来自另一个时代的遗民，其生命周期比人类的时间尺度长得多。它们的分布方式和范围是极其漫长的地质、气候和进化周期在地球这颗行星上作用的结果。例如，欧洲红豆杉的分布就很奇特，仅出现在中亚的高山地区，以及北欧的零星藏身之地，这表明它曾经的分布范围一定更加广泛，而它如今是一个孑遗物种——留存至今的都是来自另一个时代的格格不入者。这也许是危机时刻的一种安慰，提醒我们，我们担忧的事情只是深深积聚在成千上万圈年轮中的漫长时间里的一个小点。但如今，人类已经扰乱了海洋、森林、风和洋流组成的系统，以及孕育了我们这个物种的水和空气中的气体平衡，这令欧洲红豆杉的安慰变得不确定。树木不再提供慰藉，而是发出警告。

全球变暖的第一个受害者是我们对时间的自满态度：千年已经变成了瞬间。如今，我每次看到山脉、森林或田野，都会感到大地同时在期待和回忆中颤抖。对于即将到来的不确定情况，我们最好的应对指南是历史：地质学、冰川学和树木年代学——研究岩石、冰和树木的学问。因此，过去和未来都变得无所不在，时间变得难以捉摸，在山间散步会让你头晕目眩。突然间，我目之所及到处都是树木：在它们不存在的地方，它们曾经存在的地方，它们应该存在的地方。这是一种在时间之外看待风景的方式，就像离泥土更近的人一直做的那样。而且这样看来，现在那里的景色似乎是错误的。高耸在教堂和村庄上方的布莱克山（Black Mountains）那干净利落的绿色轮廓如今在我眼里是一片悲惨的荒漠，是那个人类集体犯蠢的地质时代的纪念碑。

这些山丘是英格兰和威尔士的边界。首先越过这条边界线的是罗马人，然后是丹麦人，后来还有中世纪的英格兰国王，这些越境行为标志着一场运动的开始，而这场运动最终在这颗星球最后的原始森林的伟大遗迹（亚马孙热带雨林和亚北极北方森林）中走向了结局。罗马人、丹麦人和英格兰贵族都是为了寻找自然资源，主要是木材。威尔士的殖民化是建立在过度扩张（overreach）之上的经济体系的第一个表现：所谓过度扩张，即早期重商主义者在超出其自身环境所能承载的极限之后，动用武力从其他地方获取贡金和资源的行为。根据定义，帝国就是过度扩张的表现，无论是英国人、维京人、罗马人还是其他什么人建立的帝国。殖民主义、资本主义和白人至上主义有着不正常的共同理念：对某些人行动自由的限制被视为对自由原则本身的冒犯。这与森林的协同进化动态完全相反。

曾几何时，这些山丘上长满了树木。现在只剩下一种在威尔士语中被称为“ffridd”或“coedcae”的零散生态系统——山楂、低矮灌木丛和欧洲蕨与阔叶植物混合在一起，形成低地栖息地和高山栖息地之间的过渡地带。山顶的泥炭证明这里曾经有森林。但那是在我们的新石器时代祖先为了放牧和获取燃料而砍伐森林之前，也是在我们后来嗜好鹿、松鸡，当然还有绵羊之前。然而，比树木更早，在岩石还没有被任何植物覆盖之前，那里已经有了冰。

上一次冰期结束于一万年前，按照地球的时间尺度只相当于几秒钟。拉内留的这两棵古老的欧洲红豆杉，可能是冰层退去后最早扎根的一批树中某棵树的孙辈，甚至可能是子代。像欧洲红豆杉这样的针叶树的进化与冰期循环紧密相关。它们在贫瘠环境中，在营养有限的硬土中茁壮成长。这就是林木线的形成过程。因为林木线根本不是一条真正的线。

“林木线”一词在现代用法中已经成为地图上表示树木生长范围极限的一条固定的线，这个事实恰恰说明了人类的时间视野非常狭窄，也证明了我们在很大程度上认为我们现在的栖息地是理所当然的。事实上，树木的生长条件，无论是受到海拔（在山坡上）还是纬度（靠近北极）的限制，都取决于产生它们的环境：可利用的土壤、养分、光照、二氧化碳和暖和的气温。几千年来，这些气候条件一直保持着相当稳定的状态，但在更长的时间尺度上，全球温度的微小变化意味着林木线始终是一个移动的目标。

冰来来去去很多次。每一次，大自然都会重新启动，慢慢地再次占领被冰雪侵蚀过的陆地。首先是地衣，然后是苔藓，最后是草、灌木以及桦树和榛树等先锋树种，它们改善了土壤，并为随后步伐缓慢的大树倾倒无数的枯枝落叶层：松树、无梗花栎和欧洲红豆杉。如果任其自由发展，那么除非受到寒冷或干旱的限制，否则地球上大多数栖息地的自然平衡都倾向于最终形成森林。因此，随着冰层向北移动，林木线慢慢跟在后面，树木在贫瘠的土壤中扎根，进行光合作用，脱落针叶，然后死亡，创造出肥沃的泥土层，为所有其他陆地生物的栖息地奠定基础。在北半球，几乎没有一块土地不曾被林木线掠过。

自三百万年前的上新世以来，当植物的爆发令大气冷却到现代的平衡状态时，以十万年为一个周期的冰期就开始在我们的星球上留下标记。这种周期的产生是因为地球不是均匀自转，而是像陀螺一样不时摇晃的。这种摇晃被称为“米兰科维奇循环”（Milankovitch cycle）。每十万年，它就会让地球向远离太阳的方向倾斜一点点，使地球稍微变冷，并导致两极的冰雪在比我们的一年四季更大的时间尺度上扩张和消退。南极是一座岛屿，除了新西兰和巴塔哥尼亚之外，冰川在南半球很少见。与此同时，北半球的自然造林和毁林一次又一次地交替上演。如果以地质时间为尺度对地球进行延时摄影，我们可以看到冰层有节奏地降低和后退，一大片绿色的森林向北极方向升起，然后又落下，就像呼吸一样。

但如今这颗星球正在急促地呼吸。这个明亮的绿色光环正在以快到不自然的速度移动，给地球戴上一顶由针叶和阔叶组成的桂冠，将白色的北极地区变成绿色。林木线向北迁移不再是每世纪几厘米的问题，而是每年数百米。树木正在迈进。它们不应该这样。这一险恶的事实对地球上的所有生命都有巨大的影响。

我不记得第一次听说“行进的树木”是在何时何地。但在我费心去研究到底发生了什么之前，那幅景象一直伴随了我好几年。我原以为科学家已经观察到了微小的变化，这很可能是他们在过去几十年来对最近的气候变暖趋势做出的回应。然而，对于我亲自发现的东西，我完全始料未及。

我了解到，北极苔原正在长出更多灌木，变成了绿色。但这不是树木贪婪地摄入二氧化碳并向北狂奔的简单故事。这是一颗不断变化的星球，生态系统正在适应巨大的变化，并试图找到其平衡。每年都有面积相当于一个国家的森林被大火、寄生虫和人类摧毁，而在其他地方，珍贵的苔原被树木占据，现在后者已被视为入侵物种。森林在进化它们的物种群落，或者在不应该存在的地方突然出现，给那些生存策略依赖于森林保持稳定不变的动物和人类带来了严重的破坏。

我们的地图过时了。北极林木线的位置一直是北极圈的定义之一。它几乎完全准确地标记着另一条线，那就是7月10摄氏度等温线——在世界顶部的这条线附近，夏季平均气温为10摄氏度。这条波浪线短暂地擦过苏格兰凯恩戈姆山的顶部，然后在离开温带森林峡湾后登陆斯堪的纳维亚半岛内陆。经过芬马克郡的高地后，它从俄罗斯的白海穿过西伯利亚顶部，一直延伸到白令海峡。在阿拉斯加，林木线北抵布鲁克斯山脉，然后沿对角线俯冲穿过加拿大，在哈得孙湾再次与大海相遇。在这片内陆海的另一边，它蜿蜒穿过魁北克和多山的拉布拉多地区，然后跨过海洋，跳上格陵兰岛南部。

这就是本书中描述的旅程路线，不过线的概念本身就具有误导性。放大来看，林木线根本不是一条线，而是生态系统之间的过渡带，科学家称之为森林-苔原生态交错带（forest-tundra ecotone，简称FTE），在有些地方宽达数百公里，在另一些地方只有几英尺[①]宽。随着气候变暖，该地带以及两侧巨大的苔原和森林生态系统正在以令人意想不到的方式发生各种变化。总之，这条线是错误的。7月10摄氏度等温线不再是制图师可以依赖的稳定事实，它在地球上剧烈摇摆，西伯利亚、格陵兰、阿拉斯加和加拿大的夏季气温都能证明这一点。树木能够生长的地方和它们如今的实际位置已经逐渐脱钩。

① 一英尺=0.3048米。

这使得整个地区同时充满可能性和威胁。

沿着这个地区旅行时，我深入了解到北方森林在调节地球当前气候方面所发挥的重大作用。和亚马孙雨林相比，北方森林才是真正的地球之肺。北方森林覆盖了地球的五分之一，拥有地球上三分之一的树木，是仅次于海洋的第二大生物群系（或称生命系统）。地球系统——水和氧气的循环、大气循环、反照率效应、洋流和极地风——是由林木线的位置和森林的功能所塑造和引导的。

我了解到，我们对这些系统在全球变暖背景下的运行变化状况知之甚少。我们知道，世界正在变得越来越热，而且这很危险，我们还不知道的是，这对我们或森林中的其他生命形态意味着什么。随着气候变暖，森林正在失去吸收和储存二氧化碳的能力。虽然北方森林是地球上最大的氧气来源，但那里的树木增多，并不一定意味着从大气中封存的碳会变得更多。当树木侵入冰冻的苔原时，它们会加速永久冻土层的融化，这些冻住的土壤中含有足以加速全球变暖的温室气体，速度之快超出了科学家模拟的任何情况。许多矛盾的事情正在同时发生。

地球失去了平衡，林木线地带是一个经历着巨大地质变化的区域，混淆并挑战我们对过去、现在和未来的看法。“我们正处于新旧故事之间。关于世界如何形成以及我们如何融入世界的旧故事已经不再有效。然而，我们还没有了解新故事。”文化历史学家托马斯·贝里（Thomas Berry）如是说。[1]我发现这些新故事的种子根植于北方森林的古老安排。在大多数情况下，森林是人类与自然平等共存的模式依然存续的地方。

然而，科学和地理的领域都十分广阔，而北方森林所代表的范围是如此之大，似乎不可能用一本书的篇幅来概括。直到我发现构成林木线的只有极少数树种时，我才意识到或许可以尝试进行描述。这里列出的六种树木是精英俱乐部的成员，它们都是北方地区常见的标志性树种：进化到能在寒冷环境下生存的三种针叶树和三种阔叶树。此外，值得注意的是，它们每一种都有一段属于自己的林木线，在其中占据超越其他物种的地位，并锚定着独特的生态系统：苏格兰的欧洲赤松、斯堪的纳维亚的桦树、西伯利亚的落叶松、阿拉斯加的云杉，以及相比之下规模较小的加拿大的杨树和格陵兰的花楸。我决定前往每种树的天然原产地拜访它们，看看不同物种是如何应对气候变暖的，以及它们的故事对于包括我们在内的其他森林居民意味着什么。2018年至2020年，我在不同时间前往不同地方，以记录森林的季节性活动，但下面的章节是按照地理顺序排列的，沿着林木线向东，朝着冉冉升起的太阳。

这些北方物种虽然不多，但生命力顽强。在漫长的地质自然选择游戏中，只有最具创造力的物种才能够在极端寒冷的纬度生存。脆弱而又生物多样性丰富的热带雨林可能在数百万年里一直拥有熟悉的物种组合，而更北的地方则是被一次又一次擦拭干净的石板。在这里，我们可以看到当地球上正在发生的伟大变革过去之后将会留下什么。数千年或者数百万年后，当这颗星球再次冷却下来，那些再次出现并在地球上重新繁衍的物种，很可能是北方森林的特有物种。它们对气候变化有独特的适应能力。几千年来，它们一直在驾驭冰的潮汐。毁林行为和大气中现有的排放物已经使世界上的大部分雨林都变成了稀树草原。拉内留古老的绿人和绿女是我的邻居，它们也许能度过这场危机，这取决于大不列颠岛会变得有多炎热和干燥，也取决于人类为了限制损害而采取的努力，以及这些努力是否成功，但最后的森林终将是北方森林。当人类变成化石的时候，这些顽强的北方物种将依然屹立不倒。

第一章　僵尸森林

The Zombie Forest

欧洲赤松（Scots pine，拉丁学名*Pinus sylvestris*）

洛因河谷，苏格兰

57°04'60"N

随着冰层在目前的间冰期开始时退缩到更北的地方，北方森林开始在后面追赶。几千年来未曾在不列颠群岛上现身过的植物开始逐渐回归。威尔士北部的高海拔地区和苏格兰高地仍然有冰，但在山谷和平原，地衣在裸露的岩石上形成了一层壳。然后是匍匐蔓延的毛茸茸的苔藓，首先为禾草和莎草奠定了基础，很快，榛树、桦树、柳树、刺柏和颤杨就紧随其后。这个北方森林系统向北扩张，穿过如今英吉利海峡所在的陆桥，紧随冰层的脚步，掀起一股绿色浪潮，早期各种植物的种子依照风、雨的自然循环和动物（包括人类）的迁徙模式而散布开来。

一万年后，我跟上了北方森林的脚步。我驾车从威尔士向北行驶，前往地图上显示的林木线如今停下的地方：苏格兰。沿着苏格兰西海岸穿过壮观的高耸山谷，驶向威廉堡，山峰上露出地表的岩石看起来静止不动，仿佛大教堂的屋顶，与天空融为一体。郁郁葱葱的绿色山坡随着道路的每一次转弯蜿蜒起伏，碎石滚落在长长的沟渠中，就像是从高处隐藏的岩石湖泊流下的石头瀑布。阳光剪断了视野，上一分钟还刺得人睁不开眼，下一分钟就显露出一片应许之地。

直到我真正抵达那里，矛盾才迎面而来：我在寻找森林的北方界限，但是森林在哪里？苏格兰令人望而生畏的山丘、从雾中升起的一排又一排阴影下的山坡，它们是集体记忆和文化中如此悠久的景象，几乎让人无法想象它们是别的样子，然而不列颠曾经是一个树木之岛。罗马人给这座岛起名“喀里多尼亚”（Caledonia），意思是“树木繁茂的高地”，但它的“大森林”却成了神话传说般的东西。苏格兰光秃秃的山丘既是墓志铭，也是警示：这就是自然的商品化导致的结局。

在这样一片被毁的景观中询问林木线发生了什么是一个深刻的政治问题。从理论上讲，苏格兰被认为是欧洲北极林木线的南部和西部的界限。根据气温和生长季估计，林木线的海拔应该在七百到七百五十米处。[1]在海拔七百九十米处挖出的树桩可以追溯到四千年前稍微温暖一点的时代。[2]但是现在很难说如今林木线对气候变暖的反应是什么样的，因为几乎所有树都被砍倒了。恢复苏格兰大森林的努力正在进行之中，人们对山丘“再野化”（re-wilding）并种植树木，部分目的是让它们找回自己的海拔高度，并在森林和旷野之间重新建立一个自然过渡地带。但这样的变化是有争议的。我们如何看待现在和未来，往往取决于我们对过去的理解。什么是自然的？正在被恢复的是什么？与此同时，当人类争论生态历史的时候，全球变暖正愈演愈烈，有可能使我们微薄的应对措施变得毫无意义。

上一次冰期过后，林木线的第一波植被（或称初生植被）覆盖形成了一片斑驳分布的森林，研究英国景观的最重要的历史学家奥利弗·拉克姆（Oliver Rackham）称其为自然林（wildwood）。[3]这是一种动态变化着的植物群落——其南端通过陆桥与欧洲大陆相连，其北部边缘逐渐延伸到苏格兰最北端“流动”乡野①的高地苔原和赫布里底群岛散落的岩石中，在那里，干冷的北极极地旋涡和墨西哥湾流争夺着对气候的影响力。

这片自然林长势茂盛，但并不稳定。桦树很快就生长起来，但它们只短暂出现了一下，就迅速让位给其他更大、更粗壮的树木。随着不断发展的森林社会形成自己的逻辑，某种稳定状态会出现，一种或多种特定的树将占主导地位。在英格兰南部的大部分地区，这种树是椴树，在英格兰北部和威尔士，则是榛树和栎树的混合。在苏格兰高地，地位最高的树最初是橡树。但是自然林的稳定状态可能会由于新物种的涌入或天气的变化而被打破，并进入另一个循环。松树的引入就是这样一个例子。

大约公元前八千五百年，花粉记录显示，欧洲赤松（Scots pine，拉丁学名*Pinus sylvestris*）突然降临并穿越不列颠，占领了不列颠群岛西海岸的一条走廊，并北上侵入苏格兰的水湾和峡湾，然后越过平底河谷和山谷，进入群山。松树战胜了桦树和栎树，它们慷慨地为松树提供了使其能茂盛生长的充足土壤。松树是如此成功，以至于桦树消失了数千年之久，仅在如今因弗内斯市以北的流动乡野中

---

① flow country，又称弗罗湿地区，是苏格兰北部凯思内斯和萨瑟兰的泥炭地和湿地大片绵延起伏的地区。

的一片残余地区有所幸存。

根据拉克姆的说法，这种松树林在公元前四千五百年左右遍布苏格兰，巅峰时期覆盖了苏格兰约80%的土地面积。最近的考古学研究、花粉分析，甚至是保存在沼泽中的拥有七千年历史的松树残骸，都让人们对苏格兰曾经宏伟的自然林的规模和命运争论不休。[4]自然保护主义者在寻找记录，以指导他们的“生态恢复”尝试。反对者则在寻找这些树木是出于自然原因而消失的证据，想要证明现在的松鸡猎场旷野（grouse moors）和鹿苑（deer parks）同样担得起“自然”的名号。这似乎是两种对自然的看法之间的争论，而无论哪种看法都不认为人类一开始对景观形态的创造施加了多少影响，然而人类的历史和森林的历史却是深深交织在一起的。

在驱车北上之前，我读了立陶宛研究人员的一篇科学论文，这篇文章表明苏格兰东半部的欧洲赤松的DNA来自公元前九千年至前八千年莫斯科附近的一个残遗种保护区（refugium）——物种在上一次冰期中幸存下来的地方。[5]在这之前的DNA分析表明，苏格兰西部幸存的松树来自伊比利亚半岛，位于今天的葡萄牙和西班牙境内。在这两种情况下，种子迁移到苏格兰的速度比自然演替可能达到的速度快数百倍。对于如此迅速的迁徙，最有可能的媒介是人类。

凯尔特人的一种民间传说显然有一定的真实性：凯尔特人殖民苏格兰时，遇到了从另一个方向过来的乌克兰人。对凯尔特人来说，欧洲赤松是一种神圣的树，并且有多种用途。按照凯尔特语字母表，即欧甘碑文（ogham script），这种松树的名字是“ailm”，很可能是他们从爱尔兰和威尔士带到这里来的。对神秘的乌克兰人来说，欧洲赤松可能也是神圣的，乌克兰人当时是凯尔特王国的一部分，他们在古爱尔兰语中被称为“多瑙河人”，还是除凯尔特人之外唯一长着红色头发的人。对和自然紧密相连并依赖植物的人类来说，带着自己的生活环境出行是有意义的。21世纪的人类可能会希望我们很快就能实现这一点。

这造成的结果是，苏格兰如今有两个被高地分开且遗传背景不同的欧洲赤松群落。它们还没有杂交授粉，自然保护主义者热衷于保持这一现状，因为这种遗传和化学上的独特性会对依赖欧洲赤松这一关键物种的其他物种产生影响。例如，林蚁等昆虫可以尝出树脂的差异并选择特定树木。它们叶片的化学成分、开花时间和生长形态全都不一样。冠山雀仍然留在凯恩戈姆山以东，深深埋藏在它所属的环境中。不过自然保护主义者还不必担心。这两个群落相互杂交的风险很小，因为幸存的森林碎片很分散，而且面积很小。苏格兰的古老松林如今只剩下不到1%。

拉克姆认为，这片松林从未从东海岸延伸到西海岸，但它肯定曾经覆盖过苏格兰的大部分地区，直到中石器时代人类开始为了农业、狩猎和建筑工程而清除森林。砍伐、清理或者为了得到猎物而焚烧，这样的森林管理方式在创造石南[①]荒原（heath）和旷野（moor）这样生物多样性丰富的栖息地方面发挥了作用，但也为已经成为英国高地标志性景观的覆被沼泽奠定了基础。这种沼泽在某种

① 此处的石南并非蔷薇科石楠属的常绿乔木，而是西欧及北欧许多荒地的主要植被帚石南。

意义上是被破坏的生态系统，因为树木被清理，矿物质和铁被冲进土壤的下层，产生一层不透水的底壳。由于无法排水，苔原类型的景观开始积水，而植物无法充分分解，形成泥炭。

在18世纪和19世纪清理森林之前，一直在高地耕种的牧民土著自耕农，传统上是在低地森林和旷野之间放牧牲畜。森林清理和随后维多利亚时代用于狩猎松鸡和鹿的庄园的扩张常常被认为是高地森林被毁的罪魁祸首，不过虽然对石南的焚烧，以及鹿在没有狼、猞猁和熊等顶级捕食者的情况下的过度摄食确实阻止了树木的恢复，但是大部分开阔的高地景观在这之前就已经在清除所有树木后形成了。

从凯尔特人那里继承下来的传统习俗和惯例都尊重森林。松树是多种材料的可再生来源：建筑材料，用于照明的松枝蜡烛，用于制革和防水处理的焦油和树脂，制作绳索的纤维，以及用于引燃、面粉制作和药物制作的树皮。直到20世纪60年代，松树的树液还被用来为制造蜡烛提供油脂，木材被用来制造铁轨枕木和船只，人们还会用松树的中空树干制造管道。对于森林提供的物资——榛树枝条、柴火、原木、蘑菇和动物饲料，原住民的体系分配了一系列权利，并对浪费严重的平茬收割、未经批准的放牧（在公共林地中放牧动物）等行为施以严厉的道德和经济处罚。正如最近其他许多热带森林毁林事件所表明的那样，原住民对森林的使用方式往往是最可靠的保护方式。所谓的“公地悲剧”（无法信任人类能合理地管理一种公共资源）可能是个人主义社会无法遏制污染和过度开发的问题所在，但作为对不列颠景观的历史解释，它并不成立。或许它只是被用作对随后发生的真正悲剧的一种马后炮式的意识形态辩护，这场悲剧就是对公共土地的圈地运动。[6]

土地产权最初是罗马人的想法，但遭到希腊人和凯尔特人的抵制，他们认为自然永远无法为人类拥有，而只能被使用。罗马人离开不列颠数百年后，这个概念为外国地主和如今苏格兰土地所有权的高度集中扫清了障碍。[7]这些树林之前被各个氏族使用。他们需要森林。事实上，“森林”（forest）这个词以及它在地图上的持久性（尽管后来没有了任何树木）是对其早期含义的呼应，即供狩猎和公共使用（后来更多地被王室使用）的受保护无围栏区域。伴随着北欧的商业精神通过诱骗或强加的方式横行于世界各地，从使用权到所有权的转变似乎是关键，因为森林不再被视为充满奇迹、神秘感和生机的圣地，而是成了待收获的作物，其价值以英镑、先令和便士表示，并按照英亩①和吨的数量计算。

苏格兰和爱尔兰及其自然资源——其中最重要的是剩余的木材，是以殖民主义为表达方式的早期资本主义欲望的前线。早在亨利·赫德森（Henry Hudson）和约翰·达维斯（John Davis）梦想西北航道和沃尔特·罗利爵士（Sir Walter Raleigh）探索奥里诺科河之前，从中世纪以来，需要船只、房屋、马车和大教堂的英格兰国王首先就将目光投向威尔士，然后是他们的爱尔兰殖民地。后来，随着苏格兰和英格兰王室的联合以及爱尔兰森林的消失，他们开始打苏格兰的主意。

---

① 英美制面积单位，1英亩=4046.86平方米。

沿着林尼湾前行，水面上像棉花糖一样的低矮云朵在阿德古尔（Ardgour）的群峰之间掠过。这座半岛拥有最西南端的残存松林，位于科纳格伦庄园（Conaglen Estate）的猎鹿场内。山丘之间的一座山谷中，坐落着最后一片森林，前几代人的大部分财富都归功于它。1686年，一位观察家在评论从苏格兰进口到爱尔兰的大量木材时写道："人们将船开到阿德古尔，装满桅杆和其他木材。这座山谷可以让土地的主人挣很多钱。"[8]

绿色的山丘陡峭地伸入峡湾的幽深海水中。一列火车哐哐作响，沿着水边驶向铁轨线路的尽头。这座森林的财富甚至塑造了苏格兰的地理景观。斯佩河被筑坝拦住并改造，以便利用河水将原木漂浮到斯佩赛德的锯木场和造船厂，直到蒸汽铁路淘汰了漂木从业者和他们的特殊行话，以及他们的卡拉船（currach，一种覆盖兽皮的轻质框架船，用于逆流返程）。在西海岸，木材先后沿着韦德将军①修建的军用道路和铁路运出，抵达铁路的终点，也就是位于林尼湾起点处的威廉堡。

过了威廉堡，就来到了著名的列屿之路（Road to the Isles）。蓝色群峰之下的雄伟峡谷逐渐远去，当我来到诺伊德特地区（Knoydart）时，面前出现了隔海相望的斯凯岛。如今，这片风景在我眼中不再有永恒之感，而是一种世界末日的感觉：它是一场灾难的受害者。任何一片古老的森林能够幸存下来，或许都是一个奇迹。

---

① 指乔治·韦德（George Wade，1673—1748），英国陆军元帅，出生于爱尔兰，1690年参军，1724年奉调前往苏格兰等地解散民族武装并兴建碎石道路和桥梁系统便于行军与地区控制，所修许多道路和桥梁至今犹在。

然而，由于奇怪的开明领主、有远见的林业官员或者纯粹是位置偏远，这里保留了八十四个零散的喀里多尼亚原生松林。它们都是所谓的“老奶奶松”，粗糙多瘤并且明显半死不活，不过仍然为那些幸免于光秃秃的苏格兰山坡注入了一些生机。已知现存最古老的一棵松树有五百四十年历史，生活在一座名为“洛因河谷”（Glen Loyne）的偏远沼泽谷地中。在人类将狼消灭殆尽，放任鹿和羊大肆破坏之后，这些树木是体形大到足以逃脱啃食的仅剩的幸运儿。

一棵孤零零的松树有很大的问题。松树是社会性生物，它们依靠其他松树通过真菌网络共享资源。成熟时，松树将碳输送到地下，以支持年幼的树苗，而在它们年老时，碳和养分反向运输，幼树帮助年长的树摆脱困境。在健康的森林网络中，欧洲赤松的自然寿命长达六七百年。苏格兰现存的“老奶奶松”大多不到四百岁。大幅下降的花粉记录表明，这是由于1690年至1812年人们大量采伐树木造成的。根据树木年代学家罗布·威尔逊（Rob Wilson）的说法：“你仍然可以在森林的结构中看到拿破仑战争的影响。”但还有另外一个因素。

孤零零的树木很容易在抵达正常寿命的终点之前突然死亡。这些我们最古老森林的女族长、我们古老生态系统的管理者，以及如此庞大的工业财富的助产士，它们在晚年会感到孤独吗？在美洲原住民的故事中，孤零零的树会向人类“诉说”它们的孤独，请求人们将它们种植在邻居旁边。这些“老奶奶松”是不是在想念同类的陪伴和孩子们提供的美餐？它们在哀悼森林的幽灵吗？

我把车停在单车道断头路的路边停车带上，下车步行。下方展开的峡谷讲述了苏格兰遭遇工业资本主义的最新故事，俨然一幅呈现在宽银幕上的毁灭景观。对面的山坡呈现出“苏格兰式烧荒”（muir-burn）的迷彩外观——石南被焚烧以刺激作为猎物的松鸡繁衍，在山坡上留下不均匀的棕色和黄褐色斑纹。如果不这样做，石南荒原就会再生成为林地，看起来就像是粗糙地刮过的头皮。下面是单一栽培云杉的人工林留下的伤痕，相比之下就是一片缺乏生物多样性的“沙漠”。一棵棵深军绿色的云杉树栽得太密，令任何其他生命都无法生存。山坡遭到大肆破坏，尚未长成的树木被机器砍倒，留下了巨大的棕色沟壑，珍贵的表层土顺着沟壑翻滚着流进湖里。再往前走，是一片疏于照料的落叶松人工林，有人忘了疏苗，结果树干没有长出分枝，一半的树倒下并搭在彼此身上，因为它们的树根没有力量，所以被风吹倒了。浮船在湖面上下摆动，而它们之间的水面上排列着集约化鲑鱼养殖场的浮标。装满饲料的塑料桶在岸上堆了有六米高。在它们上方，输送六十六千伏高压电力的钢铁巨塔沿着湖岸一直延伸到金伊河（Kingie）的水力发电站，这栋红黄相间的建筑位于一座混凝土水坝的顶部。就连这座湖也是人工的：作为终极资源的风景，只有通过会计师冷酷的眼睛才能被看到。除了前景溪边的一丛柳树，景色中没有任何自然的东西。

一块步行道路标指向北边，是一条上坡路。下面贴着一条警告：

注意：您正在进入人烟稀少、有潜在危险的偏远山区。请确保您有足够的经验和装备，可以在不需要帮助的情况下完成您的旅程。

河谷的另一边是英国最偏远的荒野之一。你可以步行三天抵达诺伊德特地区，沿途看不到一条公路或一栋房屋。这就是洛因河谷的“老奶奶松”还在那里的原因。将它们弄出河谷是一项如此艰巨的工作，所以它们被留到了最后，然后很可能就被遗忘了。

这条泥泞的小路在一条小溪和一条防鹿围栏之间蜿蜒向前。泥里还有另一个人的靴子印。这些脚印不是很新。在围栏内，桦树、柳树和松树的树苗似乎长势不错。眼前的景象看起来很奇怪，被圈起来的区域中的植被比山上其他地方的植被茂盛三倍，但这是因为围栏外面是绵羊和鹿。这是苏格兰生态恢复的前线，是以商业化林业生产和狩猎为基础的经济和景观的投资者，与致力保护树木不被吃掉的自然保护主义者之间的鸿沟。这场斗争充满了对抗的激情，以及带刺的铁丝网。

很快我就爬上台阶，跨过石头。小小的捕虫堇像捕蝇草一样长着“嘴巴”，附着在岩石上，而一棵厚达15厘米的巨大石松（club moss）就像一顶海狸皮帽子，上面长着高山植物、草和茸毛细密得像老人胡须的苔藓，坐落在一块巨砾顶部。

这块巨砾就像是正在形成的林木线的缩影：一座未来的圆丘（hummock）。裸露的岩石首先会被壳状地衣占领，壳状地衣开采利用岩石的矿物质，以每年0.1毫米的速度生长。为了获取矿物质，这种地衣会分泌一种分解岩石的酸。具有更多叶状结构的叶状地衣像苔藓一样利用这个破碎层，将更多有机质积聚在它们的叶片中，加速土壤积累的过程。当这样的表层结构最终吞没树桩或巨砾，并与表层土壤连接时，将形成一个圆丘。大小均匀且紧密相连的圆丘通常是古代林地的遗迹，这些圆丘是土壤在树桩上堆积形成的。它们的形成可能需要数十年甚至数百年的时间。这个湿漉漉的家园已经见证了多少季节过往？

爬上山脊时，我渴得要命。我原以为山上到处都是溪流，所以觉得没必要带水，但我没有考虑到覆被沼泽。英国拥有世界上13%的泥炭地，有很多已经退化并迅速干涸。泥炭地就像是蠕动的潮湿熔岩场，每年积攒几毫米。一旦树木从这样的景观中消失，它们就很难再回来了，因此，在山脊顶部，我可以从洛因湖（Loch Loyne）的源头向各个方向欣赏到绿色河谷仿佛被人修剪过的景色。向西北方向望去，一座又一座山连绵起伏，山上遍布花岗岩和草地。除了风在拉扯我的头发，没有任何声音，没有鸟儿啁啾，没有水流潺潺。很容易理解为什么英国生态学家弗兰克·弗雷泽·达林爵士（Sir Frank Fraser Darling）把苏格兰高地称为“潮湿的沙漠”。

为了找水，我把胳膊伸进泥炭地里的一个植物丛生的缺口，我探得很深，肩膀几乎碰到地面，最后舀出一小杯含有单宁的棕色液体。它尝起来有点苦，但还行，可以接受。噢，无数的细丝状森林纤维将地下水过滤成清澈甜美的饮料！

离开山顶的风，下山进入洛因河谷，迎接我的是流水声。这是远方激流的微弱咆哮，我可以看到那条河就在下面很远的地方，和此前的一千年一样流进山谷的洼地。这声音提醒我，我是多么孤单。这景色令人吃惊，就像在一座熟悉的山丘后面发现了隐藏的非洲稀树草原一样。一棵孤零零的花楸从巨砾的裂缝里钻出，鹿够不着。再往下，隐约可见破碎的防鹿围栏形成的线条，然后整个河谷豁然开朗。海拔六百米处，绿色地毯在参差不齐的山脊上铺开。在前景中，应该是受到了围栏的保护，数百棵间距很大的古松一直延伸到远方。

仿佛我是第一个偶然撞见一场激烈战斗后的战场的人。多数古树的树干呈灰白色，仿佛站立的骨架。其他古树是半绿色的，剥去针叶的树枝在风中挣扎，就像从坟墓里爬出来的剥去血肉的僵尸。

围栏里年龄最大的古树并不是最高的那棵。我称其为“她”，尽管松树是雌雄同株的。有一株黑果越橘（blaeberry）生长在她一根树枝的弯曲处，而蕨类植物长满了她的另一根树枝。红色、橙色和黑色的斑状地衣覆盖着她剥落的泛着粉红色的树皮，而一缕缕绿色的马鬃地衣像蜘蛛网一样从她的树梢垂下。在茂密的森林里，它们曾经形成密密麻麻的风帆结构来锁住水分。她的树枝下垂，被盛行风吹拂着，向末端逐渐变细并长出短而尖的绿色针叶，每根枝条末端都是一根粗大的土棕色“蜡烛”，大约有香烟大小——这是树枝的茎尖生长锥。她的树干高处有一些黑乎乎的洞，有些洞里堆着新鲜的鸟粪：它们是猫头鹰或啄木鸟的家。

这棵大树的境遇不免令人悲哀，她为其他生命提供了养育后代和繁殖的栖息地，而她自己的后代都会被牺牲。在这棵树的背风侧，残存的树苗被撕碎后散落在地上，蹂躏它们的是破坏围栏闯进来的鹿。鹿是一种林地动物，对松林的健康运转至关重要，它们通过摄食开辟空地，用粪便给森林的土地施肥。但如果它们停留太久或者数量太多，可能会造成严重破坏。鹿会吃掉几乎所有它们够得着的树，它们会用鹿角攻击树苗，将幼嫩的茎折断成两半。苏格兰自然作家吉姆·克拉姆利（Jim Crumley）将狼称作“山的画家”，因为它能控制鹿的数量。[9]

伸展的树冠下，到处都是鹿的粪便。当我穿过围栏时，石南灌丛之间也到处是鹿粪。幼年桦树、花楸和松树被咬断的枝条像条纹一样散落在山坡上。五百四十年来，这棵“老奶奶松”一直在散播种子，希望能够繁衍后代。在围栏刚竖立的最初几年，这里的树苗也许还能够顺利成长，但我怀疑如今没有任何一棵树苗能够熬过第二个冬天。

这棵松树最近的邻居是一根像骨头一样白的树干，就像图腾柱一样矗立着。树干上钉着一枚褪色的蓝色标签，上面写着“50a”。一种可怕的感觉笼罩着这片土地。这里的松树仿佛是受伤的士兵在倒下的过程中被冰冻了似的。那棵“老奶奶松”曾经感受过猞猁的皮毛或者被狼湿润的鼻子擦过，也曾目睹自己的邻居因为英国人与拿破仑作战而被砍去用来建造船只。她是一棵强大的树，能抵御最恶劣的天气和病害，但无法保护她的孩子免遭鹿的好胃口伤害。

她知道正在发生的事情。单萜是松树产生的挥发性有机化学物质，用于向彼此发送信号，以阻止食草动物或昆虫，或者协调种子的释放。单萜是一种带有松香气味并将阳光反射回太空的微小分子。当松树在阳光下进行新陈代谢时，树木周围每立方厘米的空气中可能会有多达一千到两千个单萜颗粒，从而减少地面吸收的太阳辐射。通过化学信号和光照的强弱，它们可以探测到其他树木的存在。实际上，它们可以在多个方向上看到空间，生长时避开自己的邻居并朝向光线，在树冠上形成一种五边形的镶嵌结构，这是森林自我组织的基础。[10]通过其细胞结构，树木可以捕捉到回响，从而“听见”周围的声音，以及远处的超声波。[11]松树可以探测到熟悉的针叶沙沙声，或者一棵树倒下时的破裂声，当然，它们也通过地下丰富的菌根网络相互交流和彼此照顾。欧洲赤松拥有土壤中最发达的真菌网络之一，已知有超过十九种外生菌根关系负责共享碳、氮、必需的酸和其他养分。

实际上，在我周围，从沼泽中隐约可见巨大而肥硕的蘑菇围绕死去的树桩长成了一圈——森林的基因组一直存在于土壤之下，等待着。这些树可能还得等待几年，但还有时间吗？河谷起点周围散布着成群结队站立的枯树，为数不多的老树伸出一只枯萎的手臂，上面长着稀少的针叶和少量发育不良的球果，很难不让人觉得这些“老奶奶松”正处于放弃的边缘。我可以想象她们在荒凉的山坡上耸了耸粗糙多瘤的肩膀，然后说：“这有什么意义？”英国最古老的松树有多少机会能将自身基因传承给下一代，取决于人类维护那些围栏的决心。

马里湖，苏格兰

57°42'37"N

在苏格兰，很少有鹿无法到达的地方。马里湖中的岛屿就是其中之一。从洛因河谷出发，驱车向北蜿蜒而行，穿过人烟稀少的河谷，经过喀里多尼亚森林的其他几处碎片：阿塔代尔（Attadale）、陶戴尔（Taodail）、阿赫纳谢拉赫（Achnashellach）。但即使是这样的地方也有伐木和扰动的历史。马里湖岛屿的独特之处就在于，近八千年来，它们一直被森林覆盖，只有神秘主义者或僧侣偶尔生活在这里——其中一个岛上坐落着一座小修道院的遗址。鹿当然会游泳，但这些岛屿距离湖岸很远，虽然岛上曾经出现过鹿，但没有造成重大破坏。

时近仲夏。傍晚的气温是温暖的19摄氏度。太阳依然高高地挂在洁净如纸的蓝天上。湖水是闪闪发亮的黝黑色。本埃山（Bein Eighe）的多边形山峰像高塔一样耸立在黝黑的湖水之上，仿佛是从阿尔卑斯山或喜马拉雅山搬过来的异类。它夸张的碎石斜坡以令人难以置信的角度悬挂在天边。本埃山是不列颠群岛的艾格尔峰[①]，周围环绕着一群令人望而生畏的“芒罗山”[②]，这些山峰本身就令人十分难忘。古老的松林从山麓一直延伸到水边，形成了苏格兰最美丽的水滨地区之一。马里湖像一根指向东南方向的细长手指，北端与其手掌连接，然后向西北方向流进大海，手掌里握着一把珠宝：它的青翠岛屿。

从斯拉塔代尔（Slattadale）的湖滩上望去，太阳在湖面上投射出淡淡的火光，照亮了树木繁茂的岛屿上的松树树干。茂密的树木在诱人的原始乐园随处可见，那里是一个禁止露营和驾驶摩托艇的自然保护区。我站在卵石滩上，脚趾被泥炭下的褐色溪流冲洗得有点

---

① Eiger，艾格尔峰位于瑞士境内，是阿尔卑斯山脉群峰之一，最高海拔3970米，十分陡峭，被认为是“欧洲第一险峰”。

② 登山术语，是指苏格兰境内海拔3000英尺（约914.4米）以上的山，因芒罗（Munro）曾将此高度以上的苏格兰山列入他的书中而得名。

凉，凝视着在金光下闪闪发亮的岛屿。我来这里就是为了这些树木繁茂的岛屿，但我没有想过如何上岛的问题。除了几张野餐长椅和林业委员会的一个停车场之外，几十英里[①]内都没有什么设施可言。没有出租独木舟的棚屋，也没有渡船。但我必须踏上这些原始岛屿。我必须吸一口英国最古老的连续不断的古自然林的气味，也许它是英国唯一幸存下来的自然林。

在一公里外，只能勉强看到橙色树干顶端的一条细长的常绿树冠。这些树木在召唤，仿佛在发出挑战。只有一个办法了。我花了三十分钟才鼓起勇气下水游泳，又花了三十分钟才真正游到对面。距离不是问题，问题在于我的想法。事实上，是我的思绪在中途开始让我沮丧。如果我抽筋了怎么办？要是我累了呢？在马里湖的中央，没有人会知道发生了什么。三百米深的黝黑湖水就在我的身下。前后都各有五百米的距离才能到岸边。这是一次划水一千零二十七下的横渡。我做到了。远端的湖水拍打着花岗岩石，岩石底部消失在湖水深处。我躺在滚烫的石头上喘匀了气。然后我环顾四周。

森林一直延伸到湖岸。树木倒入水中，水下的树干变成了泥炭橙色，水上的树干被冲刷成骨头的颜色。灌木丛难以穿行。倒下树干的巨大根盘从灌木丛里冒出来，大小如房屋，其中充满了生命：苔藓、荆豆、柳树、花楸、蕨类和浆果生长在树根留出的空洞里。我踮起脚尖沿着湖岸前进，穿过一片细腻的红色沙滩，这里除了某种三趾涉禽的最轻柔的印记，没有任何痕迹。这是一座没有人类的

① 1英里约等于1.6公里。

岛屿，但它却是十四种蜻蜓的家园。它的冷漠感中，总是散发着一种有点可怕的野性。

鸟儿们正在举办一场派对，它们的歌声丰富多样，十分密集。不同大小和颜色的鸟儿在树冠上跳来跳去。我沿着岸边前进，小心地在被锈红色和珊瑚绿色地衣覆盖的岩石之间寻找可以走的路时，一只棕色涉禽在一根淹没在水中的原木上警惕地看着我。在古老的森林中，木质部和韧皮部（树木的纤维）很长，这使声音的共鸣效果更好。鸟类似乎能分辨其中的差异，而且它们的歌声与周围环境相呼应。森林回应着它们的鸣叫：是的，这是寻找食物、筑造巢穴、养育雏鸟的好地方。研究表明，鸟类在更古老的森林里会产下更坚固、更大的蛋。

扭曲的松树生长在最不可能生长植物的岩石裂缝中。死掉的树到处都是，有站立的，有倒下的。这是自然林的标志性特征——死树可以在它们倒下的地方安眠。和活着的树木相比，死树支持的生命多得多，因此它们附近的鸟类密度很高。由于昆虫的数量和种类不同，一些物种只出现在古老的森林中，例如林鹨和欧亚红尾鸲。大斑啄木鸟只在死去的欧洲赤松树上筑巢。更小众的是，锈端短毛蚜蝇（pine hoverfly）只在死去的欧洲赤松的潮湿空洞中繁殖。难怪它在苏格兰几乎灭绝了。

在任何碳循环中，死亡都是生命的引擎。当一棵树死亡时，蛀木甲虫进入边材[①]并开启腐烂过程，然后真菌与黄蜂、蜘蛛和其他昆

---

① 指树木次生木质部的外围活层，功能为将水及矿物质输送到树冠。

虫一起进入蛀洞，并吸引其他真菌。在最后的腐殖化阶段，土壤微生物将最后的木材分子，即木质素转化降解，循环完成。由于树脂含量高，成年的欧洲赤松需要四十年的时间才会腐烂，缓慢地将氮释放到土壤中，为昆虫和鸟类食物链底部的蛴螬和细菌提供食物。

岛上的土壤是浅棕色的，几乎呈红色，摸上去有纤维感，在摇摇欲坠的枯木下面几乎是一层皮，一层可以挑战任何铁锹的根系结构。按体积计算，一棵活树有5%的活细胞，而一棵死树有40%的活细胞。而在古老的原始森林中，可能有多达40%的生物量（biomass）已经死亡，支持着数量多得多的生命，在未经人类管理的原始森林中，昆虫数量呈指数级增加。古林地的完全再生是目前正在开展的许多自然环境保护工作的目标，而在目前的年轻树木死亡和腐烂之前，这个目标不可能实现。对于许多最近才开始再生的呈碎片状分布的喀里多尼亚松林而言，这是四五百年后的事了。在自然环境保护工作的分类中，除了“古老森林”（old growth）外，还有一个子类别称为“真正的古老森林”（true old growth）。真正的古老森林有土壤结构和复杂的林下植被（树林主冠层下方的植被层），这只能来自一代又一代树木的积累死亡。这就是马里湖中众岛屿的意义。

一只巨大的黑黄条纹蜻蜓审视着我的脸，然后消失在青铜色的湖面上。更远的地方，一串串马鬃地衣平静地挂在寂静无风的傍晚空气中，在难以穿越的森林中遥不可及。尽管我努力尝试了一番，但是打着赤脚，我还是无法深入树林的灌木丛。这些松树在争夺岩石上的每一寸空间。这座岛看起来仿佛要被树木的重量压沉了。我涉水进入湖中，面向岛屿踩水。琥珀色的液体绕过我的四肢，滑进我的嘴里。它有甜味，树将它过滤了。我突然好奇，为什么在过去的三年里，海里的鳟鱼和鲑鱼不再返回马里湖——是因为水变得太温暖了吗？

从远处看，松树的树冠就像一块地毯，又像由五边形细胞组成的单一有机体。树皮颜色千变万化，从灰色到橙色，再到鲜红色。一棵低矮的“老奶奶松”将湖边的一块巨砾包裹在树根里，她崎岖的手臂在水面上方弯曲地伸出。

我回到岸边时，逐渐消退在身后金色水花中的树冠被最后一缕阳光画上一道条纹。一只低飞的黑喉潜鸟掠过水面，白色的下半身在离我脸不远的地方闪闪发光。我将紫铜色的水滴抖落在卵石上，冻得牙齿打战，此时天空慢慢褪去颜色，森林里传来杜鹃鸟的叫声。这种曾经常见但最近变得罕见的鸟的叫声并不能激发人们的喜悦之情。相反，我听到的是恳求。看！看哪！你周围全是濒危物种，而你在一个失去了鱼的湖里。气候崩溃要求我们不断地重新审视我们的环境。我感觉到，我们对世界的看法和现实状况之间的鸿沟，将是未来一些年我们必须应对的问题。我们的想象力将永远在追赶。我看着天色渐深，湖水闪烁着洋红色，然后又恢复成曜石黑色。粉红色的云久久徘徊，仿佛在谴责什么，蓝色的夜晚还没有完全到来，判决暂缓。

费希河谷，苏格兰

57°11'40"N

如果说马里湖是过去的某种版本，那么费希河谷（Glen Feshie）

就是它未来的回声。为了到达那里，我驱车穿过大陆分水岭（将苏格兰高地一分为二的尼斯湖的裂缝），沿着从因弗内斯爬升到凯恩戈姆山脉（Cairngorms）的道路，进入东部松林种群的核心地带，这些松林是由来自乌克兰的种子形成的。费希河谷是凯恩戈姆山脉西北侧的壮丽山谷之一，这里的森林已经从松鸡和鹿的暴政中解放了出来。我听说，这里是寻找苏格兰自然林木线的好地方。

我在夏至的前一天傍晚到达，在河边搭起帐篷。桥下的棕色河水很深，看上去颜色发黑，而且很冷。有一条沟似乎是为了排水而挖的，我在它旁边找到了一块平坦的地方。这条著名的河谷没有一处是未经规划的。在仍然明亮的阳光下，我沿着河谷向上走到一个地方，小路在这里变宽了，眼前出现一片陡峭的灰色山丘。这里是兰西尔①的著名画作《幽谷之王》（*The Monarch of the Glen*）的背景，这幅画描绘了一头高贵的十二点②雄鹿，鹿的四周是河谷上方的峭壁。这幅画面与威士忌酒瓶包装和媚俗的高地艺术作品相似，它对风景做了浪漫化处理，没有画土著佃农或树木，而是专注于表现鹿和维多利亚时代对狩猎的热爱。

现在的景色看起来很不一样了。这条河仍然蜿蜒流过人烟稀少的河谷，在淡粉色和黄色球形花岗岩上的不规则的浅水河道中奔流；旷野的顶部仍然长满了斑驳的棕色和紫色石南灌丛，但谷底却是一片常绿植物的盛宴，成群结队的松树正从山坡上往顶部冲去，寻找

---

① 爱德温·兰西尔（Edwin Landseer，1802—1873），英国画家与雕塑家，擅长表现动物的健美和生气。

② 十二点指的是鹿角末端的点。

它们的自然界限。它们已重获自由。费希河谷尝试了一种新的土地管理方法：再野化。

从山坡上可以看出这片地区的历史。从前的人工林形成的直线甚至其整齐的高度都在慢慢消失，然后可以看到持续存在的古老林分[①]更柔软、更温和的树冠，以及自十五年前天然林再次启动以来萌芽的新来者（后代）的尖顶状树冠：这里孤零零的一棵，那里数棵丛生，但到处都绽放着各种层次和色调的绿色。

小路之外的地面像床垫一样深厚且富有弹性，长满了苔藓、石南、黑果越橘、青草和小花。“老奶奶松”周围生长着一圈树苗，就在她们的树冠够不到的地方；这些树苗无法在树冠下面再生。这意味着喀里多尼亚森林很可能是一种动态的、可移动的树林，随着每一代树木的生长而变化。逆流而上，二十米、三十米和四十米高的巨大树木占据着河道的拐弯处，四面簇拥着高达五米的树苗。在峡谷的最高点，这条河谷分开并形成壮丽的景观，一个两边都被冰川从地球上侵蚀而空的盆地。

一只野兔穿过小路。一只冠山雀发出喧闹声，三四白马在落日余晖下无忧无虑地吃草。这是一幅令人惊叹的自然接管的景象，是当树木被允许拥有自主统治权时会发生什么的一个例子，或者也许是过去自然样貌的例子——除了土著佃农之外。苍蝇、飞蛾、树液、蜜露、寄生虫和真菌聚集在枯死的树干上，而这些树干就躺在它们倒下的地方。桦树、花楸和桤木混杂在一起，与松树配合，形成了

① 内部特征大体一致而与邻近地段有明显区别的一片林子。

一幅仿佛社交似的场景。一切都闪闪发光，尽情绽放，嗡嗡作响。就像大自然突然间唱起了嘹亮的歌曲。事实上，我在早上醒来时会听到一只松鸡在薄雾中的叫声——“卡塔克，卡塔克”——听起来像是马小跑时的声音。凯尔特人称它为“森林之马”。我连一头鹿也没看见，行踪难觅符合它们的气质。

“鹿不是森林的敌人。”我后来见到费希河谷的管理人托马斯·麦克唐奈（Thomas MacDonnell）时，他这样说道。它们是森林居民，它们控制禾草的高度，刺激其他草本植物生长。松鸡尤其会仿效鹿在森林中觅食的模式——如果有森林的话。

英语中“荒野”一词的词根是“野鹿出没的地方”[①]，但是当苏格兰高地的人口被清理之后，这种浪漫化的理想就走得太远了。从某种意义上来说，一场有利于鹿的过度再野化导致生态系统失去了平衡。在人们痴迷于猎鹿的19世纪和20世纪，费希河谷每平方公里有五十头鹿，如今这个数字是一到两头。而极度濒危的松鸡正在回归。处于繁殖期的雄鸟不久前在费希河谷建立了一个新的领地，或者说求偶场（lek），这是值得每个相关人员骄傲的事情。求偶场是森林中供雄鸟展示的空地，只出现在大片的古老森林中。松鸡以黑果越橘为食，这种植物只生长在结构良好的松林的斑驳树荫下。

费希河谷是荒地有限公司（Wildland Ltd）皇冠上的宝石，这家公司是丹麦商人安诺斯·波尔森（Anders Povlson）的私人地产帝国，致力再野化运动。荒地公司是这场正在取得进展的运动的先驱。人

① “荒野”在英语中是wilderness，而“野鹿出没的地方”是wild deer place。

们普遍认识到，在我这一代人的一生中（我出生于1974年），工业化农业生产和城市化已经导致英国超过40%的野生动物灭绝，并将土壤资源消耗到了危险的程度。在整个欧洲，“自然恢复”即使不是政府的优先事项，也已经成为一句口号，各政党现在都在想方设法比竞争对手种植更多的树。再野化既时髦又情绪化。在乡村地区，一些人热情地拥护它，而另一些人则将其视为对自己的文化和历史，乃至对整个生活方式的致命威胁。

树木会引起如此极端的反应，似乎很奇怪，但费希河谷提出了一个关于土地的基本问题。在没有狩猎收入，没有林业或商业性农业收入的生产价值，也就是没有经济回报前景的情况下，土地到底是做什么的？简单的答案就是生命。我们需要土地来种植食物，但我们也需要留出足够的野地，来生产我们生存所需的氧气和保持生物多样性。如果土地分配和管理得当，如果生活方式、消费、价值、公平正义，以及生计和生命世界之间的脱节等问题得到解决，就有足够的土地养活所有人。如果生命世界没有足够的多样性和丰富性，就根本不会存在生命，无论是人类的生命还是非人类的生命。

*

托马斯·麦克唐奈是一个看起来不太像革命者的革命者。他穿着绿色羊毛衫和登山裤，脸颊刮得干干净净，一头银发剪得很短，就像是个正要出去闲逛散步的人，但他那双深邃的黑眸却燃烧着我之前只在牧师和政客眼中见过的火焰。他坐在一张靠背椅上，那里可以俯瞰阿维莫尔镇（Aviemore，荒地公司在这里设有办公室）的一处住宅区，然后将面无表情的脸转向我。

托马斯·麦克唐奈造成的鹿的死亡数量可能比苏格兰其他任何人都多。作为荒地公司的保育经理，十五年来，他的使命是将费希河谷的放牧水平降低到树木能够再生的水平。茂盛的森林是他所付出努力的活生生的纪念碑。随着这个计划的成功最终在景观规模上肉眼可见，形势开始变得对他有利，但这并不是一段轻松的历程。

儿时的亲密好友指责他妨害他们的工作。在挤满了人的村庄礼堂里，当他试图解释宰杀鹿的理由以及他对费希河谷的两百年愿景时，他被大声喝止。农民、猎鹿人、狩猎助手和猎场看守人都担心他的计划会对自己的工作和习俗文化产生冲击。在托马斯看来，情感与此无关。他被培养成了一名工程师。他总是想了解事物是如何运转的，分析问题所在，然后制定解决方案。

“在某种程度上，他们仍然被困在殖民思维方式里。”托马斯说。他冷静地评估自己遭受的批评。他说，这片土地无论字面上还是比喻意义上都曾被“烧毁”，而那些与维多利亚时代的土地利用模式息息相关的社区是“来自19世纪的难民”。

当他在二十年前成为费希河谷庄园的土地管理人时，他很清楚问题出在哪里。事实上，自第二次世界大战以来，政府和土地所有人都很清楚这一点。一个又一个的政府委员会曾试图减少鹿的数量，但无法说服或者不愿意强制靠猎鹿获得收入的土地所有者展开扑杀行动。年轻的时候，托马斯在许多阴冷潮湿的日子里为木材人工林竖起围栏，以防止鹿进入。他在费希河谷和临近的峡谷长大。他了解生态系统的运转机制，并且很好奇如果治鹿委员会的建议得到实际执行会发生什么。当这片土地易手时，托马斯迎来了一位新老板，他对托马斯以不同方式做事的想法持开放态度。这是托马斯开展实验的机会。

“有时候，最激进、最勇敢的做法就是什么都不做。”他说道。虽然扑杀鹿并不是什么都不做，但他的意思是不管理土地，这与数百年乃至数千年的实践背道而驰，包括佃农不断转移的游牧制度，这种游牧本身也是管理。这需要勇气。他回忆说，2006年有一个时刻，一个极具精神感染力的时刻。在此前的三年里，他顶着强烈的批评在费希河谷庄园射杀了五千头鹿——鹿没有被围在某个特定的庄园里，可以在高地自由漫步。鹿的数量已经连续三年减少，但松树似乎不愿意回归。

“那是一段黑暗的日子。真见鬼，我想，也许我错了。”

然后，在第三年的6月，当托马斯在费希河谷散步时，他在一棵熟悉的“老奶奶松”面前停了下来，他一直以为这棵树已经衰老了。这棵老树周围都是从草丛中伸出的绿色小手指，那是一圈幼苗。他抬头向树冠望去，看到了最奇妙的画面——老奶奶根本没有睡大觉。

“仿佛有人按下了开关。它们就这么来了。我差点儿哭出来！也许它们意识到了有人正在试图帮助它们。”

欧洲赤松每年结出的球果并不多。在高纬度地区，严酷的冬季和短暂的生长季意味着有时候一棵树在三四年甚至十几年内都不会开花和结果。气候的演替很重要——某一年发生的事情会影响下一年发生的事情。阳光明媚的温暖夏季通常会带来来年丰富的花，而一棵树一次会结出三年的球果。

在春天出现的针叶芽沿着茎展开，形成大量树脂状棕色花。这些密集堆积的炸弹携带着雄配子。这些雄球花一开始看起来像微型球果，但很快就会碎成粉末，随风飘散。在5月和6月，可以看到黄色花粉云飘过成年松林。在健康的生态系统中，花粉会在池塘和湖泊的表面形成一层浮渣——花粉有两个专门设计的气囊，可以令其漂浮。欧洲赤松不仅为它们的花粉提供了最好的生命起点，还与其他松树同步开花，以提高成功受精的机会。曾有人发现，欧洲赤松在长达两百英里（约三百二十二公里）的距离内同步开花。它们怎么知道开花时间呢？生态学家认为，这可能归功于激素通过风和地下真菌网络进行的交流，或者可能是由某些气候阈值激活的深层遗传触发机制造成的。但目前还没有人真正知道原理。

雌球花一开始是嫩茎顶端一个小小的紫色肿块。花粉粒落在球花鳞片的红紫色表面上。花粉的糖分和球花树脂的水分相互作用，形成甜美的授粉液滴，液滴被吸入珠孔管（基本上是一个进入细胞的通道），并在那里与珠心接触。球花在夏天变得更坚硬，生长到一厘米以下，然后暂停生长越冬。直到花粉管在第二年春天恢复生长，延伸的花粉管穿透珠心时，受精才会发生。球果在第二年夏天结束时完全长大，但仍然是绿色的，而且发黏，直到经过秋季和冬季才会变成棕色并且变硬。到第三年春天的时候，球果才会裂开，鳞片松动并露出种子，在晃动时将种子散落在风中。

欧洲赤松的种子看起来有点像昆虫的翅膀，有坚硬的种子壳和长长的纸质翅，后者就像捕捉微风的风帆一样发挥作用。富含胚乳的种子是交嘴雀、黄雀、山雀、啄木鸟和红松鼠的重要食物来源。红松鼠撕碎鳞片获取种子，每天能够吃掉多达两百个球果。一公顷的松林只够一只松鼠过冬。而交嘴雀用它们交叉的喙撬开鳞片，然后把饥饿的舌头伸进去，将种子拔出来。这种鸟喙上的隆起使它可以在吞下种子时去掉种子壳。啮齿动物和昆虫都喜欢松子，所以森林如果想让树苗有机会存活下来，生产的种子数量必须超出食物链其他成员的胃口。这似乎就是同步丰收年——所有树木在同一年结出数量可观的种子——背后的原因。

然而，丰收年正在变得越来越普遍，气候变暖弄乱了树木的时间表，导致松树越来越早地释放种子，并且很有可能破坏森林的正常季节循环。目前，一批球果中的种子与正在发育的球果中的下一批种子之间仍然存在时间上的重叠。但是如果树上的一代又一代的球果彼此完全脱钩，那么一大堆依赖种子的物种可能会因此挨饿。受苦的不仅是吃种子的动物，这种松树还是几十种飞蛾、蝴蝶和其他带翅昆虫的重要食物来源。飞蛾的幼虫在欧洲赤松树皮的保护性褶皱中度过冬天，并在春天破茧而出，准备以花为食。但如果松树已经开过花，那么整整一代的飞蛾都会死掉。如果飞蛾死了，鸟类的食物也将减少，后续的结果可以以此类推。二十一天是大多数毛毛虫和蛾类幼虫可以忍受的偏离正常开花日期的最大窗口。2020年的偏离时间窗口是十一天或十二天。对于这些松树来说，最令人担忧的现象是开花时间和花粉释放时间的脱钩。如果同步开花取决于松树基因对气候信号的反应，而不是依赖于地下或空气中的信号交流，那么不对称变暖——不均匀的天气模式，即森林的某些地方经历的气候和其他地方不同——可能意味着种子根本不会形成。

即使种子最终形成了，并且没有被啮齿动物、鸟类和甲虫发现并吃掉，也不能保证种子一定会萌发。种子需要无遮蔽的多砾石地点，或者有浅泥炭的区域，例如路边和河岸。厚泥炭的养分贫乏，不太可能容纳松树所需的菌根真菌（生长在根系周围的真菌），而它能帮助松树在缺乏营养的土壤中吸收磷酸盐和硝酸盐。从现有森林中建立和扩展菌根关系，是迄今为止确保成功发芽的最简单、最可靠的方法。即使在已经连续几代都没有森林的地方，菌根也可能仍然以某种休眠形式存在。

托马斯说，土壤是我们在什么地方有机会种植或鼓励种植树木的主要依据。凡是有蘑菇、蕨类和特殊林地植物（如堇菜）的地方，曾经都是森林。蘑菇环通常是很久以前的树桩在泥土里留下的工程。成熟松林中有十五到十九种外生菌根真菌，从碳和养分的运输到地衣覆盖，它们在各个方面发挥作用，从树木那里获取养分并为其提供矿物质作为交换。种树时，如果不考虑在地下与森林共生的重要的“另一半”，可能远不如让土地按照自己的节奏演变成林地有效。奥利弗·拉克姆写到埃塞克斯郡的一片人工种植的栎树林，即使经过了七百五十年，这片栎树林仍然没有长出天然林通常拥有的兰花等植物和蘑菇。[12]

荒地公司如今拥有十五年的基准数据，可以为其未来的管理提供依据。它聘请了生态学家和志愿者一起调查设置七米样方的土地，以了解生态演替是如何进行的。生态学家通过清点粪便来确定鹿的数量，他们测量石南的高度，看它是否遮挡了其他植物，他们还计算了松鸡在冬天喂给雏鸟的黑果越橘叶片上的越冬蛾蛹的数量。

托马斯仍然不知道会发生什么，不同的物种将如何反应——其所涉及的时间尺度是巨大的，人类的大脑很难把握——但他很享受观察和测量这种变化。突然间，松树无处不在，而且不仅仅是在费希河谷。早些年，每公顷的松树数量是两百棵，如今这个数字是六千棵。这些树正在积聚力量。

第一个目标是栖息地恢复。然后托马斯将尝试找到一个衡量鹿的可管理数量的指标，并通过旅游业和其他“自然资本”举措，使他的野生愿景得到回报。但是，在缺乏狼这样的顶级捕食者的情况下，托马斯仍然需要射杀鹿，而且他仍然需要与费希河谷的邻居们合作，因为鹿是野生的，而山脉不可能完全被围栏围起来。这就是建立“凯恩戈姆山脉联结”（Cairngorms Connect）背后的考量，这是荒地公司和附近的阿伯内西（Abernethy）庄园联合成立的合资企业，由英国皇家鸟类保护协会、苏格兰林业委员会、苏格兰自然遗产署和凯恩戈姆山国家公园共同运营，后者占地六百平方公里，是一片令人惊叹的土地，因其荒野潜力而不受生产管理。

在邀请我参加那天晚上在费希河谷的山地小屋举办的仲夏同乐会（盖尔人的歌舞晚会）之前，托马斯临别时的最后一句评论暗示了他的雄心壮志。苏格兰一半的庄园是可出售的。荒地公司正忙着收购其中几座。到2020年底，荒地公司将拥有221000英亩（约89435公顷）土地，成为苏格兰最大的土地所有者。他告诉我，费希河谷“只有”43000英亩（约17400公顷）。

“我在这里搞园艺。”他带着讽刺的语气笑道。这是我在我们的会面中唯一一次见到他笑。

离开阿维莫尔，在靠近苏格兰自然遗产署停车场的一座改建棚屋内，坐落着“凯恩戈姆山脉联结”的办公室。不起眼的地址掩盖了这个合伙企业的雄心壮志，在这个仍然非常保守的自然保护行业中，它是一个特立独行的局外人。自然界的危机需要人们面对根深蒂固的假设和习惯，它们在那些花钱去照料自然界的人中也依然存在。

马克·汉考克（Mark Hancock）是RSPB借调到“凯恩戈姆山脉联结”的科学家。他给我泡了一杯茶，我们把茶端到办公室小屋旁边田野里的一截树桩上，享受室外的阳光。凯恩戈姆山脉高达一千二百多米的花岗岩和片麻岩山体在地平线上连绵不绝，闪闪发光。其西端是费希河谷，东端是阿伯内西森林（Abernethy Forest）。“凯恩戈姆山脉联结”致力在两者之间建立一条荒野走廊。

马克将眼镜推到鼻梁上，然后以科学的谨慎和精确斟酌措辞。我有一种感觉，这个计划的规模和目标对于他和其他习惯了科学、控制和管理的语言的人而言，是一个陌生的领域。他欣然承认，“凯恩戈姆山脉联结”确实颠覆了传统，“违背了一百年自然保护史的原则，违背了实际管理的实践”。但如果它成功了——费希河谷说明它会成功的，那么它可能会改变英国全国范围内关于保护环境的思维方式和行动方式。它可能会改变我们对土地价值的看法，甚至改变我们对国家公园目的的认知。

英国正在努力扩大林地面积。英国的森林覆盖率为13%，远远低于37%的欧洲平均水平和30%的全球平均水平。此外，这13%中的大部分是人工林——为了木材种植的单一作物，生活在树木之间或树下的物种的多样性很有限。事实上，人工林根本不是真正的森林。

瑞典和芬兰的森林面积占欧盟的三分之一，其领土的森林覆盖率分别为68%和71%。[13]即便如此，芬兰的森林也仅仅能吸收其大约一半的温室气体排放。对于英国来说，将森林覆盖率提高到原来的三倍以达到欧洲的平均水平将是一个革命性的提议，但这还是不够。森林可以吸收全球四分之一到三分之一的二氧化碳污染，但实现这一目标所需的土地用途变化的规模却令人难以置信：多项研究指出，这需要和印度一样大的土地，相当于目前用于全球农业生产的土地面积，这还没有考虑每年损失的树木。全球每年有一百五十亿棵树木——三千万公顷的森林——被砍伐，而野火造成的损失也差不多。如果想知道碳封存或林地建设成为国家安全问题（可能很快就会出现这种情况）的话会发生什么，“凯恩戈姆山脉联结”就是一个小小的缩影。一些急于抵消自身碳排放的公司已经在推高苏格兰大型庄园的价格了。

不过，目前“凯恩戈姆山脉联结”并不是一项军事行动，而是一项脆弱的实验，旨在将自然理解为正在进展的动态工作，将森林理解为移动的社区，将土地视为不断变化的东西。马克的主要兴趣是鸟类及其栖息地。他不太关心这家合伙企业所代表的土地面积，而是关心其地形，关心它能支持的生态系统的多样性。如果有必要的话，森林会迁徙吗？如果它要向山上移动，有什么阻碍吗？而当它抵达那里时，还会有温度足够低的山吗？

在不受干扰的系统中，松树会在自然林木线上让位于山地林地，挪威人称之为“柳树带”。随着时间的推移，柳树和花楸的山地系统为松树准备好了土地，形成森林的第一阶段。但鹿最喜欢柳树和花楸。一些柳树类物种被啃食得很严重，以至于在苏格兰野外只剩下一两株样本。超出连绵不断的森林边界，长满娇嫩灌木和浆果的山地地带，是高地过度放牧鹿的最大受害者。它完全消失了。

本劳尔斯山（Ben Lawers）是苏格兰国家信托基金管理下的一个保护区，位于向南几小时车程的地方，拥有英国最好的山地物种收藏，相当于英国最稀有的栖息地的种子库。它有一个几英亩的朝南的围场，由高大而安全的防鹿围栏保护，围栏上安装有弹簧门。当我在前往威廉堡的途中拜访这里时，我发现几乎每一种植物的叶片都被剪下了整齐的圆圈，这表明毛茸茸的叶片背面挤满了毛毛虫。蝴蝶在草地上飞舞，每平方米的鸟类数量多得惊人。栖息地的稀缺使这里成为那些拼命寻找传统食物的物种的庇护所。它几乎给人一种动物园的感觉，又好像一小片植物园被错误地放在一座令人望而生畏的高山的半山腰上，并被防御工事保护着。要让这些非常稀有的物种在野外再次拥有安全的处境，我们还有很长的路要走。

柳树带是某些鸟类和昆虫的重要栖息地。这就是出现“边缘效应”的地方。随着森林达到其生长范围的极限，不同的物种在不同的高度放弃继续生长，创造出含有不同物种组合的丰富地带。更多的光照和更大的温度范围创造出不同类型的过渡区。只需增加或减少一个关键物种，整个生命平衡就会发生变化。没有松树，柳树得以称霸。在柳树下，生长在地面上并需要柳树保护的发草（hair grass）和毛梳藓（feather moss）可以茁壮成长。但是当食草动物的摄食失控时，它们也会首先消失。这里有大量稀有的地衣，与柳树带的植物形成联系，例如那些生长在石南灌丛中的植物，或者毛茸茸的长毛砂藓，后者是昆虫在冬天的救命稻草。它可以在没有水的情况下，通过吸收大气中的水分存活十二个月。在厚厚的积雪中，白毛砂藓毛茸茸的流苏形成一个垫子，它制造的小气候可以比周围的积雪温暖20摄氏度。如果你掀开这个毛盖子，你会发现里面挤满了无数昆虫，它们在里面取暖。

昆虫栖息地当然对鸟类有利。突然的景观变化——松树人工林的直线——是不自然且无益的。鸟类喜欢混杂的东西，在不同的时间有不同的昆虫、种子和浆果可以吃。现在，在"凯恩戈姆山脉联结"地区内，随着森林和旷野再次变得难以区分，过渡正在变得混杂起来。它们是为多样性创造条件的边缘栖息地。例如，环颈鸫（ring ouzel）是鸫科家族的成员，它是一个林木线物种，在不同的栖息地之间移动。小嘴鸻（dotterel）、雪鹀（snow bunting）和白尾鹞（hen harrier）都是旷野鸟类，偶尔需要森林的舒适环境或食物。马克担心，这些物种可能是我们尚未偿还的"灭绝债务[①]"——它们的栖息地已经退化得如此严重，数量也已经减少到无法恢复的地步。

"凯恩戈姆山脉联结"的一个关键目标是让树木向山上重新生长至自然林木线处。这可以为其他工作提供指导，好让山地林地恢

① 指过去的事件导致的未来的物种灭绝。

复项目知道从哪里开始。一个名叫“山地林地行动小组”（Montane Woodland Action Group）的组织正忙于在海拔六百米的一些地方种植柳树和刺柏，但这只是根据微妙而不靠谱的猜测所进行的工作。而等温线，即理论上的生长界线，并不是静态的。再过几年，这些柳树可能就会生长在松林中间了。

“没有人真正知道苏格兰的林木线在哪里，或者应该在哪里。”马克说。

传统观点认为，只有一个地区的树木抵达了自然极限边缘，在那里你可以看到矮曲林（krummholz）的适当梯度——树木因海拔和寒风而逐渐变低矮。作家吉姆·克拉姆利（Jim Crumley）称这里为“林地圣地”，它就是费亚科拉克山（Creag Fhiaclach）。

第二天一早我就出发前往费亚科拉克山（在盖尔语中意为“锯齿状的峭壁”），上山的这条路始于费希河谷通向斯佩河河谷的地方。这里有林业委员会种植的人工林因施里亚赫森林（Inshriach Forest），在风景如画的艾琳湖湖边，它就像一个闯入者一样矗立在金尤西（Kingussie，意为“松林起点”）和保存完好的罗蒂莫科斯（Rothiemurchus，意为“宽阔的冷杉平原”）松林之间。

我走出人工林封闭的树冠，那里有碎石路、笔直的线和令人毛骨悚然的寂静。然后我进入了分散在一片沼泽中的开阔林地，鸟儿突然在我周围飞来飞去。我爬上齐腰高的圆丘，靴子消失在柔软的垫状苔藓中。一条清澈如玻璃的小溪在长满青草的肥沃泥炭河岸之间静静流淌。石南、蕨类、云莓、灯芯草和莎草沿着河岸生长，坚硬的黑色泥炭小丘拔地而起，古老的沼泽松从中萌发，它们多瘤且扭曲，层层叠叠的树枝由盛行风雕刻而成。

我小心翼翼地穿过茂密的石南和荆豆灌丛，穿过花楸、榛树和桤木的树苗，以及随处可见的凌乱松树。我想起了研究沼泽松的树木年代学家罗布·威尔逊的话："永远记住，只要有一点机会，松树就会成为一种杂草。"

一只棕色的小鸟在远处跟着我，发出一声清脆的鸣叫。我在一个地洞旁边发现了一只猫头鹰的几片羽毛，然后在一棵平顶松树下面发现了一个裂开的白色的蛋，有葡萄柚大小。一抬头，我看到了一个金雕的巢穴，巢穴的杂乱枝条在树冠中隐约可见。地上有兔子的粪便。池塘里有蝾螈。鹿最近来过，一株三米高的花楸，下半部分没有叶片和枝条。我觉得这就是北方森林该有的样子。当然，这里不再有曾经存在过的熊、猞猁和狼。它比费希河谷古老，没有一代后起松树那样积极进取的新鲜感。那条再野化的河谷给人一种惊喜的感觉，一种对自由的狂喜，而这里更为固定的节奏则诉说着一种稳定的生活模式。

朝着水声的方向向上爬，我终于遇到了一条在黑色矿质土壤中踩出的小路。树林是分散的：古树间隔排列，林下植被填充间隙。巨大的圆丘本身就是一个生态系统。桦树比我想象的要多，它们是古老而干瘪的生物，裸露的红色树根拖在溪流中，树皮的纹理就像古老的蜥蜴一样，有棱纹和很多开裂的地方。溪水涨满，清澈而喧闹，在树林之中咆哮着，给两岸的苔藓和蕨类植物蒙上一层薄雾。

欧洲蕨的紧密拳叶开始展开，毛梳藓的细小红毛撩拨着空气。

各种各样的苔藓随处可见：泥炭藓、石松、毛梳藓和石蕊，它们在其脆弱的半透明茎上伸出自己微小的孢子。它们保持着森林的湿度，能够维持比自身重量高出许多倍的水分。苔藓是最早的海绵，捕捉雨水，并根据树木和土壤的吸收能力将水分缓慢释放。在这个过程中，它固定氮素，为森林施肥。

这里的优势种是泥炭藓——煤以及钻石的起源。它是全球变暖的赢家之一——泥炭藓喜爱二氧化碳，但过多的二氧化碳会抑制林下植被，改变森林的演替模式。在西伯利亚，猖獗的苔藓已经阻碍了落叶树幼苗的生长。二氧化碳的积累会酸化土，就像二氧化碳酸化海洋一样，使其他植物窒息。

在石炭纪时期，大气中的氧气比现在少得多，苔藓和木贼等蕨类植物有几十英尺高，如巨大的三尖树一般，大快朵颐地吞噬着二氧化碳。裸子植物和被子植物——缓慢地为大气注入氧气的针叶树和落叶木本植物——的胜利让木贼、蕨类和苔藓的尺寸大大缩小。随着目前气候变暖，我们可以预见，它们将再次长大，随着酸性空气使苔藓生长得更茂盛，令田地窒息，林业和农业将面临严重后果。

这条小路走起来一点也不轻松，它向上通往此时可以看到的开阔旷野，穿过在这里缩小为一条冲沟的小溪。冲沟的北侧仍然是森林，朝向南方。在对面，树木突然消失不见。在我这一侧的溪边上方五十米处，矮曲林开始出现，然后迅速消失。我数了数路边最后一棵松树的苞片，还有那些标志着每年生长的凹口。它只到我的腰部，但它已经十六岁了。再往前走，一棵和我手掌一样大的微型桦树已有至少十年树龄。在这里，刺柏和柳树平贴着山体生长。在上方的一个山体凹陷处，我发现了一棵花楸和更多挺拔的柳树。这里是英国唯一的林木线过渡区的试探性开端（也可能是遗存）。

来到这里之前，我并不知道这个柳树带栖息地如此稀有或如此重要。这里是环颈鸫、白尾鹞、雪鹀、欧柳莺和小朱顶雀的家园。如果栖息地得到恢复，这里还可能出现白眉歌鸫、铁爪鹀和蓝喉歌鸲。在“栖息地丧失”这个顺嘴且轻描淡写的短语背后，隐藏着如此多的历史，以至于我们常常很难把握它意味着什么，因此也很难理解我们必须采取哪些不同的做法来扭转损害。这些鸟类需要地衣、苔藓和昆虫之间的微妙平衡，而这种平衡又依赖于几种柳树的分层保护，其中一些柳树在不列颠群岛比大熊猫在中国的数量还要少。我以为我已经在集中注意力了，但这需要的观察专注程度完全是不同水平的。

山丘上的颜色是苔藓的红，花岗岩的粉，黑果越橘枝条的鲜绿，地衣的橙、红和白，所有这些都被映衬在厚厚的低沉雨云的灰色背景中。我脚下的森林是一望无际的绿色，高速公路上的卡车点缀其间，铁灰色的斯佩河蜿蜒穿过树林。远处是被烧成棕色的光秃秃的松鸡猎场旷野和几何块状的人工林，在我看来，它们具有野兽派混凝土建筑隐含的暴力意味。

当我登顶杜布山（Creag Dhubh，海拔七百五十六米，意为“黑色峭壁”）时，被风吹斜的雨刺骨地袭来。我在阿盖尔石（Argyll Stone）转身下山。东边不远的地方是“卡恩阿弗里斯吉乌拜斯”（Carn a' Phris-ghiubhais），意为“松树丛林中的山丘”，这表明这面贫瘠的山坡并不一直像这样无遮无挡。事实上，在从东边泼下来的冰冷水幕之间，我俯视对面的福莱斯山（Creag Follais）山脊，在暴风雨不断变换的灰色光芒的照耀下，我看到了什么？松树的轮廓清晰可见，它们现在已经站稳脚跟，早早地在风中弯下身子，取笑着自己的大胆，高踞于下面的同胞之上。

鲁格艾蒂亚柴恩（Ruigh-aiteachain）山地小屋是免费向登山者开放的山地小屋之一，位于费希河谷的起点，壮观的费希河（River Feshie）和洛盖德溪（Lorgaidh burn）的交汇处，费希河谷在这里打开，形成其标志性的冰川盆地。从费亚科拉克山下来，顺着河谷的方向步行很长一段路，沿途会穿过一片错落有致的风景：砾石河床旁边的石南和沼泽草、爬满昆虫的清澈森林池塘，以及一片古老松树人工林高大而有韵律的景观。

这就是荒地公司的费希河谷，人工林正在自由发展，并被鼓励重新启动自然过程。因此，到处都有倒下的原木留在原地腐烂，一些地方已经发生了间苗，在清理出的空地上，树苗正在茁壮成长。但人工林的结构很单一：所有的树都有同样的树龄，树干被有意种得很近，它们笔直地向上生长，争夺阳光。间苗让阳光能够照射到森林地面，所以现在这些树木之间的地面是黑果越橘、石南和毛梳藓混合而成的鲜艳绿色——阳光太多，石南就会占据主导地位；阳光太少，黑果越橘就无法生长。林下植被的世界是对光照、营养物质和菌根条件的精确校准，并且与树冠的密度有直接关系，为能够在其下面生存的植物精细地控制着生长条件。这就是松鸡和其他鸟类回归的原因。

河边的一座小山丘上坐落着费希河谷山地小屋，这里的客人会花很多钱来体验“荒野”经历，就像非洲的游猎体验一样。再往前走，藏身于一片古老的松林空地之中，为不太富裕的游客建造和维护的石头山地小屋里有两间粗糙木板内饰房，使用挪威铸铁炉取暖。房间外面有一个堆肥厕所，还有一个水桶，放在一条清凉的小溪旁边。

托马斯提到的仲夏同乐会算不上一场舞会，狭小的房间里几乎没有能让人站起来的空间，木柴火炉的火烤得很热。有二十人前来聆听一位盖尔传奇人物唱关于古老生活方式的歌曲。

玛格丽特·本内特（Margaret Bennett）是一位歌手，写过几本书，其中包括《从摇篮到坟墓的苏格兰习俗》（*Scottish Customs from the Cradle to the Grave*）。在开口唱歌之前，她放下手杖，摘掉厚厚的眼镜，坐在我身边的炉子前。玛格丽特想谈谈树木的魔力。托马斯告诉她我在写关于树林的文章。她黑白斑驳的头发简单地扎成一个结，说话时，她的蓝眼睛打量着房间。

她告诉我，在从前的春天，女孩们如何用桦树的芽洗头发，带着桦树的气味去教堂；她的母亲如何在她们的房子外面种了一棵花楸树以求好运，它如今还挺立在那里。我们谈到松树一直以来都用于医药，它的针叶传统上用于熏蒸房屋、治疗呼吸系统疾病，现在用于制造各种工业产品，如樟脑、杀虫剂、溶剂和香水。美洲原住民卡尤加人（Cayuga）将松节的髓煮沸，以释放名为赤松素的抗生素，这种化学物质与治疗皮肤病和虫叮咬的抗生素药膏中的成分相同。玛格丽特谈到了运转良好的氏族制度，在这种制度下，没有人拥有任何土地的所有权契据。森林和山丘的维护是为了所有人的利益。后来君主将土地所有权授予氏族首领而非集体的做法让她悲叹，这为土地的买卖铺平了道路。这就是她所唱的歌曲的故事背景：苏格兰高地的人们为了给绵羊和鹿腾地方而搬走，至今仍远离山丘。河谷的现代形象与来自边境以南的指令下的剥削和清洗历史密切相关。

后来，当其他客人都到了，我们吃了好几公斤的鹿肉汉堡，玛格丽特唱起了年轻姑娘们等待随英国皇家海军或黑卫士兵团[①]出征的小伙子们的歌谣，也唱了关于麦克劳德上尉[②]和他的幽灵风笛手的歌。她还唱到了别的故事，有的歌和红脚鹬有关，另一首歌讲述了一位“小腿肚子像鲑鱼一样饱满”的英俊牲畜贩子赶着高地的牛，翻山越岭前往克里夫（Crieff），在牛尾巴上编着花楸树枝以求好运的故事。托马斯的兄弟桑迪用风笛给玛格丽特伴奏，凯恩戈姆山脉国家公园的首席生态学家，一个名叫威尔的黑发高个儿男人，也弹着班卓琴加入进来。玛格丽特让我们二十个人用盖尔语一起跟着唱，到最后，很多人眼里都含着泪水。

“你看，我们还没有完全忘记那些旧的生活方式。”玛格丽特说，她的虹膜闪烁着和外面仲夏午夜相同的色彩。

---

① Black Watch，英国陆军的一支步兵部队，始于1725年英国汉诺威王室在苏格兰高地征召的警卫民兵，用以维持高地治安及镇压詹姆斯党，后来黑卫士兵团曾被多次部署到海外作战。

② Captain Macleod，苏格兰麦克劳德氏族的第二十六任首领，曾加入英国陆军并获得上尉军衔。

第二天清晨，我在乳白色的黎明中早早起床。月亮依然挂在南边的山肩上，太阳即将从山的后面升起。今天是夏至。在山地小屋里面，二十个人躺在地板上的睡袋里。吃早餐时，我向威尔解释了我为什么会出现在这场奇怪的即兴聚会上。我向他讲述了前一天去费亚科拉克山和林木线的朝圣之旅，他暗自微笑，故意点了点头。

“那不是林木线。”他边说边掏出手机。

在那周的早些时候，威尔在办公室待到深夜，为国家公园起草森林战略，然后他选择了自己喜欢的放松方式。他起程上山，在一个自己之前没有去过的地方露营过夜。他在黑暗中搭起了帐篷，当他醒来并将头探出帐篷时，他意识到自己还在森林中。四周点缀着许多小小的树。他身处海拔很高的凯恩戈姆高地。他给我看了一张照片，照片上是一棵已经站稳脚跟、有很多分枝的树，生长在沼泽草和石南之间，照片里有一个高度计，它的读数是一千零四十五米。对于我看到松树爬上比费亚科拉克山还高的山坡，他并不惊讶。他说，苏格兰的自然林木线很可能已经位于其最高山脉的众山峰之上。如果现在还不是这样的话，也很快就会是了。在瑞典，人们对一条完整的松树林木线做了几十年的监测工作，监测结果显示，自20世纪60年代以来，它已经向山上移动了两百米。[14]最近，夏季的干旱气候在瑞典杀死了位于前沿的桦树，更坚韧的欧洲赤松超越了桦树，成了林木线的先锋。[15]

凯恩戈姆（Cairn gorm）山脉的名字在盖尔语中是“蓝色群山”的意思。除了6月至10月的几个月，凯恩戈姆高地上都覆盖着积雪。从远处看，山脊呈现出一抹蓝色。但是在古盖尔语中，“gorm”一词表示更偏绿的蓝色。

关于北方森林，出生于爱尔兰的加拿大植物学家和化学家戴安娜·贝雷斯福德-克勒格尔（Diana Beresford-Kroeger）著述颇丰。她告诉我，松树针叶的颜色对它们的韧性和适应能力至关重要。蓝绿色的针叶拥有厚度增加两三微米的角质层表面。这层蜡质对光线的衰减较少，因此会让针叶细胞的叶绿素看起来发蓝。这种额外的厚度可以防止极热或极冷的天气，它是松树更灵活地应对气候的表观遗传能力的关键。戴安娜建议，在采集样本时，人们应该总是从海拔最高的地方寻找最蓝的针叶树，作为面向未来的种子来源。她说，这些将是最耐寒的种类，色调上的差异可以让一个物种“多活几百年”。高海拔地区的树木往往更容易进化出这种特性，这就是为什么覆盖着针叶树的高山常常看起来是蓝色的。苏格兰“树木繁茂的高地”曾经是这样的“蓝色群山”吗？它们还可以重新变成这样吗？

恢复喀里多尼亚失去的伟大林地是一项美丽的工程，而且如果我们要重新建立对生命世界的敬畏和联系，这样做也是必要的。荒地公司和更广泛的再野化运动正在成功地再次吸引数百万人的关注，并开始扩大议程，讨论在高地重新增加人口的问题。然而，如果要避免新的伟大林地变成僵尸森林，需要做的不仅仅是吸引人们的关注。

英国林业委员会预测，随着二氧化碳浓度的增加、气温的升高和生长季节的延长，21世纪内欧洲赤松将在英国生长得很好。[16]如果人类配合的话，苏格兰的松树看起来确实会再次让群山变蓝。但或许不会持续太久。

欧洲赤松如今生长在从林木线到南欧的广泛气候生态位①中。虽然苏格兰目前处于这一范围的最北端，但欧洲赤松的领地窗口正在向北移动。在欧洲更南边的地方，干旱和高温已经导致松针过早变黄并破碎。2008年的一项研究预测，气温升高1到4摄氏度，将降低北纬62° 以南的欧洲赤松的存活率。凯恩戈姆山脉位于北纬57° 。[17]这一严峻的局势清晰地说明了气候崩溃对树木和森林意味着什么。

全球变暖和向南移动的效果差不多。英国目前的气候变化速度相当于每年向南移动大约十二英里（约十九公里）。到2050年时，伦敦的气候将与巴塞罗那相似。[18]虽然这对某些人来说可能听起来不错，但对欧洲赤松来说却意味着麻烦。由英国国家气象局和俄勒冈大学分别设计的两个独立模型预测，按照现在的排放轨迹，到21世纪末，欧洲赤松可能会从包括苏格兰在内的欧洲低地消失。英国国家气象局的模型更进一步，预测欧洲赤松到时候只能在芬诺斯坎底亚②北部、俄罗斯和阿尔卑斯山生存。[19]这与其他研究结果相呼应：即使平均气温上升1到2摄氏度，现有森林的生存能力也已经开始受到损害。[20]安全空间（苏格兰伟大林地的气候生态位）正在移动之中，将树木抛在身后。

除非发生戏剧性的变化，否则“凯恩戈姆山脉联结”令人钦佩

① 物种所处的环境以及其本身生活习性的总称，每个物种都有自己独特的生态位。

② Fennoscandia，芬兰、挪威、瑞典、丹麦的总称。

的两百年愿景将被全球变暖所取代。八千多年的树木繁茂的历史，以及所有鸟类、昆虫和哺乳动物构成的围绕欧洲赤松进化而来的精细而平衡的森林系统，这些都可能在一棵树的生命周期内消失。在苏格兰曾经的北方林木线再往北的地方，气候太冷或海拔太高，松树无法生长。然而，再过不到一百年，曾经的林木线可能就会位于松树生长范围的南部界线以南的地方了。

第二章　追逐驯鹿

Chasing Reindeer

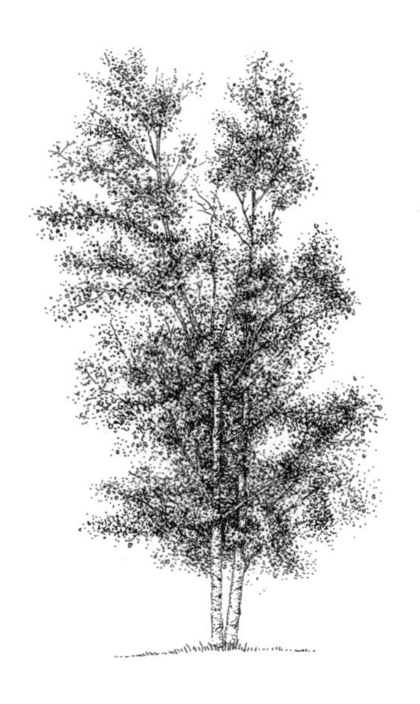

毛桦（Downy birch，拉丁学名*Betula pubescens*）

芬马克高地，挪威

69°58'07"N

阿尔塔峡湾（Altafjord）是一片广阔的黑色水域，周围环绕着巨大的白色圆顶山峰。入冬以来的第一场雪已在夜间落下。清晨的风将海水推向漏斗状的峡湾，向阿尔塔城袭来，海水携着巨大的黑暗冲击着我住的客栈窗户下面的防波堤。海浪上的泡沫是短暂的。任何一丝闪光都会被立即吸回巴伦支海的黑暗之中。

阿尔塔（Alta）是挪威芬马克郡的城市，挪威的锯齿状海岸线和欧洲北岸的形状就像马鬃，而阿尔塔就是马鬃上的王冠。此时我所在的纬度比苏格兰靠北得多，但在这里的海平面高度之上，欧洲最北的树木正同时在海拔和纬度上向极地移动。问题在于，它们并没有太多的扩展空间。从阿尔塔出发直到北冰洋海冰的起点，除了一千英里（约一千六百零九公里）的水面，什么也没有。苔原被限制得死死的。而生活在这里的人和动物正试图理解这种快速的变化，他们感到困惑，心中拒绝接受，同时也很恐慌。

北纬70° 的冬季黎明是怪异且永无休止的。它会持续几乎一整天。早上八点，一道庄严的淡紫色光芒从后面照亮了南边的群山。上空的薄云披上了一层粉红色，这是蹲在地平线后面却不露头的强大太阳的唯一迹象。这是黎明前的光照，某种曙光，但过渡永远不会到来，太阳绝不会升起，天色永远处于破晓边缘。这令人迷失方向。半小时后，太阳仍然在世界的边缘之外，月亮仍在发出淡紫色的光，在汹涌的黑色海面上更低垂了一些。后面陡峭的峡湾潜伏在阴影中，让人想起民间故事中位于已知世界边缘的极北之地[①]那环绕着火焰的山脉。

极夜并没有扰乱常规的现代工作制度。这是周一的早上，阿尔塔的居民从床上爬起来，裹上温暖的衣服，给挡风玻璃除霜，钻进汽车，穿过昏暗的路灯灯光，汽车喷出的尾气在寒冷的空气中久久不散。

在从客栈前往市政厅的路上，我看到了教室里的孩子们，还有几行汽车在结冰的道路上用雪地轮胎排着队缓慢行驶，但行人很少。阿尔塔是一座按照美国方式建造的城镇，也就是说，这座城镇是为了一个汽油价格便宜、汽车被视为理所当然的世界而建造的。这里的景观是由购物中心、加油站和占用大片土地且房屋分散的住宅郊区组成的。在一年当中的这个时候，不穿动物皮的衣物长时间待在户外通常是不安全的。今天的气温只有零下1摄氏度，但人们被城市规划鼓励的开车习惯很难改掉。

通往市中心的道路两旁都是一排排年轻的欧洲赤松，橙色的树皮与刚刚落下的雪形成鲜明对比，它们之间还混杂着一些更矮并且

---

① Thule，古希腊探险家皮西亚斯（约公元前310年）所描述的国家，很可能就是今天的挪威，被古人认为是世界的极北地区。

看起来破破烂烂的树，树干凹凸不平，树枝干枯，细细的小枝像粗糙的手指：毛桦（*Betula pubescens*，英文名为downy birch，字面意思是“有茸毛的桦树”）。正是这些树将我带到这里，在仲冬时节的周一早上九点，让我来到阿尔塔市规划主任哈尔盖·斯特里德费尔特（Hallgeir Strifeldt）的办公室。

与其优雅的表亲垂枝桦（*Betula pendula*，英文名为silver birch，意为“银色的桦树”）相比，毛桦更矮，树形也更凌乱，但它进化得可以在靠北得多的地方生存。它是北极地区为数不多的阔叶落叶乔木之一，甚至比大多数针叶树更耐寒。它名字中的茸毛指的是一层柔软的表皮毛，在严寒中就像一件保暖的毛皮大衣。在纬度和海拔较低的地方，毛桦常常与松树和云杉混交，而到了某个特定的地方，毛桦就会把其他树甩在身后，独自前行数百英里。毛桦有时被称为“旷野桦”（moor birch）、“白桦”（white birch）或“山桦”（mountain birch），它和它的变种矮桦（dwarf birch，拉丁学名*Betula nana*）构成了欧洲的北极林木线的很大一部分，这条林木线从冰岛（在那里它是唯一能形成天然林地的树种）穿过挪威最北部，进入芬兰和因西贝柳斯而闻名的卡累利阿[①]湿地，穿过俄罗斯的科拉半岛抵达白海。在这之后，西伯利亚的落叶松接过了接力棒。

它可能不讨人喜欢，甚至可以说丑陋，有着粗短的树枝和坑坑洼洼的树皮，但这种坚韧的小树是生存能手和先锋物种，对北极地

① 西贝柳斯是芬兰著名作曲家，1910年他在卡累利阿森林中行走，寻找灵感，从而创作了《卡累利阿组曲》。

区的几乎所有生命都至关重要：人类、动物和植物都一样。它被人类用来制造工具和建造房屋，还可以制作燃料、食物和药物。它是食物链中发挥核心作用的微生物、真菌和昆虫的家园，并且对于庇护形成森林所需的其他植物来说至关重要。如果没有毛桦发挥的先锋作用，北方的生态系统将会以不同的方式演变。在毛桦所扎根的地区，它决定了哪些物种可以生长、生存和移动。而随着北极的气温升高，毛桦的生长范围正在迅速扩大。在欧洲最北端日益变暖的生态系统中，除了人类之外，毛桦的影响力是最大的。

在这个所有东西都呈现出不同色调的蓝色的阴郁世界中，我很难辨别方向，但我终于找到了市政厅，一座散发着橙色灯光的现代建筑，表面覆盖着木板。通过门厅进入建筑的过程分为两个阶段，就像潜艇的气闸室一样，你必须穿过其中的热空气浴才能进入内部。接待员心情很好。就像阿尔塔的每个人一样，她看起来如释重负。最近阿尔塔终于下了一些雪，气温终于降到了冰点以下，尽管只是稍低于冰点而已。这才是冬天该有的样子。

“没有一点儿雪的时候，天会变得很黑，”哈尔盖说，他坐在自己现代化的办公室里，房间里挂着地图，摆着时尚的书架，“我年轻的时候，我的父母总是说我们必须在10月10日之前做好迎接冬天的准备。”近些年来，冬天逐渐变暖，但2018年11月和12月的温暖程度“很极端”，他这样说。整个社区都陷入了恐慌，驯鹿牧民在脸书上发了无雪苔原的照片。

哈尔盖是一位城市居民，性格温和，戴着一副无框眼镜，神情内敛。他有一半的萨米人（Sámi）血统，萨米人是欧洲北极地区的原住民，他们与从芬兰到俄罗斯，穿过白令海峡到阿拉斯加、拉布拉多，再到格陵兰的环北极地区的人们有着共同的DNA和语言传统。萨米人过去可以毫无障碍地在这片土地上迁徙，但现在仅存的八万萨米人发现自己成了四个不同现代国家之一的公民：挪威、瑞典、芬兰或俄罗斯。他们是欧洲唯一得到联合国承认的原住民群体。

自从一万年前，驯鹿之神第一次用驯鹿的血形成河流，用驯鹿的皮毛播种大地并长出青草和树木，并将这种动物的眼睛投向夜空变成星星以来，萨米人就一直生活在这片被过去的其他欧洲人称为“拉普兰”（Lapland）的土地上，而他们称其为“萨普米”（Sápmi，意为“萨米人的土地”）。他们的岩画艺术描绘了数千年来始终如一的生活方式。经碳年代测定来自八千年前的图画显示了在船上捕鱼、狩猎熊和驼鹿，以及放牧驯鹿的简笔人物。在同一地点发现的来自两千年前的其他图画也显示了在船上捕鱼、狩猎熊和驼鹿，以及放牧驯鹿的简笔人物。唯一实质性的区别是，八千年前的艺术家将动物画得更像。

驯鹿对于哈尔盖的身份认同至关重要，对所有萨米人来说都是如此。他母亲的家族是驯鹿牧民，但是当他的祖母在高地上因难产去世时，他的祖父将他还是婴儿的母亲带到了阿尔塔镇上，把她留给了一个挪威人家庭抚养。祖父回到高地辽阔天空下的驯鹿群身边，回到了他的“拉沃”（laavo，一种很像印第安圆锥帐篷的传统帐篷），后来又结婚了。哈尔盖在城市和拉沃都有一席之地。那周晚些时候，当我在一次萨米文化活动中见到他时，他穿着绣有金丝的传统萨米毛毡夹克、驯鹿皮裤子和靴子，戴着一条丝巾，腰间系着一根做工精细的银腰带。他是理性的政府的代理人，官僚系统和城市建设的推动者，但他也拥有游牧民族的血统，渴望不受人支配，而只被驯鹿群的需要支配。

驯鹿是很有特点的动物，它们有着大大的棕色眼睛、变化多样的毛茸茸的鹿角、柔软的朝一个方向倒伏的皮毛，以及巨大的防雪软垫状蹄子，步态笨拙又可爱，跑起来会发出咔嚓声。它们坚定而警惕的目光既神秘又睿智，同时充满怀疑和批判。每头驯鹿都有一个萨米语名字，牧民认识自己驯鹿群中的每一头驯鹿，甚至可以通过触摸辨别。爱不足以形容这种关系，"相互依存"这个词更接近。这种动物让萨米人能够在寒冷和冰雪的残酷世界中生存，如果没有用驯鹿皮制成的衣服和鞋子，任何人都会死掉。萨米人迁徙是因为驯鹿会为了寻找食物而迁徙。他们的整个文化都是围绕驯鹿群的迁徙需求发展演变而来的。

桦树是牧民的女仆。从住所到燃料，再到交通方式，桦树对于这里物种的生存至关重要。它提供帐篷杆。它被用来制作滑雪板和雪橇，好让人们从夏季茂盛的海边牧场转移到冬季高地的苔原上。但天气的崩坏正在扰乱这种循环。萨米人是气候变化的首批受害者之一，他们被迫比我们更早一点地开始考虑接受整个文化的崩溃。

驯鹿是一个曾经更加多元化的文明的唯一支柱，该文明包括生活在树木之中的森林萨米人和居住在海岸的捕鱼萨米人。森林萨米人住在草皮房子里，他们鄙夷挪威人用木材建造房屋的挥霍行为——木材只用于工具、船只和燃料。但他们早已消失。一个多世纪前，挪威政府逼迫他们在饲养驯鹿和同化之间做出选择。饲养动物以获取肉类是政府赏识的行为，但在森林中自给自足的生存状态并不涉及任何经济目的，他们无法理解。捕鱼萨米人的融合花了更长时间，但鳕鱼资源的锐减加速了他们向城镇的迁移。这一过程是哈尔盖负责管理的。阿尔塔是一座兴旺的城镇，现在有五万名居民，并且随着周围乡村人口的流失，这个数字还在继续增长。

驯鹿放牧很受挪威其他地区的重视，因此一直延续下来。萨米人一直将驯鹿肉卖给南方人，而驯鹿肉是一种昂贵的美食，很久以前就成了更广泛的挪威文化的一部分。挪威政府将驯鹿视为一种养殖资源，有配额和补贴，并严格控制宰杀量。在官方看来，它们是一种商品，是来自北方本来贫瘠的广阔高地的有用的农产品，但对萨米人来说，驯鹿的意义不仅在于经济和文化，它们还具有象征意义，正如哈尔盖的皮裤所佐证的那样。

“驯鹿是生命。它们是一切。没有驯鹿，我们就死了。”

如今，驯鹿放牧这种完好无损地延续了一万年的生活方式正在面临威胁。这次带来最大危险的不是挪威政府——尽管它也参与其中——而是气候。更温暖的冬天会对驯鹿产生两种致命的影响：一种影响短暂而剧烈，会导致它们迅速死亡：冰；另一种影响则是缓慢但无法逃避的：太多树木。

曾几何时，冬天的第一场雪会在10月的某个时候落下，先是落在苔原，林木线以上的高地，然后落在河谷和海岸的松树和桦树森林。不久之后，温度计中的水银柱将降至冰点之下，并一直持续到4月或5月，那时积雪开始融化，河流将奔涌起来，裹挟着清澈碧绿且富含氧气的浮冰。2005年之前，这里冬季的平均气温为零下15摄氏度，并且冬季气温至少有一次肯定会降至零下40摄氏度以下，甚至能够消灭最耐寒的昆虫幼虫，这一过程令北极地区在夏季保持没有害虫的原始状态。这个属于冬天的世界黑暗、寒冷且干燥。在这样的温度下，环境中根本没有任何水分。积雪像沙子一样，由多层称为“西亚斯”（seaŋáš）的大雪晶组成。在零下四五十摄氏度的隆冬，雪晶的质量和性质对于人类和动物的生存都至关重要。

“西亚斯”对于密度平衡的健康积雪至关重要，这种积雪在萨米语中称为“古吞”（guohtun）。“西亚斯”让驯鹿能够用鹿角、蹄子和口鼻扫开积雪，吃到雀石蕊（*Cladonia stellaris*），这是一种富含碳水化合物和糖分的地衣，与苔原的草共生在地面上，是一种高能量的食物，可为动物在冬季的快速移动供给能量。苔原缺少树木，这意味着芬马克的猛烈盛行风可以在高地上畅通无阻，将细粉雪吹成一层薄薄的保护性地毯，保护下面的地衣。如果有障碍物，那么被风吹积出的厚重积雪会将植被压垮。

但是当气温向0摄氏度回升，或者更糟糕，升到0摄氏度以上时，这个脆弱的冬季生态系统就会崩溃。即使雪稍微变暖也会造成严重的破坏。在零下五六摄氏度时，积雪中开始出现水分，因此积雪失去沙子般的特性，“西亚斯”融化，而积雪开始在驯鹿的蹄子下被压实，毁掉下方作为驯鹿食物的植被。如果温度计的读数一直是正值（近些年来这种情况越来越多），那将会是一场灾难。融化的雪或者降雨会在气温再次降至负值时结冰，在地面上形成一层冰壳，令觅食的驯鹿无法触及被冰封的植被。这在2013年和2017年都曾发生过。数以万计的驯鹿死亡，一些牧民失去了超过三分之一的驯鹿。在过去的一百三十年里，温度计在冬季曾三次升到0摄氏度以上，其中两次发生在过去的十年里。据预测，从现在开始，这里每年冬天都将经历0摄氏度以上的日子，这意味着冰封几乎是不可避免的。驯鹿群的驯鹿最多可达两三万头，而且它们分布在芬马克高地数千平方英里[①]的范围内。人工饲养是不切实际的，更不用说成本过于高昂。有些事情将不得不被放弃。

驯鹿是非常聪明的动物。它们对人类、风力发电场、飞机和车辆都抱有恰当的怀疑。芬马克郡日益严重的人类入侵进一步缩小了它们的活动范围。它们有猎物的警惕性。它们天真无邪的眼睛甚至比自己鹿表亲的眼睛还要大，总是在观察四周。即使当驯鹿头部保持不动，啃食青草或地衣时，它们的眼睛也能保持三百度的视野，几乎不会遗漏任何东西。稍微扭一下头就能得到完整的三百六十度视野。而且这种广角视野中的大部分画面都是清晰的，这不同于人类或其他捕食者的锁定视觉，后者已经进化到可以测量深度和距离。出现任何危险迹象，驯鹿都会逃跑。

它们对地形有极好的记忆力，并且体内有一个完美的指南针，告诉它们夏天和冬天应该迁徙到什么地方。它们并不总是知道如何在沟壑和河流中辨别方向，但它们对自己熟悉的老牧场有一种归家本能。它们体内还有一个温度计，可以告诉它们什么时候该动身了。如果天气不够冷，驯鹿群不会离开秋季牧场并前往冬季牧场，而是

① 1平方英里约等于2.56平方公里。

会冒着过度摄食单一区域的风险，或者超出自己的正常领地范围来获取食物。如果湿度太大（意味着地面会结冰），或者食物供应状况很糟，雌性驯鹿甚至会有意识地让未出生的幼崽流产，这一特性和老鼠、猴子和虎鲸等其他几种哺乳动物是一样的。

更温暖的冬天意味着驯鹿群需要更多觅食空间。对高地青草苔原的竞争正在加剧，竞争来自其他驯鹿，也来自风力发电场、塔架、道路和矿山。但最强大的挑战者看起来要无害得多，尽管到头来它将会是影响最强烈的：不起眼的毛桦。

哈尔盖隔壁的办公室属于芬马克林业局的管理人托尔·哈瓦尔德·松德（Tor Håvard Sund）。托尔是个身材魁梧的男人，穿着格子衬衫，直率的脸上挂着温暖的微笑。三十年前，他还是个森林学校的教师，后来凭着对树木的热爱，成为一名树木专家和林务官。我们开始交谈，并立即查阅起他办公室一面墙上的巨大地图，但他很快开始沮丧起来。

“这张地图是什么时候印的？”我们在边缘找到了小字标注的印刷日期：1994。

“这完全没用，”他说，“我们需要新地图。林木线现在已经失控了。”

几个相互关联的因素影响树木物种的可栖居范围：可利用的阳光、水分和养分是先决条件，但它们会与风和温度等其他变量相互作用，形成微妙的平衡。海拔或纬度的微小渐变可能标志着植被的巨大差异，而这些渐变当然也会发生变化。热带和极地的天气模式和生态系统更加精细，它们对全球变暖的敏感度远远高于习惯多变气候的温带地区。毛桦比大多数科学家更早地探测到了当前的变暖趋势。这些树就是金丝雀[①]，但很少有人明白它们在说什么。

关键的变化是冬天变得更温暖也更短了。至少十五年来，萨米人总是在说冬天正在变得"奇怪"。光照的量没有改变，土壤也是一样的，但更多雨水和更多热量让一切都不同了。毛桦喜欢这种更温暖的天气。过去，它被限制在高地的洼地和沟壑中，躲避寒冷的风，但是如今被温暖天气释放出来，它正在向上冲并扩散到开阔地带，以每年四十米的速度沿着山坡向上蔓延。大量土地正在以闪电般的速度从苔原变为林地。

从表面上看，更多的树木像是一件好事。但苔原的绿化与气候进一步变暖密切相关：因为桦树改良了土壤，并通过微生物活动使土壤进一步变暖，令永久冻土层融化并释放出甲烷，这种温室气体在较短时间内的升温效应是二氧化碳的八十五倍。

毛桦是树木中的摇滚明星。它活得快，死得早。它在边缘环境中生存需要消耗巨大的能量，但它不可能活过六十年。像松树这样生长较慢的针叶树需要更长时间才能站稳脚跟，但它们需要桦树来开辟一条道路。桦树是先锋树种。在春天，它能感受到夜晚变短和气温持续变暖，当它认为时机恰当时，它会长出两套柔荑花序。雄柔荑花序是黄色和棕色相间的，就像一只毛毛虫，四个一组挂在嫩

① 从前欧洲的煤矿工人会将金丝雀带到矿井下检测瓦斯浓度，如果金丝雀死了，说明瓦斯浓度已达到危险程度。后来煤矿里的金丝雀这个说法就在语言中保留下来，形容指示危险的物品。

枝的尖端。雌柔荑花序是绿色的，短小且直立。桦树是雌雄同株的，像松树一样，这意味着它可以为自己受精，不需要其他树木授粉，只需要风就行。芬马克高地壮观的大风很适合用来授粉，也很适合在秋季传播毛桦受精发育的种子。

授粉后，它覆盖着细茸毛的花蕾裂开，随风释放出一百多万颗有翅的微小种子。种子传播的好年景被称为大年。如今每年都是大年。这些带有坚硬种皮的微小种子潜伏在雪地下，直到春天的阳光和温暖诱导其萌发，种子伸出根尖寻找柔软的土壤。如今在苔原的苔藓和地衣中扎根的种子比以往任何时候都多。以前，即使种子成功萌发——无论如何都不能保证这一点——它们也只有一个短暂的窗口期（6月到10月）来发芽和长叶，并利用这个窗口制造必要的资源以度过极地冬季的严寒。桦树在这方面尤其擅长——在创纪录的时间内积累起坚韧的木质树皮，并花费相当多的能量来生产油脂和蛋白质以抵御寒冷。即便如此，冰冻通常还是会杀死大多数在苔原上挣扎求生的树苗，并将林木线维持在一定的高度。以前它的生长季是5月到10月，现在是4月到11月，而且夏天和冬天都更潮湿了。这是适合桦树生长的理想条件。

驯鹿牧民开玩笑说，这也是适合桦树寄生虫的理想条件。在挪威，以桦树为食的秋白尺蛾（autumn moth，挪威语名字为materjokt）在零下36摄氏度时会被冻死。在最近更温暖的冬天，天气变得没有那么冷，它们存活下来，糟蹋了数千公顷的桦树林。但即使是这些昆虫的暴发，也没有对桦树对苔原的攻击造成多大影响。

“大自然是复杂的。”托尔说。他在自己的一生中已经目睹了许多巨大的变化，如今他认为，自然界正在寻找某种新的平衡，测试自然选择的排列，尝试不同的选项来寻求平衡。

“整个高地都会被树木覆盖，这是迟早的事儿。”

当然，这里以前就有树。在上一次冰期之前，森林一直延伸到海岸。这些树只是在回归之旅上走到半途，但曾经花费数千年的旅程，现在却只需要用几十年完成。速度太快是个问题。大部分物种无法适应得那么快。苔原和森林之间一直存在着某种关系，而萨米人存在于二者的交界处。但在五十年前气候开始变暖之前，“森林”一词的含义有所不同。以前，它是一片缓慢移动、不断演变的景观，边缘的桦树一直向北蔓延，桦树为脆弱的年幼松树提供庇护。古老的松树创造了一片多样化的森林，里面长满了数百种可被驯鹿食用的不同植物。这种古老的森林在挪威几乎没有了，不过边境另一边的芬兰仍然有大片这样的森林。

一座古老的松树和桦树森林需要一百六十年才能形成。这样的森林是适合驯鹿在其中觅食的地方。幼年松树脱落太多针叶，会闷死在地面生长的地衣。三十年后，茂密的树苗和小树创造了湿润的小气候，地衣在这种小气候中衰退，而树冠上的苔藓茁壮成长。地衣的新觉醒发生在一百年后的自然状态森林中，此时森林已经变得稀疏。生长在这些古老松林中的地衣就像珊瑚一样，绽放出巨大的海绵状叶子，悬挂在老树的枯枝上。除了增强森林吸收和储存碳的能力之外，这种地衣还是新老森林之间最重要的区别，也令古老森林成为除苔原之外的驯鹿冬季放牧的重要场所。

这是否也是古老森林给人类心灵带来美好感觉的原因？当我们

漫步在富饶的代际树木群落，周围还有许多其他物种相伴，我们会感到富足和丰饶，但也会因为看到大自然达到自然平衡而感到满足。正如一位为保护芬兰古老森林免遭砍伐而奔走的驯鹿牧民告诉绿色和平组织（Greenpeace）的那样："你不会去年轻的森林振奋精神，你渴望去古老的森林。"[1]

在挪威，树木的迅猛生长正在造成严重破坏。桦树在苔原上狂奔的速度让松树难以追赶。这对于驯鹿和依赖他们的人类来说是个坏消息。直立的桦树森林没有林冠层，它们更像是灌木丛。因为没有林冠层，它们会截留更多积雪，树枝会在重压之下弯曲和开裂，而且树枝茂密的桦树会形成风障，在它们旁边吹积而成的雪堆太深，令驯鹿无法行走或挖透。它们的根温暖了下面的土地，导致积雪在其周围结冰和融化。随着时间的推移，一公顷的桦树将在地面上堆积三到四吨树叶垃圾，进一步提高土壤的有机成分，并促进其他植物生长。

驯鹿的确会啃食年幼桦树的小枝，"但即使你将芬马克郡的驯鹿数量增加一倍，也无法阻止这些桦树。"托尔苦笑着说。他是个科学家，情绪在他的办公室里没有位置。他承认，林木线的前进是不可避免的。在他看来，这有一个好处。松树是托尔真正关心的。桦树对萨米人至关重要，但在现代经济中却不那么有价值。芬马克郡的林业以欧洲赤松为基础，在经历了一系列灾难之后才刚刚恢复生机。松树的生命周期很长。十代桦树可以在一棵松树的寿命之内完成生存和死亡的周期。和它们在苏格兰的表亲一样，如今这里还活着的一些松树见证了从中世纪维京人航行到格陵兰岛以来的人类历史。对它们来说，20世纪是最痛苦的时期。

20世纪30年代，欧洲最大的锯木厂位于巴伦支海岸边的挪威港口希尔克内斯，距离俄罗斯和挪威边境另一边的摩尔曼斯克不远。希尔克内斯每年消耗十三万吨松木。然而，当纳粹在第二次世界大战中入侵这里时，他们将希尔克内斯付之一炬。然后他们以前所未有的规模掠夺挪威的森林，用于造船和出口。纳粹撤退时，他们夷平了芬马克郡的所有木结构建筑城镇。托尔的母亲还记得，她当时在山上看着她的家乡瓦德瑟（Vadsø）被烧毁。芬马克人民如今仍然将这场破坏称为一种大屠杀。战争结束后，剩下的古老森林被砍伐，以重建家园。

因此，芬马克郡的松树很年轻，托尔解释道，大多数松树的树龄不超过六十岁。它们要一直长到一百二十岁才会被砍伐。此后，它们的生长速度会变慢。它们可以活到三百岁或四百岁，但是正如托尔所说，它们在一百二十岁之后就没有多少“增值”了。芬马克郡的森林永远不会变老。驯鹿有可能在某种改变了的地貌中生存下来，但前提是森林有足够的时间成熟和发展，但目前尚不清楚森林是否有足够的时间。无论如何，它们已经很久很久没有在古老的森林里觅食了，以至于似乎连萨米人都不知道自己失去了什么。

“挪威的萨米人从未见过芬兰那样的古老松林，他们是伴随着林业长大的。”托尔说。

托尔的职责之一是与萨米人驯鹿牧民协商管理森林，而每年都有越来越多的牧民恳求他砍伐那些先锋桦树，以保护驯鹿所需的宝贵苔原栖息地。传统上认为自己是自然世界的一部分而非有别于自然的这些牧民，正在与自然进行一场注定失败的战斗。托尔的话说得很直率。

“萨米人需要找到另一种生活方式。”

在春夏两季，萨米人将他们的驯鹿群带到海岸，带到峡湾两旁锯齿状的雄伟山丘，或者带到巴伦支海沿岸的岛屿上，这些岛屿就像未经雕琢的宝石一样点缀在海面。过去，人们经常可以看到驯鹿群在春天游过峡湾，抵达无人涉足的岛屿上的茂密草地，牧民和他们的狗乘着独木舟或划艇跟在后面。如今，大多数驯鹿群都乘坐原本用于运输汽车的渡轮过海。

夏季，许多萨米人散居在驯鹿群中，住在名为“拉沃”的传统帐篷里，这种帐篷是用羊毛织物盖在紧密相连的金字塔形桦树干上搭建成的。因为放假离开学校的孩子们仍然经常在家人的度夏处待上几个星期，很少冒险回家。直到最近，牧民家庭才开始主要在一个地方定居，因为政府法令要求他们住在公路附近，并把孩子送到公立学校上学——这是试图剪断游牧民族的翅膀，让他们住在可以被看到的地方，并方便对他们的牲畜征税。以前，放牧是家庭事务，而现在，放牧主要是一种男性的活动，因为女性要照顾学龄儿童。

然而，在秋季和冬季，驯鹿群会返回高地，回到它们的“冬之地”——一个驯鹿放牧的家族群体[称为一个“西达”（siida）]自有记忆以来就一直前往的地区。萨米人的社交活动是在冬季进行的，此时驯鹿群聚集在高地上，大多在萨米人的文化生活中心凯于图凯努（Kautokeino）的行动距离之内（乘坐一天雪地摩托的艰苦骑行距离）。它的萨米语名字是“果夫达盖努”（Guovdageainnu），意为“中间之地”，而且它真的就在芬马克高地的中间，也有人开玩笑说它是在一片不存在之地的中间，因为这座高地的特点就是空旷，直到最近几十年才有树木和永久人类居住地。

萨米大学学院、萨米文化中心、贝伊瓦什（Beaivváš）萨米剧院和国际驯鹿畜牧中心都位于凯于图凯努。对于欧洲最古老的持续不断的文明（一种一万多年来基本不变的生活方式）的中心而言，它小得惊人。这里只有一千五百名居民。从一张20世纪50年代的照片中可以看到，凯于图凯努的建筑被连绵不断的白雪苔原围绕，看不到一棵树。现在这座小镇在一片桦树森林的中间。

从阿尔塔出发，我沿着公路前往位于正南方向二百五十公里处的凯于图凯努。这条公路始于一片松树和桦树混交林，这片森林毗邻宽阔而弯曲、布满鹅卵石的阿尔塔河，据他们说，这是世界上最好的鲑鱼河。然后公路迅速穿过数百米高陡峭悬崖下的狭窄峡谷，爬上上方的高地。一条清澈的溪流咆哮着流入路边岩石的裂缝中。

萨米人传统上崇拜岩石、树木、河流、山脉和其他神圣之地，供奉鱼、白化驯鹿和其他动物以祈求狩猎和捕鱼的好结果，或者只是祈求好运气。他们和身边的东西交谈，动物和植物是他们群落中的一员。一体性是萨米人宇宙论的核心。他们根本没有“人”或“自然”的概念，只有萨米人萨满祭司的魔法鼓上描绘的一种环形系统：中间是一个发出四道光芒的菱形太阳，然后是掌管雷、风和月亮的神，再旁边是“众神之狗”——熊，而最低层则是萨米人、他的家、他的驯鹿以及森林里的鸟和猎物。通过诸神显现出来的神圣力量需要得到尊重，当萨米人经过圣地时，他们会穿着华丽的衣服，唱歌或者摘帽，以示崇敬。如今仍然有人记得，他们的父母曾告诉他们要对某棵特定的树或某块特定的石头说“早上好”。

峡谷承载着精神的重量。它有大教堂——或森林——的回声，必定是个神圣的地方。它提醒人们，名字、故事和灵魂曾经覆盖了人类居住的所有土地。对于我们大多数人来说，这些声音是遥远的回声，早已消失在神秘的过去，但对于萨米人而言，它们只是刚刚超出听力范围。土地没有变得安静。只是我们不再倾听。

在峡谷的顶端，水流在卵石上翻滚激荡，然后变成一汪静水，随着山谷的扩张，水面和视野一起变得越来越宽，就像打开了一扇天堂之门。这里的雪比海边更厚、更深，但河水还没有冻上。然后，沿着河边蜿蜒前行十五分钟左右，一条模糊的冰线以倾斜的角度将缓慢延伸的水面一分为二，就像一块玻璃。河水在冰的上方和下方滑过。这是人们期待已久、拖延已久的冰冻的开始。从这里开始，河面变得不透明且坚硬。白色的漩涡和蓝色的碎片在清晨的空气中闪烁。在南边，黎明的粉色和橙色天光好似熔炉一般。没有了群山的掩护，太阳离我们更近了，但是仍然腼腆，躲在我们正好看不到的地方。红色和黄色的光束像曳光弹发出的火光一样划过天空，斑驳的山坡、积雪和灌木闪耀着温暖的玫瑰色光芒。

从阿尔塔出发已经开了一百公里，在前往凯于图凯努的途中，路边的灌丛状桦树一直和汽车紧紧相随。只有一次，当一座醒目的山峰拔地而起，高于开阔河谷的地面时，才能瞥见未被森林覆盖的苔原：光滑无瑕的雪被一排弯腰扭曲的身影切断，一队桦树冷酷地向上行进。这里的树没有海边的高，很少能长到两三米。它们的银色树皮也变形得更厉害：不是笔直有力的树干外包裹的光滑的纸质外皮，而是粗糙多瘤的皮肤，上面布满了水泡，以帮助树木抵御寒冷。白色来自树木的周皮，这是一种粉末状的表面层，可以反射阳光，保护树木免遭晒伤以及冬季低垂日照的影响，这种照射可能会让树干中承受压力的树液解冻，导致树木爆裂。萨米人还将其用作药物。这就是矮曲林——生长在自然分布范围外边缘的发育不良、生长缓慢的树木。有些人质疑它们是否还能被称为“树”。但是一棵只有半米高的百年盆景就不是树了吗？或者说，它是否应该因其令人难以置信的求生壮举，而更值得尊重？

距离凯于图凯努不远，道路抵达一条山脊，高地下方展现出一片广阔的景色，黑色是树木，橙色是天空映在雪地上的颜色。穿过这幅场景中心的是一条蜿蜒曲折的河流，河流中不时出现未结冰的地方，流淌的水面像流动的黄金一样闪烁金光。诡异的接近黎明的时刻已经过去，太阳根本没有现身就已经落下去了。半边天像着了火一样。现在是下午一点。我们即将迎来二十个小时的夜晚。从这个有利位置来看，树木的“瘟疫”清晰而可怖。放眼望去，高地苔原上布满了黑色条纹，就像雪鸮布满斑点的胸膛。这种图案是盛行风绘制的，带有坚硬种皮和微小翅膀的种子被大风和气流裹挟，掠过连绵起伏的山丘。种子掉在山谷和坑洞里，因为生长时不受风的影响，桦树长得更高更粗。

这是一幅美丽的场景，但树木不应该在那里，而且在仲冬时节的这个时候，河流应该结出坚硬的几米厚的冰，能够承受一群驯鹿或一辆铰接式卡车的重量。这些事实令人难以欣赏视觉上的美。如果我们不知道过去是什么样子，如果我们能假装这只是气候反常的一年，而不是某种加速模式的一部分，也许我们的心情会不一样。实际上，这片看似未受破坏的地区正处于巨大的动荡之中。在这个冬日，在北极圈里的这个地方，在零下1摄氏度的气温中（比一年当中这个季节的平均气温高出14摄氏度），我们很难避免这样的感觉：如果地球的气候平衡存在一个临界点，那么我们已经将它远远抛在了后面。

在位于凯于图凯努郊区的一栋黄色平房里，贝丽特·于特西（Berit Utsi）将她两岁的儿子抱在胸前，望着外面越来越暗的湖水，湖面上覆盖着一层薄如纸的冰，湖边环绕着桦树。她是当地驯鹿牧民协会的秘书，她同意与我讨论由树木生长带来的问题。她表情平静，但眼底却时不时闪过一丝不安。她无法完全掩饰自己的焦虑。

“大惊小怪不是我们的文化。”她说。这是很保守的说法。以内敛著称的挪威人在萨米人面前就是小巫见大巫。对萨米人来说，情感只能表现为颤抖或轻轻的笑声，或者是冰冷表情中的一条微弱线条。

“每个人表面上都保持平静，但我们的内心非常担忧。”她说的是这个令人难以置信的温暖冬天，直到刚刚才迎来第一场雪。但贝丽特的担忧不止于此。她的丈夫还在外面的某个地方。她不知道具体在哪里。他四处移动，手机信号常常很差。对于驯鹿牧民，这是个非常紧张的时期，即使好年景也是如此：将驯鹿群从秋季牧场转移到冬季牧场，让驯鹿群聚集在数百平方公里的土地上。

苔原颜色的变化会产生严重的后果。驯鹿是唯一能看到人类看不见的紫外线的哺乳动物。在太阳不会升起的极夜的弱光下，这种能力对它们的生存至关重要。地衣吸收紫外线，因此在雪的衬托下呈黑色。还有新的证据表明，地衣会发出不同颜色的荧光，因此驯鹿可以透过雪地看到它们。[2] 驯鹿的眼睛里有一片特殊的条带，称为“照膜”（tapetum lucidum），这是夜行动物和昆虫常见的构造，是一张“明亮的挂毯”，可以吸收光线并将其反射回视网膜，以改善弱光下的视力。驯鹿的独特之处在于，它们的照膜在夏季呈金色，冬季则变成深蓝色以吸收紫外线。在连绵不断的积雪中，驯鹿很镇静，通常待在一个地方挖雪以获取食物。但斑驳的黑白景象则既诱人又令它们困惑，让它们感觉自己有可能吃到更容易获取的食物。它们不再挖掘，而是啃食树木底部未被积雪覆盖的草和地衣，移动的距离比之前远得多，这给牧民带来了很大麻烦。牧民必须密切关注它们，并将它们聚拢在一起，以免它们误入相邻群体的领地，或者更糟糕的情况是，与其他驯鹿群体混在一起。将一万头驯鹿分开可能需要两周时间。

除了上周因为贝丽特做手术她丈夫回来了几天，他已经在高地上连续放牧两个月了。这个家庭的全部收入和储蓄都投入在了驯鹿群上。在屠宰场，一头动物的价值超过一千二百欧元，尸体的每一部分——皮、鹿角、蹄子和筋——都被萨米人用来制作衣服、工具和手工艺品。高价值鼓励冒险。

“最近发生了很多事故。”贝丽特说。牧民的日常工作之一是

“定点检查”，也就是驾车围绕整个驯鹿群巡查一圈。在寒冷的天气里，雪地上很容易看到走失动物的踪迹，而且雪地摩托车可以飞越开阔的苔原、冰冻的湖泊与河流，轻松走完三十公里的环形路程。如果是充满灌木丛的未冰冻景观，通行难度就大多了。如果没有驾驶雪地摩托车所需的足够的雪，水面又没有结冰，那么骑四轮摩托车的牧民必须绕过湖泊、河流和树木，有时甚至要行驶六七十英里（约一百公里）。这需要一整天的时间，燃烧大量燃料并压碎大量需要数百年才能恢复的地衣。到了第二天，还必须再来一遍。

“有人驾驶雪地摩托在石头上跑，结果撞到树上，车撞坏了，人进了医院……有时候冰层也许坚固得能承受驯鹿，但是四轮摩托车会掉进去。有时候你会想冒个险，因为绕行实在太远了。去年有两个人想穿过冰面，但掉下去就没能上来。”贝丽特说。

十几岁的时候，贝丽特尝试过在镇上工作，但感觉并不好。她想念她的驯鹿。她和驯鹿一起长大，每年夏天都和家人以及驯鹿一起，在特罗姆瑟附近的灵恩阿尔卑斯山度过。她记得小时候苔原上的树木还比较少。她觉得目前的变化是一种损失，但是就像我遇到的大多数萨米人一样，她很务实：“我们适应，我们一直在适应。”但是天气的变化和树木的扩张，再加上放牧所面临的其他压力——道路、矿山、风力涡轮机，意味着驯鹿放牧的经济运行模式正变得越来越困难。而且更糟糕的是，政府意识到牧场正在缩小，每年都要求宰杀更多的动物。她的家人需要其他的收入来源。

贝丽特很乐意她的孩子们有机会成为驯鹿牧民，如果他们愿意的话，毕竟这是一项强大的传统。但如果孩子们不像贝丽特的父母那样与驯鹿生活在一起，那么他们积累的知识必然会减少。需要学习的不只是驯鹿的生活方式，野外的夜晚也是牧民们讲故事和制作工具的时候。

对于苔原上萨米人的传统生活，“索阿基”（soahki，毛桦在萨米语中的名字）几乎和驯鹿一样重要。它是建造庇护所的关键材料：用于制作拉沃帐篷的杆子，以及用于隔热——芬芳的桦树枝被铺在地面上。木材对于交通至关重要，用于制造雪橇、滑雪板和雪鞋，还可充当燃料。在秋天，像所有树木一样，桦树会降低木质部（树干内部）的水分含量，为冬眠做好准备。这意味着冬季砍伐的桦木即使未经干燥也能很好地燃烧。它的单宁和油脂可用于处理衣服和兽皮，还能用来制造油纸。它的树皮被用来制作独木舟表皮，并被泡在海水里发酵。单宁还能用于处理传统船只使用的羊毛、大麻或亚麻船帆。在春天，人们可以提取树液来制作富含矿物质的饮料，或者将其发酵作为一种蜂蜜酒的基础。

“还有秋天的蘑菇！”七十多种真菌共存于桦树根系的生境中。[3] 萨米人的命运一直和桦树息息相关。

作为春天的预兆，桦树在萨米人眼中一直是生育力的象征，别的地方也是如此。在苏格兰民间传说中，用桦木棍放牧不生育的牛，牛就会变得能够生育；而在南边的英格兰，五月柱传统上是用桦木制成的。直到最近，“扫帚桦木婚礼”（一对夫妇跳过一捆树枝代表结婚）还是英式教堂婚礼的常见替代方案。桦树还与净化和清洁联系在一起，因此教区的“巡视堂区辖界”仪式总是用桦树枝完成的。

“桦树是我们的朋友！”贝丽特说，似乎在为诋毁她如此依赖的这种树而感到难过。

在外面的苔原上，这些树正在让她丈夫的生活变得困难和危险。在这里，在她的厨房里面，桦树随处可见。贝丽特的现代厨房仍然摆满了游牧民族的传统手工艺品，是她夏天去山上的时候制作的。她的木汤匙和长柄勺都是用桦木雕刻的——“比松木结实多了”。架子上的杯子和碗也是用桦木雕刻的，而手工刀具的刀柄是鹿角和骨头制成的。水壶旁边挂着一个用驯鹿皮做的咖啡袋，旁边放着一顶用狐皮和驯鹿皮做的帽子。她的儿子穿着用驯鹿皮做的靴子，保暖层是茎中空处理过的苔原草。厨房台面上的一个小锅里，放着刮下来的桦树皮碎屑，用来制作草药茶和药用咖啡。

“可现在这些树变得太多了。”贝丽特皱着眉头说。她正在学着变成传递观点的老师。

就像在苏格兰一样，食草动物和树木的平衡被打破，而人类感到困惑。但是，还是和苏格兰一样，木已成舟。大气中已经存在的排放量将决定森林未来的样貌。我们现在面临的任务和贝丽特面临的任务是一样的：努力接受正在发生的事情，并积极适应。

凯于图凯努似乎是一座冬眠中的小镇。或者根本就不是真正的小镇，反而像是搭建电影布景一样制作出来的地方。在黑暗中敲北极汽车旅馆（Arctic Motel）的门是徒劳的。在青年旅舍，一位孤单的老妇人从一栋20世纪70年代的混凝土建筑中唯一亮着灯的窗户向外张望，并向我挥手示意我走开。工艺品中心的门开着，但是里面空无一人。我往楼上走，发现三个穿着非常宽大外套的老人正在看报纸。他们又指向楼下的工作室。在工作室里，一个戴着护耳器的男子全神贯注地在车床上做着东西，他明明看到了我，但他并没有停止自己的工作。商店的开门时间似乎是随心所欲的，而且就像在阿尔塔一样，街上没有行人，只有房子外面空荡荡的汽车，汽车的发动机启动着保持温暖，有时候路上有神秘的缓慢行驶的汽车，刹车灯在黑暗中闪烁。

第二天将是挪威萨米人协会成立五十周年，这个协会是一个致力为萨米人争取权利的政治团体。也许每个人都在为这件重要的事做准备，所以顾不上我？

“什么？！才不是呢！”两个在厨房喝咖啡的女人一边笑一边连声说道，“没人关心那个！”

玛丽亚（Mārijā）戴着一块黑色手表，搭配她的黑色指甲和黑白雪纺衬衫。她的项链和耳环是金色的，头发剃了一部分，剩下的染成了红色。萨拉－伊雷妮（Sara-Irene）也穿着黑白衬衫，她两边的头发也剃光了，不过刘海染成了金色。她的一只耳朵上戴着三个珍珠耳环。萨拉－伊雷妮的中指上戴着一枚她丈夫为她做的戒指，这是她的驯鹿群的“耳标”。每个驯鹿群中的驯鹿耳朵都会被人剪成特定形状，以表示所有权。在畜栏里清点数量的时候，经验丰富的牧民只要摸一下驯鹿的耳朵，就能立刻认出自己的动物。萨拉－伊雷妮对自己的驯鹿无比自豪。她不肯透露自己有多少驯鹿：“这样问是不礼貌的。”

“她有很多。”玛丽亚笑着说。

“但没有玛丽亚多。”萨拉－伊雷妮回应道，两人都咯咯地笑了起来。

她们不热衷政治。对于政府，她们持有原住民传统上的蔑视态度："政府不关心萨米人。"试图通过参加会议来影响事情是没有意义的。但玛丽亚是凯于图凯努福利办公室的负责人，所以她实际上是在为挪威政府工作吗？

"是啊！想想看！为敌人工作！"她又笑得咳嗽起来。1852年，她的曾曾祖父因为反抗政府而被挪威人斩首。她继承了他的耳标。这是一个高贵的耳标，一个著名的耳标。

当我提到气候变化时，气氛就变了。"政府只是想控制我们和我们的驯鹿群。这只是个借口……强迫我们宰杀我们的动物。气候变化是胡说八道。九十年前我母亲还小的时候，天气和现在一模一样。所以我不担心。我们以前见过这种情况。"

她没法解释那些树。当我追问这一点时，她低声咒骂挪威政府，用一个我听不懂的笑话逗得萨拉-伊雷妮大笑起来，然后溜到外面的露台上抽烟。当她回来时，谈话已经进行到下一个主题了。

驯鹿牧民并不独立于驯鹿群，而是驯鹿群的一部分。他们可以提前几天或几周感知到驯鹿群的转移时间。除非他们的驯鹿群有东西吃，否则他们也吃不下东西。思考气候变化等因素对驯鹿群福祉的威胁，一定和想象自己的孩子挨饿或死亡差不多。当然，否认是悲伤的第一阶段。

萨拉-伊雷妮和玛丽亚都在镇上工作。萨拉-伊雷妮开了一家美甲店。玛丽亚的黑色指甲就是在她那里做的。但在一年当中的某些时候，她们不会错过和驯鹿在一起的时光：夏天产犊的时候，还有冬末给幼崽打耳标的时候，此时全家人都要夜以继日地将数千头驯鹿赶进畜栏里。

“有时候，”萨拉－伊雷妮说，“我们感觉自己都精神分裂了！”然后两个女人都疯了似的笑起来。她们可能擅长自己的工作，甚至为自己的工作感到骄傲，但她们的灵魂不在镇上，而是在外面，在山丘之间，和驯鹿一起自由奔跑。

第二天早上，小镇又陷入了半睡半醒的状态，黑暗和寒冷让它死气沉沉。现在已经零下8摄氏度了，还是不够冷，客栈里的那位女士抱怨道。天空阴沉沉的，没有了它清澈的穹顶，光线就像一锅混浊的汤。桥下的河仍然没有完全冰封，缓缓流过那座位于岬角上的黑色教堂。房屋里灯光闪烁。仍然几乎没有汽车，也没有行人。

但是加油站就不一样了。前院闪烁着白色灯光。一排排巨大的皮卡车排着队，很多皮卡都配备了同一家“北极卡车公司”（Arctic Truck Co.）的巨大雪地轮胎，发动机在原地空转，清新的空气中弥漫着柴油烟雾。每辆车后面都有一辆拖车，载有雪地摩托或四轮摩托车，或者两种都有。我就像在美国小餐馆一样，坐在钢凳上喝咖啡，看着从头到脚裹着雪地服装、头戴狐狸毛皮帽子的男人们从车上下来，往成批的塑料桶里装满燃料。他们行动迅速，目标明确，精力充沛。他们大步走进店里，把钱拍在柜台上，向店员大声打招呼，怀里塞满零食和含糖饮料，然后大声告别。然后他们跳进自己正在污染空气的巨大机器，皮卡车咆哮着开进姑且能称为早晨的昏暗之中。他们是驯鹿牧民，出去做定点检查。有人可能今晚回来，有人可能一去就是几个星期，有人可能根本不会回来。

凯于图凯努随处可见驯鹿的形象——商店的墙壁上、政府机构和萨米文化组织的标志上。它们出现在工艺品店里，在明信片上，在超市外面的灯饰中。但这里没有真正的驯鹿。三天了，我还是连一头驯鹿都没有看到。

如果凯于图凯努让人感觉毫无灵魂且怪异，那是因为这个小镇并不是高地上的生活中心。凯于图凯努的历史功能一直是加油站，是提供基本服务的中转站。除了加油站的快餐柜台之外，没有餐馆。除了一家超市之外，没有商店，只有一家手工艺精品店，服务对象是来到这里的游客（大多是在夏天）。人们的身份、财富、丈夫、家庭和文化的福祉和未来，全都取决于苔原上驯鹿群的命运。

凯于图凯努看上去像是一座昏昏欲睡的偏僻小镇，但仔细观察之下，它似乎陷入了一种集体神经症的境地。每个人都知道，周围的山丘和苔原上正在发生人与自然的激战，但几乎没有人愿意承认事实：这种情况不能以目前的形势继续下去。这是在世界各地上演的挣扎的一个缩影。在一个层面上，存在着由碳氢化合物驱动的社会中日常生活的平凡事物：工作、上学、去超市购物、加满汽油，以及来自远方的橙子和芒果。然而就在下面的另一个层面上，苔原和森林的灵魂在尖叫着发出警告。

萨米人的冥界称为“贾布米达伊布穆”（Jábmiidáibmu），位于地下，由死者之母“贾布米达卡”（Jábmiidáhkká）统治。一条血河将凡人之地与神话中的驯鹿之地分隔开来，但始终存在。和古凯尔特人文化或世界各地的当代土著人民一样，“诺阿迪”（noadi，萨满祭司）的作用是与祖先和神灵对话并寻求他们的建议。但诺阿迪早就没了。

在镇上的唯一一家酒店里，挪威萨米人协会的青少年部门正在其主年会之前举办一场预备活动。年轻的活动人士穿着漂亮的传统服装和配套的运动鞋，盘腿坐在驯鹿皮上，身前拉着假的警戒线，上面写着“非殖民化区域”，他们的苹果手机已经拿在手里准备好了。这场会议的主题是“未来是本土的”。这是一个浪漫又有吸引力的想法，但坐在地板上的大部分热忱的孩子都不是来自凯于图凯努，也不是来自驯鹿放牧家庭，他们也不想住在拉沃帐篷里，一年中有半年跟着驯鹿步行穿越雪地。

每个人都认识某个放弃自己驯鹿的人。玛丽亚和萨拉-伊雷妮发誓她们永远不会，并同情那些这样做的人。谁会愿意放弃这种神圣而古老的生活方式，这种与生俱来的权利？那些继续留下来的人，要么是玛丽亚这样的“放牧贵族”，拥有如此多的动物，以至于可以暂时度过风暴，还能在特罗姆瑟购买第二套住房，在奥斯陆购买第三套住房；要么就是真正的信徒：可能是对这件事上瘾，也可能是疯子。我不确定哪个称谓最适合用来形容伊萨特（Issát），但他的经历完美地体现了气候变暖给我们带来的认知失调。在理性上，我们知道正在发生什么以及可能发生什么，但在实践上和情感上，我们似乎会尽一切可能避免接受事实。

经过漫长的一天，晚上九点，我在伊萨特不起眼的办公室里见到了他，这个办公室位于凯于图凯努的一栋市政建筑后面。他的“保护萨普米”（Protect Sápmi）是一个非政府组织，为萨米人社区提供法律咨询，挑战跨国公司和政府半国营组织对其土地的收购，而且这个组织忙得不可开交。因为变暖的北极引发了人们对“开拓”北方的巨大兴趣，不只是在挪威，而是在整个环北极世界：俄罗斯、格陵兰岛、阿拉斯加、加拿大。挪威在可再生能源方面实现了自给自足，但德国、英国和荷兰的需求巨大，而且北极圈的风力发电场正在迅速占领芬马克郡仅存的几座树木较少的山脉。根据最近的一项法律，萨米人应该控制芬马克郡96%的土地，而且挪威政府在转让原住民的土地时应该遵循联合国的“自由、事先和知情同意”原则，但它并没有这样做。

晚上十一点左右，我们的讨论结束，当我准备睡觉时，伊萨特宣布他现在要开始干自己的“第二份工作”，放牧驯鹿。他邀请我一起去。他的家在山上，是一个小型住宅区中的一栋排屋，与欧洲的许多其他住宅区类似。当我在外面等待时，伊萨特进去亲吻他的妻子和四个熟睡的孩子，然后穿上他的驯鹿放牧服：两双厚羊毛袜、保暖衣、羽绒裤、羊毛衫、及膝外套、印有“SINISALO”标志的雪地摩托夹克、厚橡胶雪地靴、手套，还有一顶内衬狐狸皮毛的破旧驯鹿皮帽子。十分钟后，他走出了家门。没有了眼镜和西装，也没有了修剪整齐的头发，他彻底变了样。不再是那个沉默寡言、羞怯谨慎的法律专家，他已经变成了一个行动派。

外面的气温只有零下5摄氏度，但我们必须做好整夜在外的准备，以防动物丢失或者我们发生意外。最近，一名牧民被困在雪地摩托下十二个小时，才等到前来寻找他的朋友。伊萨特向他的狗吹口哨，狗跳上了我旁边的四轮摩托车后部——它知道我们要去哪儿。

穿过凯于图凯努边缘两侧矗立着排屋的黑暗街道，四轮摩托车带我们离开城镇，经过那些在山丘上挣扎的瘦弱桦树，直到树丛变得越来越矮。我们飞速冲过满是弹孔的“60”限速标志，向高地上驶去。山顶上的树只到人头的高度。伊萨特放慢车速，掉了个头，将四轮摩托车开到路的另一边。他站起身，凝视着在柏油路边缘延伸的车头灯光束。道路的边缘线用红色柱子做了标记。如果雪像往常一样落下，这些柱子将划定道路的边缘。他正在寻找脚印。

在雪被弄乱的地方，他移动的速度特别慢。雪地上的痕迹表明他的驯鹿穿过了公路，走散了。树木导致驯鹿的活动范围更广，这意味着人们会发生更多关于领地和放牧区域的冲突，邻居之间会有更多纠纷。伊萨特必须每天晚上巡逻，以确保自己的驯鹿位于公路的正确一侧。这些变化有可能让萨米人社区四分五裂。它们还给牧民及其家人带来了极大的压力。

“你老婆不介意你每晚都出去吗？”我问道。

“她已经习惯了。”他说。

伊萨特专注于雪地，专注于闯过边界的驯鹿。他试图搞清楚的问题是，驯鹿是在什么时候闯过去的？他用手指点着，大吼大叫，用英语快速而流利地交谈，完全不像一个小时前在淡黄色灯光的办公室里查阅图表、费力思索合适用词的那个内敛的人。在一轮新月下的高地上，他骑在自己那台强劲的机器上，神采飞扬。他就像换了一个人，一双蓝眼睛在车头灯下闪烁。

他跪下来检查驯鹿脚印上的雪壳和脚印的方向。在萨米语中，有十七个术语用来描述雪壳，而雪壳有七个硬度等级。生存取决于精确度。这些脚印是旧的。

回到四轮摩托车上，我们加速穿过开阔地——“欧帕斯”（oppas）——没有被驯鹿踩过的区域，寻找足迹，车辙印像仓鸮的爪子一样将积雪分成四份。伊萨特发现了一头驯鹿，然后是许多头，它们正在朝着错误的方向前进。他快速转向，沿着脚印追了上去。四轮摩托车短暂地离开了地面，然后砸在一片结冰的湖面上，砸出一条裂缝。在车前灯的照射下，脚印笔直地从湖上穿过。伊萨特屏住呼吸，冰面嘎吱作响，偶尔像枪声一样发出一声脆鸣。在过去的一个月里，他经历了两次穿越冰面。上一次，他掉进了一个水面及胸的浅水池里，最后不得不用绞盘把四轮摩托车拖出来，放在车库里晾了好几天。

“这是挪威最危险的工作！”他咧嘴笑道。这是真的：放牧比在钻井平台上工作或者在军队服役更危险。

群星壮观地在天穹上闪耀着。伊萨特用手指着，大声叫喊星星的萨米语名字，但我一个字也听不清。风在我们耳边呼啸，摩托车飞过苔原，在岩石和巨砾上跳跃，然后穿过一片桦树林，树枝抽打着我们的脸。

一个半小时后，将近半夜两点，伊萨特将摩托车停了下来。

“它们应该在这儿才对。”

“你有GPS吗？”我问道。

驯鹿群中有十头驯鹿带有GPS标签，但伊萨特的手机没电了。反正他更愿意像这样去找。他的直觉很少让他失望。

他关掉发动机和灯，仔细听一部分驯鹿佩戴的铃铛发出的声音。

寂静无边。什么也没有。星光是如此闪耀，我们几乎可以摸到它们。树枝在雪地上投下影子。

“好吧。”他一边说一边转动钥匙，将车头掉转向家的方向。

这一切似乎令人难以置信，付出了所有的努力，到头来却以放弃收尾。伊萨特告诉我，他的兄弟可以在早上继续搜索。我很吃惊，但我意识到我误解了这次短途旅行的目的。撕裂夜色，独自在寂静的苍茫中，在生死游戏中追踪野生动物，这就像某些伪装成生活方式的高风险电脑游戏。找到驯鹿并不总是重点。这是一个人眼睁睁地看着自己的遗产在众目睽睽之下将要消亡时会做的事情。伊萨特知道，以这种方式放牧驯鹿已经不再可行。他整天都在与政府和矿业公司争论赔偿问题，但到了夜晚，他的梦想却恰恰相反。当四轮摩托车顺着山坡呼啸而下，返回河谷中霓虹灯闪烁的沉睡小镇时，路边的树木再次逐渐变高，凯于图凯努镇上的狗叫声充满了夜晚的空气。最近一些天，人们在附近发现了一头狼——这是森林扩张的另一个后果。伊萨特将车停在黑暗中紧闭的自家房子外面，我爬下车，冻得全身僵硬。当他解开外衣进门睡觉时，隔壁他姐姐家的灯亮了。她的女儿，也就是伊萨特的侄女玛蕾特，刚刚醒来。

这一天是举办重大会议的日子：挪威萨米协会成立五十周年。玛蕾特是一名厨师，她要为两百名代表做饭。她需要提前开始准备。

她穿过小镇，来到超市旁边的一座巨大的蓝黑色矩形建筑，那里是举办这场会议的体育馆。会场一侧有一间不锈钢装修的商用厨房。玛蕾特穿上她的白色厨师服，但配了一顶萨米人传统的多彩四角帽“戈特基”（gotki）。玛蕾特在她的圈子当中很有名。她是少数几位试图保留萨米美食和食物传统做法，以及植物药用用途的萨米人厨师之一。

“我想让人们通过他们的胃思考！”当我小睡了一会儿，从那个狂躁的夜晚恢复过来，然后加入她时，她对我说。她的圆脸露出苦笑，眼睛在沉重的眼皮下闪闪发光。她看起来很累。

“我很累，也很生气，但我没有放弃。我可以通过我的食物抗议。所有东西都来自大自然。”

她正在烹饪驯鹿肉。这些肉来自她自己的驯鹿，而且是她根据生物动力学原理在月亮渐圆期间宰杀的。她对味道很有把握。她说，你可以从肉里面尝出各种变化：更湿润的气候、侵入苔原的树木，以及驯鹿饮食中地衣的减少。来自苔原的冬季驯鹿曾经是最受欢迎的，它们的肉最瘦，肌肉和脂肪的结合最好。但现在大多数驯鹿肉尝起来都是沿海地区的味道，它们吃了太多草。

驯鹿汤之后是用桦树粉制作的薄煎饼和用驯鹿血制作的黑布丁。桦树粉是桦树皮的内层，即红色的形成层组织干燥后磨成的粉，有时单独使用，有时与小麦、斯佩尔特小麦或其他谷物粉混合使用。它具有木质芳香的味道。还有用干驯鹿血、驯鹿脑和松树皮粉制成的面包。最后一种原料是维生素C和其他矿物质的重要来源，这意味着尽管在漫长的冬季缺乏蔬菜，萨米人却从不会得坏血病。这就是萨米语名字是“贝阿吉”（bèahci）的松树被视为神圣之物的原因——它是生命所必需的物质。

“这种本土知识已经完全失传了。但这是我们在这个受污染的世界上生存下来的关键。”玛蕾特说。

获取血液很困难。她不被允许提供新鲜的血，虽然当地屠宰场的经理是她的表亲，但据玛蕾特说，他被“同化思维”影响了。也就是说，他是挪威政府规章制度的“囚徒”。

菜单上剩下的菜有在阿尔塔捕获的鳕鱼，还有由驼鹿肉和油炸海藻制成的肉丸，后者是一种古老的萨米美食。

玛蕾特丈夫的家人来自沿海，她现在也住在那里，但她是在凯于图凯努长大的。“我父亲教我骑雪地摩托车时，他告诉我要盯住苔原上孤零零的一棵桦树，把它当作地标。哈！现在我都认不出那个地方了。”但是她不再使用雪地摩托车了。她正在教自己的孩子们用古老的方式带着狗步行放牧。如果不是真的有必要，她不想再烧掉更多的汽油了。

“作为人类，你不可以破坏其他动物的食物或栖息地。你只拿走你需要的东西，因为你并不是自己一个人生活在地球上。”这就是萨米人对“足够”的概念，称为“比尔盖尤普米”（birgejupmi）：你只从大自然中拿取必要的东西，绝不多拿任何余量。它与现代的可持续发展理念完全相反，后者的基础就是在不破坏自然维持资源的能力的前提下，可以提取的最大余量。这是一个重要的区别。了解自然并好好利用它，不仅对在北极的生活至关重要，而且这本身就是一种价值。但玛蕾特说，由于“这种金钱思维”，“比尔盖尤普米”正在消失。

她为自己学习和保存古老的知识而感到自豪。如何判断一棵桦树是否患病，并且知道一棵生病的桦树会产生对患病的人类也有益的抗体。通过观察天空和植物来判断什么时候会下雪，什么时候会干燥，以及积雪会停留多久。

“我观察自然，然后检查手机上的应用程序，我发现：我是对的！”

秋天的闪电意味着明年的初夏应该是温暖的。秋天桦树叶片的颜色以及它们落下所需的时间可以为春天积雪时间的长短提供线索。今年（2018年）的颜色很不妙：叶片是绿色和棕色的，没有红色和黄色，不是经典又美丽的红黄组合。玛蕾特担心，这将是一个潮湿而漫长的冬天，而不是一个寒冷、干燥、短暂的冬天。

她自己的预测是基于树木本身的进化记忆。桦树叶片在秋天变成如此引人注目的红色，原因是桦树正在为过冬做准备。它从叶片中收回所有叶绿素，为了第二年春天而将其储备起来，锁住树干中多余的水分，并关闭韧皮部（充当血管的内树皮）的毛细血管。叶片中剩下的胡萝卜素就是它呈现红色的原因。但如果一棵树所处的环境太湿或太热，它就会两面下注，让叶片在树枝上停留更长时间，保留一部分叶绿色的活跃状态，让它们制造尽可能多的能量。就好像树木知道冬天会很漫长一样。

“我并不生树的气，”玛蕾特悲伤地说，尽管桦树吸收了所有的阳光和养分，令驯鹿所需的地衣无法生存，“我总能适应自然。自然总是在变化，我们必须时刻做好准备。我对自然抱有希望，但对人类不抱希望。”

玛蕾特的助手将驯鹿皮铺在长凳上，并布置桌子。她又开始切肉，此时第一批代表开始抵达会场，他们穿着带有精美刺绣的传统毛毡夹克、驯鹿皮的裤子和鞋子。哈尔盖走过来打招呼，然后从一个大饮水机里接水，倒进自己用桦木雕刻的杯子里。我看到大部分代表都用系在腰带上的一根绳子带着自己的杯子。

“一场大会！盛大的大会！”他一边说，一边偷偷眨了眨眼，仿佛他是个双面间谍，从某种意义上说，他确实是。

来自挪威北部各地的萨米人代表齐聚一堂，讨论新的驯鹿法律、芬马克郡和特罗姆瑟的采矿和风力发电场开发提案，以及帮助萨米人过渡到新生计的气候变化适应基金。但玛蕾特认为这个问题的严重性远远超出了挪威一个国家的范围。“总得有人为这种生活、这种生活方式付出代价——看起来是动物和我们原住民的生活方式。这就是代价。”

萨米人的身份认同，即他们与自然的一体性，随着维持它的栖息地的消亡而消亡。他们现在正感受到气候变化的冲击，但长期来看，更炎热的地方或沿海城市的人们将因为洪水和热浪面临更严重的问题。随着南边的人们因为农作物歉收和极端气温而沦为气候难民，北极预计将面临越来越大的压力。[4]萨米人大概能够适应他们所在的地方。

不过，玛蕾特并不自鸣得意。她为其他人担心。她希望人们看到正在挪威发生的事情，并将其视为一种警告：“你不在最高层。大自然在最高层。如果你跟最高层作对，它就会来攻击你。这就是正在发生的事情。”

第三章　睡着的熊

The Sleeping Bear

达乌里落叶松（Dahurian larch，拉丁学名*Larix gmelinii*）

克拉斯诺亚尔斯克，俄罗斯

56°01'00"N

在世界上所有的森林中，俄罗斯的泰加林（taiga）是最庞大的。它覆盖了俄罗斯一半以上的陆地，横跨两大洲和十个时区，绵延三百多万平方英里。它是覆盖永久冻土层的绿色树木地毯，在北方森林这个“地球引擎”中，它占到一半以上的比例，调节着北半球的风、降雨、气候和海洋环流模式。北方森林主要由俄罗斯泰加林组成，而泰加林的主要成分是落叶松。

从白海边上，芬诺斯坎底亚马头形轮廓的下巴之下，一直到白令海峡的国际日期变更线，连绵不绝的林木线和泰加林北方界线都只由一个属组成：落叶松属（*Larix*）。超过三分之一（37%）的泰加林是落叶松，它是关键物种。和苏格兰的松树一样，落叶松比任何其他树木都能更好地掌控环境，因此主导着生态系统，塑造其他植物和动物的生命周期和进化路径。它的枯枝落叶是土壤的基础，它的种子生产周期调节鸟类和啮齿类动物的数量，它对光照的需求限制了下层植被的生长，它的耐火性和对被焚毁土地的拓殖能力意味着它塑造了我们所知的西伯利亚泰加林的结构特点。

要思考北方森林的未来，你必须看看泰加林正在发生什么。而这里的变化取决于落叶松如何应对在西伯利亚发生的令人难以置信的变暖。没有人比俄罗斯的精英森林研究机构——位于克拉斯诺亚尔斯克市的俄罗斯科学院西伯利亚分部苏卡乔夫（V. N. Sukachev）森林研究所——的科学家们更了解落叶松。克拉斯诺亚尔斯克地区也是世界最北端的著名森林阿里马斯（Ary Mas）的所在地，地球上最靠北的树生长在这里。

克拉斯诺亚尔斯克位于莫斯科以东，相差四个时区，并且在哈萨克斯坦、蒙古和俄罗斯三国交界处稍北的位置。这里有世界上最大的铝冶炼设施之一。来到这座城市的第一个早晨，我在背包客旅馆中醒来，2月微弱的阳光难以穿透天际线上的阴霾。房间里有一扇巨大的暖气片，和整面墙一样长，将房间烤得闷热难耐。前一天晚上从莫斯科长途飞行并来到这里办入住手续时，接待员告诉我，现在只有零下10摄氏度。暖气片是为从前更冷的时期安装的。我打开双层窗户，但立即意识到自己的错误：冰冷的空气涌了进来，却并不令人感到清爽。它带有令人讨厌的刺鼻气味。

西伯利亚和整个北极地区一年当中最冷的时间是2月，而不是白昼最短的隆冬时节，这是因为被积雪覆盖的地面继续向大气辐射热量，令土壤冷却。雪反射短波辐射，使其下方的地面免受阳光的加热效应和冷空气的冷却效应，从而保持雪下世界的稳定温度。但是，雪在反射短波辐射的同时吸收长波辐射，并在夜晚将长波辐射重新辐射向太空。夜晚最冷的空气是最接近积雪表面的空气。这就是为什么睡在树下会更温暖，因为树木会将长波辐射反射回地表，而不是让它向上逃逸。积雪的这种冷却效应会造成能量逆差，在平静无风的天气下将导致逆温，即地面空气比上方大气更冷。在持续数天或数周的稳定高压天气下，随着雪继续将土壤中的热量辐射出去，可能会出现数百米高的逆温，令热空气上升的正常过程被阻止。在苔原的清澈空气中，水蒸气会因此被困住并冻结成雾。在城市里，通常情况下会上升的空气污染被困在了较低的位置，而在克拉斯诺亚尔斯克，这个曾被安东·契诃夫称为“西伯利亚所有城镇中最好、最美丽的一座城镇”的地方，现在却因雾霾而闻名，这里的雾霾缩短了很多居民的寿命。[1]

契诃夫被叶尼塞河的壮丽深深吸引，而这条河曾经是这座城市的标志，现在依然如此。作为西伯利亚的第三大城市，克拉斯诺亚尔斯克是俄罗斯在向东扩张的过程中建立的，当时是1628年，哥萨克人在叶尼塞河和卡恰河（Kacha River）交汇处建造了一座堡垒，以抵御原住民的袭击。就像十七八世纪西欧国家向海外的新土地派出探险队和囚犯一样，俄罗斯也在陆地上做同样的事情，残酷剥削西伯利亚原住民，按照契诃夫的说法，使用了“让他们依赖酒精的惯常做法”。不过，西伯利亚的真正殖民化要等到西伯利亚驿道在1741年建成，以及横跨叶尼塞河的著名的克拉斯诺亚尔斯克大桥竣工，如今这座大桥的形象装饰着俄罗斯的十卢布纸币。当人们发现了金矿并在1895年修建跨西伯利亚铁路后，开发速度再次加快。克拉斯诺亚尔斯克是1825年十二月党人反抗沙皇尼古拉一世失败后，八名十二月党人被流放的地方。仿佛是为了延续传统，后来这里设立了古拉格劳改营制度的一个中心。这里至今仍有一个刑事惩戒流放地。第二次世界大战期间，许多工厂从苏联西部搬迁到克拉斯诺亚尔斯克，远离入侵的德国军队，靠近古拉格的劳动力。

作为通往西伯利亚的门户，苏联时期的克拉斯诺亚尔斯克成为拥有冶金、航空航天、医学、农业和技术研究所的科教中心。最庞大和最显而易见的自然资源是泰加林，因此，首个建立的学术机构是西伯利亚林学院（Siberian Institute of the Forest），成立于1930年。第二次世界大战结束后，它扩张为西伯利亚国立科技大学（Siberian State Technological University），是该市六所大学之一。而1944年成立于莫斯科，1959年迁至克拉斯诺亚尔斯克的苏卡乔夫研究所则是俄罗斯首屈一指的森林研究中心。

这个研究所是以其创始所长弗拉基米尔·苏卡乔夫（Vladimir Sukachev）的名字命名的，他是一名落叶松专家，也是少有人知的全球生态和环保主义先驱。苏卡乔夫写过一本开创性的生态学著作《沼泽：它们的形成、发展和性质》(*Swamps: Their Formation, Development and Properties*，1926)，这本书说服了那些致力最大限度提高农业产量的人，让他们不要排干太多沼泽。“生物地理群落”(biogeocoenosis）是他对卡尔·默比乌斯（Karl Mobius）提出的生态系统概念的扩充，该系统包含了大气以及岩石、土壤、植物和动物，所有这些都参与了不断发展的相互作用。20世纪50年代，他在苏联激发了一场多达百万学生自然保护主义者参与的运动，而且他是第一个发现落叶松会（从非根组织中）长出不定根，以从永久冻土中吸收水分的人。对于人们理解泰加林过去的演化过程，并由此理解其未来，这一洞察可能是他最重要的贡献。是苏卡乔夫首先认识到，落叶松和冰的关系是我们所知的西伯利亚景观的基础。

每当冰期从北方带来冰川潮汐时，就会将植被消灭，迫使物种进入冰川无法到达的角落。然后，在每次冰川消融后，植物、树木、动物以及后来的人类都会从它们的堡垒（科学家称之为“残遗种保护区”）中出来，再次开始拓殖过程。对于这场漫长的自然选择游戏，落叶松采用的策略是它很容易杂交，从而表现出极高的生态适应性：从波罗的海到太平洋，从最北端的林木线一直到位于蒙古北纬45°一线的泰加林南端边界，都有落叶松的身影。

球果的大小、种子的数量、针叶的颜色存在巨大的适应性变异。在20世纪的大部分时间里，这些变异在俄罗斯林业学术界中引发了长期的争论和痴迷于此的研究。苏卡乔夫研究所的研究人员称出种子重量、清点针叶数量、蒸馏了多个物种和亚种的油，并测试了多种繁殖方法。有一项发现是，地下水位不高于1.5米是成功育苗的必要先决条件，这一发现对未来具有重要意义。一位名叫阿拜莫夫（Abaimov）的可怜研究人员，在20世纪80年代的大部分时间里测量了三万个落叶松球果，寻找区分物种的指标，结果发现全是无用功。就像苏卡乔夫在1924年发现的那样，球果中种子鳞片的角度仍然是物种之间唯一具有一致性的区别之一，除此之外很难区分不同的物种。

所有落叶松都有一种高贵的气质，它们的针叶精致纤细，春天是鲜绿色，秋天是橙色，与欧洲赤松的灰色且略呈鳞片状的树皮形成鲜明对比。密集的落叶松林可以覆盖整片山坡。落叶松是极少数落叶针叶树之一。螺旋形的顶部让每根树枝都能获得最大程度的光照，每根树枝都以优雅的曲线向下延伸，上面缀满针叶。在春天，它会长出像糖果一样的紫色小松球，松球随着时间的推移慢慢变成橙色。

现在人们普遍认为，泰加林由四个不同的落叶松物种（分类单元）组成，它们的分布模式就像是贯穿西伯利亚的垂直条纹。[2]从西边的白海到莫斯科东部的乌拉尔山脉，由苏卡乔夫发现并命名的“苏卡乔夫落叶松”（*Larix sukaczewii*）占主导地位。从乌拉尔山脉开始，适应性广泛但怕冻土的西伯利亚落叶松（*Larix sibirica*，英文名为Siberian larch）接过接力棒，直到在叶尼塞河与达乌里落叶松相遇，这两个物种在那里发生杂交，其杂种形成了一条宽八十英里（约一百二十九公里）的狭窄条带，这个杂种被命名为“伊尔库茨克落叶松”（*Larix czekanowskii*），以纪念发现它的波兰植物学家。从那里横跨被称为“高北之地”（the high north）的广阔的西伯利亚中部，从泰梅尔半岛开始，一直到勒拿河，达乌里落叶松都占据主导地位，是毫无疑问的寒冷之王。它的一个近缘亚种——库页落叶松（*Larix gmelinii var. japonica*），有时被称为千岛落叶松（*Larix cajanderi*，英文名为Kuril larch），形成了从勒拿河向东至楚科奇海和白令海峡、堪察加半岛和鄂霍次克海（太平洋鲸类的觅食地）的东部森林带。

苏卡乔夫猜测，这些不同物种之间的接触和杂交是相对较新的事件，而且它们都是在更新世初期从不同的残遗种保护区向外扩散出来的。他指出，达乌里落叶松和千岛落叶松的主导地位与永久冻土层密切相关。的确，当你越来越深入西伯利亚内陆，会发现这些物种在森林中所占的比例越来越大，直到在最北边，落叶松纯林[1]跨越了数千公里，人们看不到其他树木的存在。凡是有冰的地方，西伯利亚落叶松和其他亚种就会被最年轻、最坚韧的新兴物种达乌里落叶松取代。但现在，永久冻土层正在融化，西伯利亚的力量平衡正在发生变化。泰加林和永久冻土层的命运一直紧密相连，但直到最近，苏卡乔夫研究所的林务员都只顾着抬头看树，忘了低头看看自己脚下的地面。

在苏联时代，通常的做法是将科研机构集中在专属的市政区域，就像现代的商业园区一样，这要么是为了通过将科学家赶到一起培养他们的创新思维，要么是为了更好地管理他们。克拉斯诺亚尔斯克的学术小镇阿卡杰姆戈罗多克（Akademgorodok，又称科学城）距离城市约八公里。我的酒店接待员坚称，出租车是唯一的抵达方式。她不愿意把我托付给这座城市的公交系统。

在走向出租车站的途中，这座城市的工业用途彰显无遗，我的鼻孔里蒙上了薄薄的一层黑色。我穿过种满北方森林植物的宽阔公园，公园里铺砌的小路沿着叶尼塞河上方的断崖蜿蜒而行。即使在这里，距离叶尼塞河在北冰洋海岸汇入大海处以南三千公里的地方，这条河也很宽阔，这里和它位于贝加尔湖的发源地已有将近两千公里。这条河是城市的中心，水雾在两岸冰壳之间的幽深河水上形成八字形的漩涡。这条河的中间没有被冰封，因为它的上游三十公里

---

① 由一种树种组成或次要树种不足一成的森林。

处有一座水电站，它阻止了水结冰，也为该地区供应了大部分电力。远处的一块冰板上，一些戴着兜帽的人正在冰上钻洞，他们放下绳索，搜寻从遗传上适应在冰下过冬的鱼。

在公园的另一边，我走在网格布局的街道上，街上到处是19世纪的木结构宅邸，外立面精雕细琢。另一个公园有一个冰雕儿童游乐场，还有一套安装在柱子上的公共广播系统，正播放着背景音乐。小路两边种着桦树、落叶松、松树和云杉，云杉树下面是成堆的碎种子，鸟儿在云杉的球果里搜寻着过冬的食物。在坐落着剧院、市政厅和芭蕾剧场的中央广场的一端，一个巨大的路口连接着八条车道，上方则是一个混凝土人行天桥系统，天桥上有无家可归的人拿着纸杯讨要零钱，手上没戴手套。根据剧院门前的电子屏显示，此时只有零下18摄氏度。

“阿卡杰姆戈罗多克！”出租车司机点了点头，然后我们沿着一条宽阔的快速路下坡行驶，进入树林之中。克拉斯诺亚尔斯克位于泰加林中间。从四面八方都可以看到森林茂密的山丘延伸到远方的景色。这座学术小镇的一侧是叶尼塞河畔高耸的砂岩悬崖，克拉斯诺亚尔斯克（Krasnoyarsk）这座城市的名字就出自这里：“红色”的俄语单词用罗马字母写出来是krasnyi，而“悬崖”是yar。小镇另一侧是一堵难以穿过的森林之墙。空气变得清新起来，显露出在晨光下发出橙色光芒的巨大欧洲赤松，而桦树的银色条纹像闪光灯一样闪烁。落叶松从更北的地方开始出现，但在我拜访这些树之前，我必须和科学家们聊一聊，学习如何观看这里的景观。

在西伯利亚发生的变化是复杂的。它不是苏格兰那样的毁林问题，也不是挪威那样的森林扩张问题，而是森林结构和成分的缓慢转变。在一些地方，林木线根本没有移动，在另一些地方，它实际上是在后撤；而在南部，森林在燃烧并且不重新生长；在中部，落叶松正在让位给其他吸收碳和产生氧气效率较低的物种。与此同时，永久冻土层正在融化，令其他一切变化都显得没那么重要了。

我们穿过曾经设有检查站的地方，进入由棱角分明的巨大混凝土建筑围合而成的网格状街道，这些建筑蜷缩在雪地里，给人一种工业区的感觉。阿卡杰姆戈罗多克的中心是一座燃煤发电站，冒着黄褐色的烟雾。住宅区似乎是事后才想到要填进去的：每隔三四条街就有一栋公寓楼，附带着一模一样的冰封的儿童游乐场。冰霜覆盖的秋千在无风的早春僵硬地悬挂着，目光所及之处看不到一个人。

出租车把我送到了一座不起眼的混凝土建筑的外面，它看起来与其他所有建筑都很相似，它们全都建造于20世纪50年代。

“苏卡乔夫？”我问道。

“苏卡乔夫。”他点点头，把我递给他的那卷卢布装进口袋，甚至没有回头看一眼。

戴着帽子和手套、穿着浅色外套的娜杰日达·切巴科夫（Nadezhda Tchebakova）站在明媚阳光下的台阶上等着我。她有一头灰白的短发，脸上的笑容来得快也去得快，这是一位人文主义科学家在努力调和自身掌握的知识与外部世界因为缺少知识所表现出的疯狂时所露出的笑容。她经常笑，但这并不代表她觉得事情很有趣。苏联时代的慷慨研究资助和崇高地位已经是过去式，但俄罗斯仍然注重保密。如果没有必须提前三个月办理的各种信函和批准，我是不能进入研究所的，所以娜杰日达对此不屑地摆了摆手，建议我们一起去散步。

下方，黑色的宽阔河流在覆盖着炫目积雪的悬崖之间划出一条线。上空，白昼的半月徘徊在此时可见的矢车菊蓝的清晨天空。在河谷的另一边，烟囱冒出丝带般的黑烟，红色和黑色塔楼在水面上投下阴影。而在这一边，一座崭新的东正教教堂的金色圆顶在树林中闪烁着光芒，证明了一位寡头的虔诚。从研究所一直延伸到河边，是栅栏围住的一片森林，即科研植物园，里面收藏着四百个物种，显然这位寡头希望在这里建造别墅。所有北方森林物种以及更多其他物种都在那里，一大群闪闪发光的树木，覆盖着厚厚的积雪，针叶被冰包裹着。

“我喜欢这里，”娜杰日达一边说一边看着河景，她的眼镜框反射着早晨的阳光，“自然、动物、森林，这就是我喜欢的东西。”但当她四十七年前第一次来到这里时，情况完全不一样。她很沮丧。她想念自己的家人。她的父母为她的事业牺牲了很多，到头来还是让她离开了他们。他们曾经是农民，在20世纪30年代的艰难时期离开伏尔加河，在莫斯科附近的一家汽车厂找到了工作。后来，娜杰日达的母亲在幼儿园当厨师。他们鼓励娜杰日达学习，最终她去了莫斯科最好的大学读英语专业。她母亲将自己的全部薪水都用来支持娜杰日达，而她第一年成绩不好，转而学习地理，这次转专业对她的人生是决定性的。

20世纪60年代，位于莫斯科和列宁格勒的科学院领先于西方，成了后来全球闻名的气候学家米哈伊尔·布德科（Mikhail Budyko）

所说的“人类改变气候的问题”的前沿研究中心。1961年，布德科在苏联地理学会第三次代表大会上，发表了论文《地球表面的热和水平衡理论》。他在论文中指出，人为导致的气候变化已经不可避免，人类的能源使用问题需要得到解决。1962年，他在苏联的《科学院学报》（*Bulletin of the Academy of Sciences*）上发表了具有里程碑意义的文章《气候变化及其转变手段》，解释了冰盖的破坏将如何导致“大气环流状况的重大变化”。1969年，布德科发表了文章《太阳辐射变化对地球气候的影响》，这篇文章解释了极地海冰/反照率反馈机制是如何驱动气候变化的，当时娜杰日达进入科学院不久。当他的开创性著作《气候和生命》（*Climate and Life*）出版时，娜杰日达正好开始研究生阶段的学习。当这本书在两年后，也就是1974年翻译成英文后，它立即定义了气候学这一新兴领域。娜杰日达这时候就被迷住了。

当她来到苏卡乔夫研究所，继续她的研究生项目，研究气候对克拉斯诺亚尔斯克以南山区森林中北方植被的影响时，她惊讶地发现，在一个全是林业工作者的机构里，她是唯一做气候建模的人。他们热衷于夏季在树林里进行野外调查的仪式，鄙视模型。将近半个世纪过去了，她仍然是唯一做这件事的人。

苏卡乔夫离开后，该研究所由树木气候学家领导，他们花了很多时间回顾过去，尝试重建西伯利亚过去的气候，但似乎没有人有兴趣展望未来。不过，国际上的科学家开始注意到娜杰日达的工作，1989年，她受邀前往维也纳，在国际应用系统分析研究所与来自世界各地的顶尖气候科学家一起工作。在维也纳，娜杰日达致力研究全球植被的大型模型。她带着新的紧迫感和对可能性的好奇回到克拉斯诺亚尔斯克，并开始利用联合国政府间气候变化专门委员会（简称IPCC）新发现的情况，建立西伯利亚森林的未来模型。她的发现令人震惊。北部的林木线预计会稍微向极地移动，但真正的变化是泰加林的南部边界。随着干旱加剧和火灾更频繁地发生，中亚的干草原预计将会扩张，烧毁的针叶林将被其吞噬，变得无法再生：地球上最大的森林将从南边死亡。

“而这，”娜杰日达说，“就是我们现在所看到的。”

在一家有奶泡热巧克力和泰加茶（薄荷、柳叶菜和野生树莓的混合物）的温馨咖啡馆里，我见到了叶连娜·库班斯卡亚（Elena Kukavskaya）。她是娜杰日达的同事，也是研究西伯利亚野火的最重要的专家之一。伴随着学生们在我们周围敲击笔记本电脑的声音，她解释说，火灾是森林循环的自然组成部分。实际上，这就是针叶林呈现当前形态的原因。落叶松森林相对开阔，树和树之间的空间较宽，并且有浓密的枯枝落叶层，可以保持地面湿润，并防止可引起极端火灾的浓密林下植被形成。只要火灾不太严重，拥有落叶性针叶和厚树皮的落叶松具有耐火性，并且寿命会很长。在我们当前的全新世时代（自上一个冰期以来的时代），火曾经穿过落叶松纯林，造成较轻程度的影响：烧焦树枝和树干，不会使成年树木死亡，而是烧光落叶层和表层土壤，露出下面的矿质土壤，而这正是落叶松种子发芽所需的土壤。而北美的森林通常年轻得多，树龄还不到两百年，因为火灾会毁掉整片云杉、颤杨和松树，意味着成群的幼苗同时建成，形成林务员所说的同龄林。但火灾动态正在发生变化。在叶连娜最近研究的火灾中，树木根本没有恢复。

在林木线上的高纬度泰加林中，例如该地区北部的阿里马斯，火灾总是很少见，一般是闪电造成的。在那里，火灾的间隔时间很长，可达三百年，但越往南走，发生的频率和强度就越高。在较低的纬度，以前的火灾间隔是五到三十年，具体取决于降雨量。如今在一些地方，火灾每年都会发生。随着气温上升和土壤变得更干燥，火灾也变得更炽热，持续时间更长，发生得更频繁，毁坏更多土壤，并使落叶松更难在之后重新恢复。

“人们尝试过种植，但种下的树在第二年也烧毁了。”她说。

反复燃烧使得树木几乎无法在地上扎根。喜欢极端贫瘠土壤的植物取代了它们的位置。这意味着像柳树这样的灌木会挤掉落叶松，形成茂密的灌丛，而它们下次会燃烧得更炽烈。随着时间的推移，这样的燃烧循环为干草原上的草打开了入侵的大门，它们会阻止树木发芽，并扼杀其他一切植物。

再往北，更炽热的火灾和更干燥的夏季意味着在克拉斯诺亚尔斯克以北的中部泰加林，欧洲赤松正在取代火灾地点的落叶松。这对于森林结构以及其他科学家如何量化和模拟森林的“生态系统服务”有着重大影响。由于不同物种有着不同的吸收和排放系统，因此它们对大气和气候的贡献是多样且独特的。在泰加林吸收的二氧化碳中，落叶松吸收的比例是55%，尽管它只占树木总数的不到40%。这个单一物种是地球上最大的树木氧气来源。由于落叶松是落叶植物，它会比常绿树木蒸腾更多的水，并在这个过程中吸收比松树多20%的二氧化碳，而且落叶松下面的土壤覆盖着半分解的落叶松针叶，释放出的二氧化碳比松树下的土壤少四分之一。此外，气候变暖的森林在碳循环和碳封存方面的效率较低，因为树木缺少光合作用所需的水分，会停止生长或提前落叶。[3]然而，许多全球模型都依赖关于森林可储存碳量的固定假设，而忽视了它们正在发生多么重大的改变。一项研究提出，如果目前的气候变暖趋势继续下去，到2040年，全球森林吸收的二氧化碳的量将是目前的一半。[4]

叶连娜说，更大的担忧是，是否还会有森林剩下。现在困扰她的是正在燃烧的森林的巨大体量。森林变得更干燥了。为建筑热潮供应木材的无证采伐意味着存在大量易燃废物。此外，更温暖、更潮湿的大气意味着闪电数量和引燃次数都会增加一倍。叶连娜的兴趣不再是纯粹关于学术的。她不久前才生下第二个孩子。2019年，黑烟笼罩克拉斯诺亚尔斯克市区数周之久，人们无法呼吸。

“如今每年的每个火灾季，我们都会等待，我们绷紧神经，做好准备。”

2019年，超过一千五百万公顷的土地被烧毁，面积比奥地利还大。2018年之前，野火每年平均排放两百万吨二氧化碳。2019年，这个数字是五百万吨。在我拜访叶连娜之后的2020年，西伯利亚火灾打破了纪录，仅6月的排放量就达到了一千六百万吨。根据预测，这个规模的森林火灾原本要到2060年才会发生。

当我和娜杰日达在科学家之家共进午餐时，听到我讲述叶连娜的观察结果，她露出了微笑。十年前，她就用自己的模型预测到了这些变化。她给了我一张地图。它摘自娜杰日达在美国《环境研究快报》上最新发表的研究成果。[5]她现在感兴趣的是，生态系统的改变对人类意味着什么。这篇文章后来还发表在《纽约时报》上，它的标题听起来很专业：《评估俄罗斯亚洲地区在更温暖的21世纪对人类可持续发展的景观潜力和“吸引力”》，但文章内容却有深刻的意义。[6]

娜杰日达之前的研究表明，即使在适度变暖的情况下，西伯利亚也将继续经历更高的区域升温率，而且森林会向北稳步前进，如果没有一开始就烧掉的话。但是，考虑到此地向北没有太多土地可以拓殖，这最终意味着到21世纪末，50%或更多的森林将转变为干草原。

20世纪30年代，苏联开发了一套根据气候严峻程度和舒适度，为人类生活条件分级的系统。这套系统被用来为恶劣生活条件设定相应的工资奖金补偿标准，也是在国家官僚机构补贴下，不断鼓励移民前往俄罗斯东部定居的基础。苏联全境一共有七个类别，“适宜”和“最适宜”这两个最佳等级的区域目前在西伯利亚不存在，但娜杰日达的模型表明，这种情况很快就会改变。

地图上的线条表明，在预测的较高情况下，也就是当西伯利亚东北部升温高达9摄氏度时，森林的南部边界将北移一千公里。到21世纪末，西伯利亚85%的面积（三百万平方公里）会变得适宜农业生产。变化已经在发生了：俄罗斯农业集团公司RusAgro正在扩大其在符拉迪沃斯托克附近的大规模小麦农场，并鼓励来自中国的移民在阿穆尔河（黑龙江）沿岸耕种土地。与此同时，2019年和2020年的北美小麦产量首次出现下滑迹象。[7]

根据娜杰日达的最新模型，西伯利亚有一半地区将变成“适宜”这个级别或者变得更适合人类居住，但娜杰日达和她的共同作者们并没有列出不可避免的政治性结论。在人类历史的大部分时间里，人类居住在地球上处于特定温度范围内的一片非常狭窄的土地上，但这一带区域中的一些地方已经达到了温度范围的最高值，到2070年，将有超过三十亿人生活在该温度范围之外。其中大多数人生活在东南亚，距离俄罗斯新近变得肥沃的广阔东部土地只隔着一两条边境线。[8]几十年内，中东和东南亚的部分地区将变得酷热难耐，人类无法安全地在户外工作，或者在没有空调的情况下睡觉。对于南边的大量人口，西伯利亚是显而易见的避难所，这些人已经面临着高温、洪水、干旱和饥荒的压力，他们来自中国东部、孟加拉国、巴基斯坦、尼泊尔、乌兹别克斯坦、哈萨克斯坦和中东的气候压力较大的地区。

树木的生态位和人类居住地区的生态位非常相似。和西伯利亚的动态一样，以牺牲森林为代价的沙漠和干草原的扩张，已经在南美洲和中美洲以及非洲的整个萨赫勒地区（Sahel）上演。如果使用与树木相同的方式来模拟人类迁徙，而不考虑政治边界，可以预期人类会大规模向北迁移。

人类居住地区和树木的生态位之间的这种联系是我想要了解的东西。人类社会直到最近（20世纪下半叶）才与环境脱钩，化石燃料使通往偏远和荒凉地区的供应链成为可能。但在此之前，除了因纽特人从鲸脂和海豹油脂中获取能源外，人类从来没有在没有木头的情况下生存过很长时间。通过标明生态系统和栖息地的界线，林木线塑造了人类生存的可能性，并进一步为人类文化设定了条件。

我们的生存之地一直处于森林边缘，并且与森林有着密切的关系。

我如此热衷于前往该地区北部阿里马斯的落叶松林木线，原因之一就是想要看看这种关系在恩加纳桑人中的体现。恩加纳桑人是一个独特的原住民群体，在西伯利亚的林木线上生活了数千年，他们在世界最北边的森林里过冬，短暂的夏季则在更靠近北极的苔原上狩猎驯鹿。我问娜杰日达，她在研究所的同事里有没有人类学家，答案是没有，他们只研究树。她向我介绍了一位同事，落叶松专家亚历山大·邦达列夫（Aleksandr Bondarev），他几十年来一直都会去阿里马斯，我们约好打电话谈谈。

在大多数情况下，娜杰日达几乎不与同事互动。和所有研究园区一样，大多数研究人员都专注于自己的工作，而忽视了其他人。娜杰日达在她的实验室里夜以继日地工作，而当她回到园区里的公寓——她已经在那里住了大半生，除了她的许多只猫，她孤身一人。她的使命迫在眉睫，部分原因也许是社会上的其他人太自满了。

“没有年轻学生过来做植被变化模型。他们不感兴趣。也许我是个糟糕的老师吧。我没有耐心，”她用不带感情的冷静语气说道，“这项研究会在我这里终止。”

建模一定是一项孤独的工作，凝视复杂的气候模型“水晶球”，一瞥世界末日的样貌。情感负担一定是巨大的，尽管娜杰日达就像一个坚忍的俄罗斯人或者一个冷漠的科学家一样，不允许情感主宰自己，不过她的名字的意思是“希望”。

“我对未来没有任何感觉。我无法改变现状。我只是向人们发出警告。解决问题不是我的责任。”她面无笑容地说。

当我们讨论其他研究内容可能与我的项目相关——也是与未来相关——的研究人员时，她建议邀请一起吃午饭的人，她的一位相识五十年的泛泛之交，也以自己的方式问出了同样的问题：所有的人都将何去何从？

亚历山大·季霍米罗夫（Alexander Tikhomirov）教授是一位安静又细心的人。他在社交俱乐部的员工餐厅和我们见面，吃饭时细嚼慢咽，将罗宋汤从刮得干干净净的下巴上擦掉。他的头发全白，眉毛浓密，一双灰色小眼睛闪烁着讽刺意味的幽默。他穿着毛衣、衬衫和休闲裤，我们谈话时，他的黑色军靴牢牢地踩在地板上。

和娜杰日达一样，大约五十年前，亚历山大在克拉斯诺亚尔斯克开始了自己的职业生涯。他一开始在森林研究所，研究树木在受到昆虫、风或动物过度啃食的伤害后如何自我修复，他对细胞如何重建感兴趣。后来他转行研究栽培植物，并调入生物物理研究所，在生命支持系统部门参与一个名为“Bios-3”的绝密项目，如今他在西伯利亚航空航天大学担任这个项目的负责人。Bios-3关注的是人类在太空中的长期生存问题，无论是在空间站里，还是在计划中的火星任务中。这就是所谓的封闭生态系统实验。有点像微缩版的操弄气候变化。

1972年至1973年，三名宇航员在Bios-3的密封舱内度过了一百八十天。他们吃的是藻类培养器中的小麦和蔬菜，培养器中配备了接近阳光的氙气灯。每人依靠八平方米的小球藻产生氧气。整个设施的体积有三百一十五立方米，包括三个舱室、一间厨房、一个卫生间和一个控制室。人类排泄物被烘干和储存，而肉类和水是从外界输入的。Bios-3实验达到了大约85%的效率。后来，一家名为太空生物圈风险投资（Space Biospheres Ventures）的私人公司在美国亚利桑那州开展了类似的实验，并声称实现了100%的效率，不需要额外的水和氧气。然而，亚利桑那州的这场实验突然崩溃了，因为在一场纠纷之后，项目经理闯进了密封室，危及里面的宇航员。大量研究数据丢失。该设施先后被哥伦比亚大学和亚利桑那大学接管。它现在仍被用于栖息地建模研究。在其他项目中，有半英亩（约0.2公顷）的雨林在玻璃金字塔中的极高温度下生长，这表明，只要有足够的水，如果二氧化碳含量保持不变，一些森林也许能够在变成温室的地球中生存，但这是一个很重要却并无把握的假设。[9]

Bios-3、亚利桑那州设施和欧洲航天局开展的另一项联合实验，提供了有关植物和人类在富含二氧化碳的环境中会发生什么的重要信息。这项研究说明了海洋和珊瑚礁将如何因海水酸化受到破坏，而且重要的是，某些生态系统存在二氧化碳饱和点。植物似乎无法应对不断增加的二氧化碳水平。光合作用需要保持平衡才能运转，如果植物无法获得足够的水和光来利用可用的二氧化碳，二氧化碳就会令植物不堪重负。当然，有些物种比其他物种更能适应环境，那些能够追溯至石炭纪时期的史前蕨类植物和银杏，人们或许可以在其基因中找到遥远的线索。至于人类，亚历山大的团队发现，二氧化碳含量超过1%（百万分之一万）的大气显然对人体机能有害——宇航员会变得思绪混乱，手脚不协调。

在解决Bios-3的各种问题之前，亚历山大不会再将人类置于受控环境中。在不另外储存或排出人类排泄物的情况下，保持大气平衡是非常困难的。甲烷、氨和其他分解产物在高浓度时对植物非常不利，会让植物衰老得更快。

“对人类也一样！”亚历山大带着他标志性的干笑说道。

目前，甲烷是他痴迷的东西。他的团队正在利用封闭的舱室做人工变暖实验。

“我们想知道甲烷加速全球变暖的临界温度。这是一个关键问题！”

聊到实验的细节时，他变得很兴奋：他的同事如何运输和冷冻大块的苔原，然后在植物标本室里慢慢加热它们并获取气体。但当我问他这意味着什么时，他突然安静了。

“我有孙子，”他说，突然变得忧郁起来，“我希望他们过得幸福，但是……”他抬头看了看黄色的天花板，然后望向在午后阳光下闪闪发光的冰霜覆盖的园区。“我看到了三个阶段。第一，也许变暖会带来好处。那个阶段已经过去了。第二，动植物群将发生变化。这就是我们现在的处境。第三，人类将不得不适应新的环境——土壤，农业，争夺土地、水和资源。如果考虑到还有核武器的话，那么……这样的前景太可怕了。”

窗外，一群太平鸟正在一棵花楸树上喧闹地争夺食物。

“当务之急是尝试到达火星。如果我们开展全球合作，我们可以在二十年内实现这一目标。设置一个站点。这取决于地球上的进展情况。”

*

午饭后，娜杰日达送我去公交站。我们的午餐谈话似乎释放出了彼此更坦诚的自我。仿佛在亚历山大的鼓励下，她现在可以说出自己的想法了。

“我相信连锁反应已经开始了。永久冻土层已经在融化。很难想象这如何能够停止。”她拉了拉身上的薄外套。她没有换掉她的旧的冬季厚外套，冬天还不够冷，不值得再买新衣服，而娜杰日达是个节俭的人。她祝我在阿里马斯好运，并建议我去克拉斯诺亚尔斯克地区博物馆寻找关于恩加纳桑人的资料，还建议我去城里看芭蕾舞表演。

在公交车站，她不愿意等太久。“我有很多工作要做，我相信你一定理解。”

返回市中心的公交车上，午后的昏暗光线透过幽灵般的冰霜桦树林，呈现出像西伯利亚虎一样的黑白条纹，然后路边的风景逐渐变成了城市郊区的广告牌和废弃混凝土建筑。在终点站，我听从娜杰日达的建议，参观了克拉斯诺亚尔斯克地区博物馆。事实证明，出于多种原因，它是最适合寻找恩加纳桑人相关信息的地方。恩加纳桑人的语言和文化几乎已经绝迹，所以剩下的东西真的就在博物馆里。这座建筑还正对着那座著名的桥梁，这座桥为哥萨克入侵者打开了通往西伯利亚的大门，而这正是这些原住民消亡的原因。

博物馆里很暖和，工作人员也很多，我很高兴能够在夜幕笼罩这座冰冻覆盖、污染严重的城市时来到这里。入口处巨大的硬木门被精致的埃及式混凝土外墙包裹着，这与馆内从西伯利亚濒临灭绝的原住民那里搜集的本土宝藏几乎没有任何关系。博物馆的布局层次很奇怪，占据入口对面整个一楼的是一艘大木船，这种船叫“科赫船”（koch），是沙皇殖民者建造的船体加固船，用于探索冰封的北极海岸。一楼长廊展厅的内容展示了共产主义时代，其中包括微笑的工人集体的图像，以及太空探索的历史。天花板上还悬挂着一颗卫星，向克拉斯诺亚尔斯克作为火箭发射场的传统致敬。史前文化和原住民文化的内容则在没有窗户的地下室里。

在光线昏暗的房间里，一系列钢笔画说明了西伯利亚有人类定居的最古老证据可以追溯至七万年前。[①]上一次冰期在西伯利亚被称为“萨尔坦斯克冰期”（Sartansk glaciation），它在距今大约五万年至两万年之间，用冰雪覆盖了大部分地区长达两万多年。从那以后，冰川消退，显露出新的土地，苔藓、地衣、草、灌木和树木迅速迁入。觅食的动物跟在后面，而人类跟随动物。大多数西伯利亚民族都与萨莫耶德人（Samoyed）之前的新石器时代的尤卡吉尔人有着共同的民族遗产，后者追寻迁徙驯鹿不断扩大的活动范围，从冰川残遗种保护区中崛起。它们的扩散范围横跨亚洲大陆，从太平洋一直到乌拉尔山脉，很有可能穿过白令海峡陆桥进入了阿拉斯加。在西边，人们通过语言分析研究发现了尤卡吉尔语与波罗的海国家和匈牙利的芬兰-乌戈尔语族之间的联系。而在另一个方向上，西伯利亚

① 西伯利亚有人类定居的最早时间不确定，另有说法是4.5万年前至4万年前。——编者注

濒临灭绝的凯特语（Ket）和加拿大北部的德内语支有三十六个共用的单词，“桦树”就是其中之一。

博物馆中各个族群的原住民人工制品都很相似：圆柱形的游牧帐篷、缝制成衣服并用珠子装饰的驯鹿皮、金属装饰品和染料以及狩猎用具、用落叶松木和桦木制成的独木舟和雪鞋。塞尔库普人（Selkup）、凯特人（Ket）、鄂温克人（Evenks）、涅涅茨人（Nenets）、埃涅茨人（Enets）、多尔干人（Dolgans）、哈卡斯人（Khakas）和恩加纳桑人居住在广阔的土地和环境之中，但他们拥有非常相似的万物有灵论信仰体系。“赛坦”（Saitan）是多尔干语中的一个词，意思是居住在物体上的灵魂。精神性是泰加林民族的核心组织原则。在每种文化中，负责调解精神世界与人类“上层”世界之间关系的权威都是萨满祭司。泰加林民族相信树木是触角，对于上层世界和下层世界之间的交流至关重要。

上锁的玻璃柜里是萨满祭司被收缴的令人悲伤的圣物：圆形皮鼓，上面装饰有驯鹿、鸟类、人类、太阳、月亮和星星的图案。这种鼓是一艘可以航行的船、一头可以骑的驯鹿，是萨满祭司远行的工具，让他们去看看其他地方发生了什么，并向族人汇报。他的鼓通常由落叶松木制成。这是最洁净的树，未经灵魂沾染。这种鼓象征着宇宙的循环。伴随着独特的歌曲和诗歌，以及一种具有严格格律和韵律的奇特音乐（灵感来自大自然的声音，包括鸟鸣、风声、水声和树声），人们用鼓召唤灵魂，帮助他们接受上层世界的考验。

一位韩国法学教授是地下室里除我之外的唯一访客。他解释说，韩国法律的根源来自万物有灵论和佛教，它们都是和森林有关的宗教。韩国也是一个北方国家，他说。

西伯利亚的萨满祭司受到世俗的苏联国家的否定。今天仍然存在的信仰体系大部分是由少数人保存下来的故事碎片，很快就会超出人类记忆的极限。当探险的俄罗斯人先后越过鄂毕河和叶尼塞河，进入西伯利亚的核心地带时，他们破坏了丰富的森林文化网络，这些文化如今正在急剧衰退。许多族群已被同化，另外的一些族群几乎灭绝。埃涅茨人所剩无几。濒临灭绝的不仅是动物和植物，还有民族、语言和文化，其中很多都已经消失了。

恩加纳桑人免于苏联控制的时间最长。他们撤退到位于泰梅尔半岛阿里马斯森林中的冰冻堡垒之中，在那里，他们崇拜居住在落叶松中的树王。他们是最凶猛的野生部落，拥有最强大的萨满祭司，而直到20世纪30年代之前，苏联实际上对这个部落一无所知。政府称这些人为萨莫耶德人。而恩加纳桑人自称“纳诺纳纳萨”（nanuo nanasa）——“真正的人”，这个名字暗示着对差异的承认。

除了偶尔试图向“皮亚西纳河的萨莫耶德人”索取毛皮贡品，以及19世纪著作中的一些简短描述之外，直到1936年，年轻的民族学家A.A.波波夫（A. A. Popov）受苏联科学院民族志研究所委托，开始研究恩加纳桑人，那时，他们才出现在俄罗斯或苏联的书面记录中。波波夫花了两年时间，和泰梅尔半岛的游牧民族（全世界最北端的原住民族群）一起生活。他穿越苔原，行程足有六千多英里（约一万公里），一直到达阿马里斯以北、北纬75° 的地方，学习他们的语言和习俗，拍摄了八百张照片，收集了五百件物品。

波波夫遇到的人们过着完全自给自足的游牧生活，在北极圈以北很远的地方狩猎驯鹿，就像他们的祖先数千年来所做的一样。波波夫遇到过一些妇女，她们将驯鹿的筋在脸上捻成线，用驯鹿皮缝制大衣和裤子，并用驯鹿前额的皮制作靴子底。她们用这种动物厚厚的冬季皮毛制作冬装，用它们的薄皮制作夏装。波波夫还遇到过精力充沛的强壮男子，他们用落叶松的根制成的弓箭打猎，制作这种弓箭时需要将树根上的皮剥掉，用桦树皮包裹和加固，并用鱼胶处理以防水。

波波夫和他们一起度过了两个狩猎季，每次狩猎在路上度过数天，只带茶、水壶、兽皮和雪橇。他目睹了大规模的驯鹿狩猎，每年在驯鹿迁徙路线上的同一地点都会有一场数百头规模的集体屠杀。他描述了猎人用绑在杆子顶端的白色雷鸟翅膀划出数英里长的小路，将驯鹿赶进一个漏斗形区域，要么是狭窄的山谷，要么是悬崖，然后进入一个湖泊，而湖面独木舟上的猎人会用短矛从后面刺穿驯鹿，以免破坏兽皮。他们会把几具尸体绑在一起，拖到岸边。然后，“这些不知疲倦的人”会处理猎物，剥去脂肪、内脏和皮，接下来修理狩猎装备，睡上两三个小时，再继续重复这个过程。波波夫说，大规模屠杀比徒步猎杀一头驯鹿容易得多，因为在第二种情况下，猎人必须独自把死去的驯鹿运回来。

脂肪和肉会被风干并熏制，大脑和其他内脏则生吃。入冬之前，人们会一直吃到再也吃不下，为漫长的寒冷（至少有二百六十三天的气温在冰点之下）做好身体储备。到了春天，他们常常挨饿，直到候鸟归来。恩加纳桑人用假鸟诱饵、网和弓箭捕杀鸭子和大雁，一次就能杀死多达一千只，皮、羽毛和肉都会被不眠不休地立即使用起来，提炼出来的脂肪则储存在驯鹿的胃中。落叶松木柴被保存下来用于烟熏和腌制。他们会尽可能地生吃食物，而且从3月起，他们就不再在毛皮衬里的帐篷中生火，而是和自己养的狗挤在一起取暖，以节省燃料。

但是波波夫的来访是对这种古老生活方式的最后一瞥。1938年，他自豪地写到自己的实地考察所产生的影响：

> 在伟大的十月社会主义革命之前，恩加纳桑人是西伯利亚北部最受忽视的小民族之一，注定要灭绝。他们迷失在广阔的苔原上，与外界隔绝。文明的元素几乎没有渗透到他们的生活方式中。[现在]……恩加纳桑儿童在偏远的定居点开办的学校上学。苔原上出现了第一条铁路，河流上出现了驳船和蒸汽船。农业正在发展，蔬菜如今生长在北极圈以北。[10]

波波夫的工作做得太好了。让他们“注定”灭绝的不是“忽视”，而是国家的关注。无论是社会主义还是资本主义的发展，在使人类远离自然方面都是如此有效，如此残酷，以至于一种数千年来都在与林木线的联系中演变的文化，在一代人的生命里几乎消失得无影无踪。

根据2012年的人口普查，恩加纳桑人还剩下不到五百人。但他们中的许多人不再讲他们的语言，也不再实践自己的文化传统，而且所有人都离开了他们祖先的活动范围，居住在遥远的城镇。只有少数几个大家庭还生活在泰梅尔半岛上的哈坦加河沿岸，这里位于阿里马斯以南一百多公里，比他们的历史领地靠南得多。一家定制旅游公司收取了一大笔费用，为我安排了一辆专门的北极卡车和一名翻译，这样我就可以试着采访他们，并拜访他们八千多年来称之为家园的冻土落叶松森林。于是，第二天凌晨四点，我要在机场和我的翻译德米特里见面，开始下一阶段的遥远北方之旅。

不过，我还是不能忽视娜杰日达让我去看克拉斯诺亚尔斯克芭蕾舞团表演的强烈推荐。博物馆就在国家剧院主广场的对面。国家剧院位于叶尼塞河北岸的高处，在这里可以看到大桥上悬挂的一串红灯，灯光的倒影洒在黑色水面上。透过一扇厚厚的窗户，一位戴着狐皮帽和眼镜的女士微笑着用手势告诉我还有票。我置身于这座城市里披着皮毛、穿着靴子的中产阶级之中，在现代主义混凝土剧院的穹顶下，坐在淡蓝色的天鹅绒座椅上，欣赏完整的管弦乐版本的《天鹅湖》，其中白天鹅和黑天鹅都由男舞者扮演。我不是芭蕾舞专家，但到了最后，我也和其他观众一样激动得跳起来，疯狂鼓掌。这倒不是因为欣赏表演，尽管这的确是一次难得的享受，而是对在如此严酷的地方坚持这种文化的成就感到惊讶。

乌楚赫泰－睡梦之湖－俄罗斯

73°08'81"N

西伯利亚是如此辽阔，从莫斯科到克拉斯诺亚尔斯克的距离是三千公里，跨越四个时区，飞行五个小时，与从克拉斯诺亚尔斯克地区南部与蒙古接壤处到北部的北极港口城镇哈坦加的距离一样。

德米特里——我现在叫他的小名季马——和我一起，在西伯利亚中北部无光的辽阔地带上飞行了一段仿佛是永恒的时间。前排的所有座位都塞满了货物，每个人都睡着了，直到飞行的最后时刻，泰加林出现在下方：冰冻的河系呈现漩涡图案，河岸上点缀的树木看起来像微缩模型。在跑道上，我们在朦胧的晨光下眯起眼睛，看到一片飞机墓地，里面有被冰雪包裹的螺旋桨飞机、喷气式飞机和一架米-26直升机。

在一棵冰雪覆盖的落叶松树下，我们见到了我们的旅行管家阿列克谢，他咧嘴笑着，头上戴着一顶带耳罩的狐皮帽，骑着一辆雪地摩托车，后面拖着一个用来装我们行李的钢笼。寒冷真的令人睁不开眼。在零下40摄氏度的气温下，一丝微风都会让你流泪；泪水会在皮肤上冻住，如果眨眼时间过长，上下眼皮就会粘住。冰冷的空气像砂纸一样打磨着喉咙。寒冷像针一样刺透衣服，如果你不戴手套超过六十秒，皮肤就会开始像着火一样刺痛。在这里戴两顶帽子、两双手套，穿两件外套、两条裤子和两双袜子是正常的，这些衣物可以是毛皮的，也可以是羽绒填充的。

在飞快的摩托上，透过黏糊糊、水汪汪的眼睛，我瞥见了哈坦加，这是一个中等规模的城镇，有一些大型方形建筑。这里有一排排淡绿色的预制房屋和一栋红砖公寓楼，所有这些建筑都由巨大的管道连接起来，管道上包裹着闪亮的铝箔，穿过桥梁和人行道：这是市政热水系统。天际线的一边是在河港上空懒洋洋地吊着的起重机，另一边是一座发电厂，顶部是两根细细的烟囱，带有闪烁的红灯，仿佛点燃的香烟，将灰色的烟雾喷向像烟丝一样黄的天空。一切都覆盖着一层细细的灰雪，像灰烬一样。但我们没有逗留。

阿列克谢将我们直接交给了我们的司机科利亚和科利亚，他们巨大的白色卡车令他们引以为傲，这种车名叫特雷科尔（Trekol），它的轮胎和我一样高。发动机在运转，后面的拖车上放着一个装满柴油的巨大钢桶，车顶上绑着一个巨大的球形备胎。一个科利亚的头发是金黄的沙子颜色，另一个是黑发。两个人都抽着烟，嘴角挂着尴尬的微笑。金色头发科利亚的手沾满油污，手里拿着香烟并且没戴手套，他打了个手势示意我们走进车库。

车库门是一块破旧的钢板，已经被风雪冲刷成白色，暗示着极地严冬无尽的黑暗和风暴。三条冻得硬邦邦的大鱼，每条都有我的手臂那么长，它们被随意地扔在门口，躺在机器和一对放在一层雪上的冰冻驯鹿心脏之间。一个铁炉子在车库的一头发着光，但影响有限。油乎乎的长凳、油布、轮胎和工具在昏暗中堆得到处都是。车库里只有一个肮脏的灯泡，没有窗户。

科利亚和科利亚走进来，大声说着什么，握手，说一些我听不懂的笑话。季马只在有必要时才给我翻译。阿列克谢和季马交谈了很久，然后阿列克谢与我握手道别。很快，我们爬进了特雷科尔卡车的后座，科利亚和科利亚坐在前排的软垫座椅上，扬声器里放着俄罗斯流行音乐。扳手形的变速杆被推到第一挡，巨大的卡车摇晃了一下，接着向前移动了几英寸。

特雷科尔卡车是专门为西伯利亚的环境设计的，配备巨大的充气轮胎，用来应对夏季的沼泽和冬季的冰雪。它装备精良，在各种地形上像坦克一样爬行，时速很少超过三十公里。我们路过城郊一个废弃的地质学家营地和一个煤矿，在这里，伴随着一下颠簸，特雷科尔卡车离开道路，在哈坦加河结冰的河面上发出哀鸣，嘎吱作响，摇摇晃晃地驶向拉普捷夫海，它是北冰洋的一部分。

季马解释说，我们的第一站是哈坦加河沿岸的诺沃里宾（Novorybnaya），这是俄罗斯最北端的两个定居点之一，那里生活着恩加纳桑人的一个大家庭。然后我们将向北前往阿里马斯森林，然后拜访游牧民族多尔干人，他们仍然在林木线以北放牧驯鹿，和森林有着特殊的关系。

"诺沃里宾有多远？"我问道。

"一百六十公里。"

在接下来的八个小时里，季马和我面对面坐在后排平行的长凳上，我们的行李和一大罐伏特加塞在我们之间，而我们紧紧抓住身边的东西以求人身安全，身体好像在暴风雨中的船上一样左摇右晃。

我试着将注意力集中在颠簸起伏的景色上，但是太阳在黑暗的极夜过后才刚刚回来，白昼仍然很短，当我们在接近下午三点离开小镇时，太阳已经在我们身后的地平线上形成了一条黄线。暮色中，我透过结霜的挡风玻璃看到一条宽阔平坦的白色河流，两边都是低矮的山丘。我们正在追随林木线的踪迹。南岸有一片落叶松林，但北岸没有。这条河的另外一边是泰梅尔半岛，这是一片长达一千公里的球茎状陆地，位于西伯利亚的北端，将喀拉海与拉普捷夫海分开，几乎正好位于挪威和阿拉斯加的中间。正南方向数千公里就是贝加尔湖，再往南同一经度上还有乌兰巴托、香港和雅加达等城市。在任何一块大陆上，泰梅尔半岛都是最接近北极的地方。更接近北极的只有北冰洋上的岛屿。如果没有阿里马斯那片奇怪的树林——阿里马斯这个名字在多尔干语中的意思是“树木之岛”，那么哈坦加河南岸将会是世界上最北的林木线。

在渐深的夜色中，森林、苔原、河流、天空都变成了深浅不同的灰色条带。不知什么时候，金发科利亚打开了连接在车顶一根钢杆上的聚光灯，我看到了前面的路：河流似乎是在风暴中结冰的，巨大的冰雪褶皱像波浪一样翻滚。特雷科尔卡车不停发出呜呜的悲鸣，起起落落，在冰浪上不断颠簸，让我们完全无法入睡。

深夜十一点左右，黑暗中突然出现了灯光，仿佛河流已经解冻，而我们正在从水中看到一个港口。那种如释重负的感觉是类似的。特雷科尔卡车离开河流，爬上陡峭的雪岸，岸边已有其他车辆驶过的痕迹。杆子上的灯光映照出一幢幢建筑物，它们的斜屋顶被冰包裹，还覆盖着数米厚的积雪，在重压下嘎吱作响。当外面的空气很危险时，房子就不仅仅是家，还是避难所、圣殿、空间站，对生存至关重要。它们被深深埋在雪下，但仍带着温暖的承诺。似乎令人难以置信，但诺沃里宾是一个有数百人的村庄，有一座教堂、一家商店和一所有一百多个孩子就读的学校。

在上坡路与一排数栋房屋（位于一条看上去像街道的路边）的交会处，特雷科尔卡车突然停了下来。科利亚和科利亚爆发出一串俄语（我猜应该是脏话），然后跳出了卡车。在燃油管冻结之前，他们只有很短的时间来重新启动发动机。如果燃油管真的冻住了，他们必须在发动机下点燃火堆，这是一种常见但很冒险的西伯利亚策略。季马和我穿戴好雪地服、手套和帽子，爬下车，来到街上。黑发科利亚疯狂地用手指着最近的房子，向季马大声喊出一些指示，大风迅速吹散了他的声音。我们沿着被埋在雪里似乎是车库的建筑走着，建筑之间悬挂着被冰覆盖的电线。我们走向一段从积雪里清理出来的台阶，台阶通向一栋木房子，暴风雪之下，它的门口笼罩在一片闪烁的黄光中。

一个带顶棚的细长门廊里，墙壁上挂满了冰，堆放着许多冰冻的驯鹿尸体。我们敲了敲门，开门的是一位名叫康斯坦丁的和蔼可亲的男子，穿着白色背心和慢跑裤，我们很快就来到了他的厨房。他带着孩子，拿着香烟和一条巨大的冻鱼，在房子里跑来跑去，最后他把鱼放在铺着塑料桌布的桌子上，开始将它切成冰冻的细长条——这叫“凯斯皮特”（kyspyt），是一种当地美食。我们把它配着茶、芥末、盐和一小碟辣椒粉一起吃。美味极了！

一个小时后，两个科利亚胜利归来。特雷科尔卡车停在外面，像猫一样顺从地打着呼噜。康斯坦丁的妻子安娜此时站在炉边，穿着牛仔裤和印花拖鞋，一边用钳子在电炉上用平底锅煎鱼，一边一刻不停地和来访者说话。不久，又一道菜上桌了：煎北极红点鲑配面包，还有更多的茶。已经过了午夜，我仍然不知道我们今晚将在哪里过夜。季马和我从昨天凌晨四点起就一直是醒着的。康斯坦丁的小儿子走过来又跑过去，没有一丝要睡觉的迹象。

饭后，包括安娜和康斯坦丁在内的所有吸烟的人都坐在主客厅陶炉旁的地板上。两条鲑鱼放在盘子里解冻。半个小时过去了，其间他们一边看手机和GPS，一边说话。最终季马解释道：这个恩加纳桑人家庭要举办葬礼，这是一件家庭事务。众人已经决定，我们将前往下一个城镇辛达斯科（Syndassko），也就是多尔干人所在的地方，等到返回哈坦加时再拜访恩加纳桑人和森林。

“明天吗？”我问道，声音因为疲劳而虚弱。

“不。现在。”季马说。很显然，我不了解西伯利亚人的做事方式。

“辛达斯科！”金发科利亚说道。他站起来，伸了个懒腰，眼睛盯着屋顶。

“辛达斯科有多远？”

“一百四十公里。”我的心沉了下去。与此同时，两个科利亚似乎很享受这种艰辛，仿佛世界的一些基本真理正在娇惯的西方人面前呈现，而且是为了他们好。在如此遥远的北方，白天和黑夜的区别并没有什么意义。

康斯坦丁和安娜向科利亚与科利亚讲述了海冰的危险。保持靠近海岸，不要离岸边太远。有些褶皱和冰脊太高，车翻不过去，可能会被困住。去年冬天，海面的结冰状况很糟糕，再加上海水泥浆上涌，导致褶皱和冰脊相对滑动，冰面上出现了裂缝。这些裂缝是一种新现象。

“好！”金发科利亚大声说道，然后特雷科尔卡车在黑暗中摇晃着向前驶去，沿着斜坡回到冰冻的河流上。

夜里的某个时候，在暴风雪中前行了几个小时后，特雷科尔卡车停了下来。我们出去小便。月亮消失在黑暗中，看不见海岸线，只有雾和卡车前面几米的积雪。在辛达斯科，哈坦加河汇入拉普捷夫海并形成一个巨大的海湾，即五十公里宽的哈坦加湾。我们在外面的某个地方，像是在太空里。

在吹积而成的雪堆之下，大海就像黑色的玻璃，不透明且有裂纹的表面有时会被压碎成类似地壳板块的褶皱。两个科利亚盯着GPS看了很久。我担心起来。这辆两吨重的卡车挂着空挡，在一两米厚的冰冻海面上，距离岸边数英里之远。一个科利亚笑着跳上跳下，仿佛在测试冰面是否牢固。直到最近，人们还认为在一年当中的一半时间里，在海上行驶肯定都是毫无问题的。然而在今年冬天的一次北极探险中，科学家们在他们其中几人穿过脆冰之后开始穿上救生衣。即使是最坚固的确定性，也会突然变动。

“我们迷路了吗？”我问道。

“我们在北极点！”季马开玩笑说。实际上，北极点还真不算远。即使以这样的速度，行驶三天我们就到了——如果冰面还撑得住的话。

当我们终于驶入港口村庄辛达斯科时，天色渐亮。白天，哈坦加湾的规模变得清晰起来。沿着地平线，白色山丘隐约可见——它们是泰梅尔半岛的边缘，也是广阔、冰冻海洋的遥远海岸。河口南岸到处都是几层楼高的原木堆。一整棵一整棵的树堆积起来，就像一辆巨大的推土机清理了一片森林，然后将所有树丢在这里一样。它们都是来自远处上游森林的落叶松，每年夏天冰雪消融时都会被洪水冲到下游。历史上是在7月20日左右，但如今越来越早。我们在夜里离开了诺沃里宾的森林，现在它在我们南边一百英里（约一百六十一公里）处，但内陆深处的森林仍在继续影响远方下游的人文地理：辛达斯科存在于此，是因为在河流转向大海时，浮木被这一片海湾截住。它是极少数位于林木线以北且不是军事或采矿站点的定居点之一。

在一面卵石护堤后面，一些半埋在雪里、结着冰霜的房屋从夜色中显露出来。我们沿着一条大街行驶，感觉像是在狂野的西部小镇，两边都是木结构房屋，连接房屋的电线上有厚厚的积雪。但是很难辨别建筑物、汽车和油罐，它们都只是雪中的小圆丘。我们在其中一栋房子外面停下，和一个叫谢尔盖的男人围坐在一张小小的早餐桌旁。他把一块冰扔进水壶，将一条冻鱼切成片，一边抽着一根又一根烟，一边向两个科利亚打听哈坦加的情况。我们是从寒冷的冰天雪地中过来的，必须吃些东西。他给了我们所需要的，并想要来自哈坦加的消息作为回报。

谢尔盖总是笑呵呵的，圆圆的脸闪闪发亮，说话时总是抚摸着自己相当气派的肚子。他解释说，如今每个人都有点疲惫。直升机每周四来到这里，带来物资，其中包括伏特加。一升伏特加的现行价格是二十五公斤冻鱼，而这是很多很多鱼。谢尔盖想了解海冰上的裂缝情况，他问我们看到裂缝了吗，这是一种新的危险。如今的天气太暖和了！一夜之间气温已经升高到零下27摄氏度。人们都对着自己的茶点头。直到最近，零下30摄氏度的气温在2月还是闻所未闻的。

不过，天气仍然冷得让到外面上厕所成为一件必须匆忙解决的事情。谢尔盖家的门廊里有一个简易棚屋，里面装满了半米见方的大冰块，另一边则有一箱看起来像巨大煤块的东西。在如此遥远的北方，没有任何家庭有自来水，因为水管会爆裂。每栋房子周围都散布着黄色的雪和棕色人类粪便。没人试图将它们放在一个地方集中处理。它们会一直冰冻在那里，直到夏天。

当我上完厕所回来时，听到我对树木感兴趣，谢尔盖自豪地向我展示了他的燃料筐中的“化石树”，这是一片森林的遗迹，就像现在的阿里马斯一样，这片森林曾经位于靠北得多的地方。年轻的黑煤来自村庄以南大约五公里处的山地裂缝中。辛达斯科是俄罗斯最北的定居点。它最初是游牧民族多尔干人的一个夏季捕鱼营地，冬天，多尔干人会向南迁徙，回到位于波皮盖河（Popigai River）的林木线。直到20世纪50年代之前，这里一直是一个贸易基地，游牧民族带来毛皮和驯鹿，在这里和“俄罗斯人”来往贸易。第二次世界大战后，这里只有一家船上商店提供售货服务，而且没有永久的房屋，直到辛达斯科加入古拉格“群岛”。是囚犯发现了煤炭，并向多尔干人展示了它的用途，为全年居住提供了可能性。化石燃料（史前树木）仍然是人类可以在哪里生活以及如何生活的主要决定因素，即使是——或者说尤其是——在最北端的这个地方。伴随古拉格而来的，是苏联政府和负责驯鹿放牧的国营农场，它让辛达斯科从临时帐篷营地，成为拥有学校、行政长官和柴油发电机的永久定居点。

苏联政府通过配额和固定领地重塑了游牧生活方式，但国家的支持使得它作为整个群体的主要生活方式得以延续，直到20世纪90年代苏联解体，放牧不再有经济效益。虽然以前放牧的人比资本主义的挪威还多，但现在很少有人放牧了。就好像有一股官僚主义的浪潮将多尔干人带到了他们旧领地的北部区域，然后潮水退去，他们便被留在搁浅的困境中。如今，捕鱼更有利可图，更轻松，而且按照消耗的热量和获取的营养计算，收获也划算得多。你只需在冰上凿出一些洞，将渔网穿在插进河床的杆子之间，然后走开等待即可。相比之下，驯鹿放牧的工作量非常大。但它的地位仍然更高。当冰层融化，无法捕鱼时，每个人都想成为米沙的朋友。“他们都想要肉！”谢尔盖笑着说。

米沙和他的岳父阿列克谢是辛达斯科仅有的两个还在放牧驯鹿的人。我们被安排去拜访他们，并与他们一起前往苔原上的冬季放牧营地。

“我们能先睡会儿吗？”我问季马。我已经连续四十七个小时醒着了。

“我们是客人。别人怎么安排，我们必须照做。”话音刚落，三辆雪地摩托车呼啸着驶过窗户，停在一片雪中。该动身了。

季马教我怎么穿上长至大腿的驯鹿皮靴，这是抵御西伯利亚寒冷的最佳装备。这种靴子像棉花一样轻，加上驯鹿的中空皮毛，保暖性极佳，像棉拖鞋一样温暖，而且在雪地上行走时不会留下任何痕迹。米沙只穿着一件涤纶滑雪夹克。他的妻子安娜和他们的女儿塔妮娅从头到脚都穿着驯鹿毛皮，戴着狐狸毛皮帽子和手套。安娜的父亲阿列克谢驾驶着第三辆雪地摩托，他的驯鹿毛皮上罩着一件挡雪的绿色帆布雨披。米沙和阿列克谢都没戴护目镜或面罩，他们像狡黠的老朋友一样，眯着眼睛看向苔原。

当季马和我都戴好裹住脑袋的巴拉克拉法帽、护目镜和双层皮手套，坐在木头雪橇上准备被拖在米沙的雪地摩托后面时，谢尔盖走过来，用手指摩擦我们的帽子，还用手套捏住我的手指。然后他笑了。

“反正也没关系，”他说，“连零下30摄氏度都没有。”

这两个小时里，雪从雪地摩托车的履带轨迹飞到我们的脸上，雪橇在凹凸不平的苔原表面上下颠簸，一轮低矮的红日在地平线上静静燃烧。我们仿佛在飞。苔原的海洋一望无际，一直延伸到朦胧的黄色地平线，羽毛般的云朵映衬在上空粉红和绿松石色相间的背景中。空间感令人眼花缭乱，仿佛我们迷失在另一个维度，一个低于或高于真实世界的白色世界。

营地是一个俾路支（baloch）式的帐篷，这是一种用落叶松制作的框架帐篷，可以放在雪橇上，拖在一群驯鹿后面。它有一半被埋在雪堆下面，周围是几个旧帐篷的木框架。这个俾路支式帐篷是这家人的夏季住所，但它显然已经有好几年没被挪动过了。

“它很重，”安娜说，仿佛在为这个家庭的生活不够“游牧”而道歉。这个帐篷需要八头驯鹿才能拖动，“我们现在把它留在原地。”

阿列克谢和米沙用胶合板代替了传统上覆盖帆布和兽皮的落叶松框架，这样更温暖也更稳固，但移动的难度增加了。不过这已经不再重要，因为这个营地已经变得更像是乡村的周末度假小屋。安娜已经不记得上次一家人随季节迁徙是什么时候了。当她还是一个小女孩时，父母夏天住在这里，而她去辛达斯科的学校上学，年纪再大一些之后，她去了哈坦加的一所寄宿学校，放假时乘船或直升机回家。与此同时，一家人会留在苔原上。冬天，他们会和其他许多家庭一起南下，去波皮盖河的林木线，但其他家庭一个接一个地放弃，转而去捕鱼。

俾路支式帐篷的入口处有一个门廊，那里放着冻驯鹿皮、用作柴火的落叶松原木，还有扔在屋顶上的冻鱼。进入帐篷，安娜用落叶松木条点燃铸铁炉子。帐篷里的空间大约是四米乘三米，刚好够我们六个人并排睡。安娜将驯鹿皮铺在地板上，将一块冰放在水壶里烧开，从一个架子上取下收音机和一块汽车电池，然后开始收拾炉火边上一个盒子里的餐具和零碎物品。几分钟之内，俾路支帐篷内就变得温暖舒适，双层玻璃窗内侧的冰开始融化，顺着胶合板内壁滴下来，而我脱下外衣，躺倒在驯鹿皮上，终于一头栽进黑洞般的睡眠里。

我醒来时，看到阿列克谢脱下外衣，坐在火边喝茶，吃炖驯鹿。他的长靴上沾着雪，光秃秃的头上满是汗珠。当米沙去找他们的驯鹿时，他一直在外面干活，劈去年夏天拖到这里的木头，这些木头堆在地上，经过一个冬天完全被冻住了。他用勺子指向我，仿佛在谴责。

“你说森林在往北移动？太棒了！那样我们就有足够的柴火了。”他没有笑。在他年轻的时候，寻找木头是一件严酷的事情。这工作很艰苦，常常需要好几天的路程。多尔干人不只是寻找木柴，他们用落叶松制作帐篷杆、雪橇、俾路支帐篷、船和桨以及其他工具。几乎所有东西都是用木头制成的，除了孩子们的玩具，因为这样会冒犯神灵。玩具通常是用鸭嘴或骨头制成的。木材是很特别的东西。当然，如今所有的玩具都是塑料的。

“那时候树很远！”阿列克谢回忆道，他年轻时经常带着驯鹿迁徙到波皮盖河过冬。那是一段艰苦的生活，但阿列克谢对它充满怀念，导致他的思路有些混乱。如果全球变暖能让生活变得更轻松，他就全力支持全球变暖。但他不希望驯鹿放牧的生活方式走向终点。他喜欢煤炭、汽油、直升机和雪地摩托车节省劳力的好处，但同时拒绝学校、伏特加、市场和智能手机。在某些方面，他是个典型的脾气暴躁的爷爷，一个愤世嫉俗的普通人，同时接受、否认并欢迎全球变暖。在我们这个变化迅速如闪电的碳氢化合物时代，这种混乱或许是一种更广泛的症状？我们才刚刚哀悼了一种生活方式，就被要求哀悼另一种生活方式。

尽管如今几乎没有人迁徙，但放牧仍然是多尔干人语言和文化的关键。和许多转型中的文化一样，生活在世界极北之地的多尔干人沉浸在一种与其源头脱节的文化之中，就像紧紧抓住一棵从根部被砍断的树的树枝。如果不放牧，就没有理由去苔原或者南边的森林。没有理由去关注雪的细微层次，也没有理由去了解如何描述气候的微小变化、植被、物种移动、迹象和信号、语言，以及与灵魂和自然界的对话。出于这个原因，阿列克谢说，他永远不会去捕鱼，但他并不责怪自己的女婿去捕鱼——他眯起眼睛，挤出一个微笑，眼周的深纹皱了起来——只要米沙也放牧驯鹿。阿列克谢是十四个孩子里最小的，他现在七十二岁，家里只剩下他一个老人了。除了安娜，他的孩子们都搬走了。安娜和米沙是辛达斯科的多尔干人驯鹿放牧传统的最后传承人，而阿列克谢努力隐藏自己对他们的希望。

有一段时间，安娜被“进步”的概念所诱惑。她在诺里尔斯克上过教师培训课程，这座小镇是为在泰梅尔半岛另一边的世界最大镍矿工作的八万名工人建造的。它因污染闻名，这种污染已经杀死了周围数百公里的森林。白色的烟雾“像蘑菇一样”悬在城市上空，味道“像烹饪用的煤气”。它充满了口腔，“就像吃粉笔一样”，安娜说。她觉得头疼，很讨厌那里。坐直升机去那里很贵。她不明白这有什么意义。现在，她更喜欢不在办公室工作，而是尽可能多地前往干净、闪闪发光的苔原。她说，这对她的孩子们有好处。

“我们小时候没有电话，父母一直待在苔原上……”她讲起当时的故事：阿列克谢拒绝送孩子们上学，于是苏联政府在苔原上搜寻他们，然后还是把她带到了哈坦加。她的世界观已经重新和父亲保持一致，而他显然对此感到高兴。但就在他们全家开始更加频繁地来到苔原时，他们开始注意到一些变化。他们没有看到温度或植被的巨大变化，但他们注意到了一些小事，注意到了某些东西到来时引发的轻微震动。西伯利亚从全新世的冰冻冬眠中苏醒过来引发的第一批震动，表现为人们看到的一些陌生景象：鸟类、虫子和蝴蝶，以及冰下奇怪的气泡。

晚饭后，塔妮娅刷起了抖音海外版TikTok，耗光她妈妈的智能手机剩下的电量，而安娜则在火边给女儿梳头编辫子。她看起来一直与女儿保持着亲密的关系，时刻关注着季节的流逝。这将是塔妮娅上小学的最后一年。然后她将和她的哥哥姐姐一起，去哈坦加的寄宿学校上学。

“去年春天真的很奇怪，”安娜说，“我们见到了巨大的蝴蝶，是以前从没见过的物种。孩子们都去抓它们。”

雏菊、燕子和蜻蜓都开始出现在苔原上，去年夏天人们在海里游了两个星期的泳。通常夏天只持续几天。浆果的个头正在变大，辛达斯科海湾的海冰在冬季需要更长时间才会冻结。气象站旁边的海岸正在塌陷入海！安娜说，他们还注意到了其他事情：渡鸦开始出现，还有鹤。这两种鸟他们以前从未见过，它们的正常繁殖地在向南远得多的地方。

“她说得没错，”阿列克谢说，“海鸥也来得更早了，大雁和野鸭也是，因为湖不结冰了。还有一种叫‘凯斯塔奇’（kystaatch）的小鸟，这个多尔干语名字的意思是‘在冬天留下’，但它再也不留下了。”

安娜从女儿手里抢过手机，在睡觉前最后一次把她赶到外面。

天空晴朗。雪地上的月光将苔原变成了发光的牛奶之海。塔妮娅裹着她的毛皮衣物，从一个雪堆跳到另一个雪堆，跑向下面冰冻的河流。我朝另一个方向漫步，走向一个小斜坡，在雪地里小便。在我选择的地点，一只岩雷鸟（一种有黑色尾巴和雪白身体的松鸡）从洞穴里蹿出来，咯咯的叫声划破夜空。远处是一片广阔的平地。我循着脚印来到一个深洞，里面有一根被冻住的钢钉。这个洞里的冰是纯冰。我正站在一座湖上。当我拂去积雪，大理石纹状的灰色冰面显现出来。断裂线向下切入黑暗。我们泡茶的水就是从这儿来的。在冰层深处，可以看到被冻住的小气泡，就像漂浮在黑暗中的珍珠一样。后来查看地图，在二维平面上，苔原看起来像一张网，或者一块充满孔洞的瑞士奶酪。在夏季，这里有80%是水面。

“每个苔原水塘都有自己的名字，”当我回到屋里，阿列克谢说道，“那个水塘在多尔干语中称为‘乌楚赫泰’（Uchukhtai）。”这个名字的意思是“沉睡之湖”或“睡梦之湖”。他不知道背后的故事，但每个名字通常都有故事。

这座湖确实在沉睡。底栖层（湖底的有机物）由于寒冷和缺氧而处于蛰伏状态，不发生分解。冰冻的苔原土壤是地球上最大的有机碳储存库之一，这些有机碳是指尚未完全腐烂或者腐烂得很缓慢，以至于被完整地保存下来或者变成化石的生物，如植物和动物。这就是为什么科利亚和科利亚每年夏天都会在泰梅尔半岛的苔原上挖掘猛犸象牙，永久冻土层的融化正在把搜寻史前象牙变成一种类似淘金热的浪潮。

随着温度升高，永久冻土层开始融化，有机物的厌氧分解释放出甲烷。如今，苔原水塘和河口海冰中开始出现甲烷气泡。这些珍珠是沉睡的湖泊正在苏醒的迹象。

米沙带着一阵冰冷的雾气走进帐篷，他的嘴唇冻伤了，眼睛因寒冷而眯起，年轻的脸上皱起眉头。骑着雪地摩托车绕了六个小时的圈子，他还是没找到驯鹿。他看起来很不高兴。阿列克谢看了他一眼，自言自语地咕哝了一句什么。

米沙的失败可能意味着很多事情。剑桥大学的人类学家皮尔斯·维捷布斯克（Piers Vitebsky）写到了附近的游牧民族埃文尼人（Eveny），他们是居住在距这里以东一个时区的苔原上的土著驯鹿牧民。维捷布斯克还写到了他们的“巴亚奈”（bayanay）意识，即人与自然景观的协调，这是一个巨大的共享意识领域，涵盖了生命世界和其中的人类。[11]米沙很少来苔原，他可能一直无法在这里找到归属感。第二天早上，阿列克谢骑着他的雪地摩托车扎进耀眼的雪地，但他也将无功而返。

“捕鱼容易多了！”安娜说道，试图缓和火堆旁的气氛。米沙抬起眉毛，但没有笑。一切都不再简单了。甲烷让冬季捕鱼变得更加复杂，他说。你必须小心，因为气泡会让冰变得脆弱。

“现在危险起来了！”

20世纪70年代，喀拉海、拉普捷夫海和东西伯利亚海只有8月和9月这两个月不结冰。2020年，海冰从4月开始融化，到年底时海水仍未完全结冰。2020年5月18日，一艘名叫“克里斯托夫·德·马尔热里号”（Christophe de Margerie）的俄罗斯船只离开泰梅尔半岛对岸亚马尔半岛上的萨贝塔港（Sabetta），然后右转驶向中国，于6月10日停靠在中国京唐港。这是北方海运航道上有史以来最早的一次航行，近些年来，这条航线仅在7月至11月通航。

西伯利亚大陆架形成了泰梅尔半岛附近的海床，这意味着朝向北极方向的海洋很浅。在上一次冰期将要结束时，这里还是苔原。冰川融化的水淹没了陆地，将所有半分解的土壤和植被困在冰冷的海洋之下，而海洋一年当中大部分时间都处于冰封状态，这就导致海底产生了甲烷水合物，即储存天然气的冰结构。但现在海冰反射层几乎消失了，黑暗的海底吸收的太阳辐射增加了80%之多，令浅水迅速升温，全年保持温暖。海床上的永久冻土层正在融化并释放出水合物，这让石油和天然气公司兴奋不已，也让气候科学家感到恐慌。几年前的夏天，人们在辛达科斯湾建了一个钻井平台，想要开发变得更松软的海底。

这座湖让我想起了我来西伯利亚之前与科·范·惠斯泰登博士（Dr Ko van Huissteden）的一段对话，他是一位举止温和、从容谨慎的荷兰科学家，也是全世界范围内研究永久冻土层的重要权威之一。他告诉我，我们很难测量甲烷的释放量。科学家直到最近才能捕捉到它。欧洲卫星“哨兵”（Sentinel）可以测量大气中的甲烷浓度，但很难弄清楚它来自哪里。一些研究表明，不稳定的海床可能会骤然释放五千亿到五万亿吨甲烷，这相当于数十年的温室气体排放量，从而导致人类无力阻止的气温急剧上升。[12]科对此并不确定，但他强调，这正是问题的关键所在。

在西伯利亚，只有四个陆地监测站试图获取有关永久冻土层释放甲烷和二氧化碳的数据。而且没有针对融化中的海床的永久监测点。

“你至少需要十年的数据才能监测到问题。不然你的基准线是什么？”

大多数欧洲研究人员都聚集在斯瓦尔巴群岛①，因为很难到达西伯利亚。官僚主义令人头疼，他说。

“没人知道正在发生什么！”永久冻土层中储存的温室气体——二氧化碳、甲烷和一氧化二氮——是目前大气中的两倍，如果这些气体同时释放出来，足以以指数级速度加速全球变暖，并切实有效地终结我们所知的地球上的生命。然而，由于缺乏数据，大多数气候模型都没有将永久冻土层考虑在内，尽管根据预计，到21世纪末，

① Svalbard，属于挪威的特罗姆瑟地区。

40%的永久冻土将会消失。

所有这些都让科感到沮丧。对于政府没有在数据采集方面投资，他说："投入这方面的资金少得令人震惊。"对于媒体也一样，他说："广大公众仍然认为气候变化是渐进的。他们没有认识到的事实是，这将是突然发生的，他们也没有认识到这将意味着什么样的气候灾难，以及他们的孩子将承受什么样的痛苦。"其他科学家将永久冻土层中的温室气体称为"隐藏的怪物"。科将西伯利亚称为"睡着的熊"。

在俾路支帐篷里，美丽但突然变得险恶的湖泊的大块闪闪发光的碎片从水壶里伸出来一截，更多透明的冰块正放在挂在炉火上方的桶里解冻。米沙吃着炖肉，阿列克谢读着报纸，手机没了电，于是母女俩玩起了多米诺骨牌，轻声唱着歌，暂时享受着古老的娱乐方式。明天早上，我们将飞过冰冻的苔原，回到人类文明的最后一个前哨——辛达斯科，就像宇航员在虚无的太空中行走后返回空间站一样。

四个月后，也就是2020年6月，创纪录的高温将使辛达斯科的气温有史以来第一次超过30摄氏度。而6月的历史平均气温为10到12摄氏度。该地区的野火规模将是前一年的十倍，而前一年本身就是创纪录的一年。坍塌的永久冻土层将是造成诺里尔斯克油罐破裂的部分原因，这次破裂会导致2.1万吨柴油流入泰梅尔半岛底部的皮亚西纳湖泊和河流水系，从太空中看，这些水系呈现红色，就像贯穿大地的静脉一样。《西伯利亚时报》将报道说，泰梅尔半岛的温度"打破了所有气候纪录，让老人们十分惊讶"，并援引一位官员的话说，虽然积雪通常在7月融化，但“苔原上已经没有一片雪花，白色的野兔在绿色的土地上跳来跳去，看上去很是困惑”。[13]世界各地的科学家都将对北极地区的极端变暖感到惊慌不已。当我打电话给荷兰的科，问他对2020年这个不寻常的夏天发生的事情怎么看时（欧洲的气温达到40摄氏度，西伯利亚的气温也接近这个数字），他会说这是一场灾难，并且说：“沉睡的熊正在苏醒。”

阿里马斯，俄罗斯

72°28'07"N

这一次，当我们沿着河返回诺沃里宾时，我们发现那里的恩加纳桑人大家庭就在家中。从辛达斯科乘坐雪地摩托车沿着逐渐变窄的河口逆流而上，需要走一整天的路程，弧形的蓝色天空下是一大片白茫茫，偶尔被冰面中央的一方灰色帆布俾路支帐篷打破：这是多尔干人的捕鱼营地。黑发科利亚在几个帐篷前停下，想用伏特加换冻鱼，但这些营地都被遗弃了，捕鱼的洞被冻住了，渔网和捕获的鱼保存在河流表面的冰层下。在我们再次看到诺沃里宾的树木之前，天已经黑了，落叶松短而尖的阴影覆盖着世界的边缘，深蓝色的夜空下映衬着它们的黑色剪影。

我们在另一个结冰的木门廊前敲了敲门，然后走了进去，地板上有积雪。一位穿着天鹅绒睡袍和拖鞋、戴着厚厚眼镜的老妇人用困惑的神情看着我们，把我们领进了厨房。她似乎听不懂季马对我们为什么出现在这里的解释，于是让许多盯着我们看的孩子中的一个出去找一位邻居过来。

和我的腰一样粗的巨大蓝色管道沿着房屋内壁延伸。炖锅在后面的一个固体燃料炉上慢慢冒着热气。她让我们在一张木桌旁坐下，倒了几杯泰加茶：里面有柳叶菜和薄荷。

“大不列颠？”通过季马的翻译，她用结结巴巴的法语向我喊道，然后她开始说起俄语，“布什是你们的总统吗，还是那个女人来着？你在莫斯科见过普京了吗？”

她是玛丽亚（Maria）。她指着自己。当我们等待邻居时，玛丽亚的丈夫进来了。

“叶夫斯塔皮（Yevstappi）。”她用手指着丈夫，“贾斯塔（Dzhasta）！”

贾斯塔身材高大，壮硕的肩膀在格子花呢衬衫下也很明显。他的白色短发剪得很短，一双浅色眼睛闪烁着苔原的冰雪光芒。玛丽亚和贾斯塔只是在他们生命的最近十年里住在诺沃里宾的一栋木屋中。前六十年，他们在苔原上或者阿里马斯森林的帐篷里度过。在我看来，诺沃里宾是地球上比较偏远的地方之一，但对于玛丽亚和贾斯塔来说，它始终代表着文明——那里有学校、诊所和政府办公室，他们在那六十年里总是尽可能地避免去那里。

在第二次世界大战之前的岁月，大多数恩加纳桑人从未越过泰梅尔半岛的南部边界哈坦加河。一代又一代人在北纬72°以上的世界之巅生活和死亡，与发生在大陆其他地区的事件隔绝，追求他们的传统生活方式，基本上不受沙皇、哥萨克人、苏联或任何其他人影响。正如苏联人类学家波波夫所描述的那样，他们乘坐落叶松制成的雪橇在苔原上疾驰，伴随季节更替追逐泰梅尔半岛上丰富的野生驯鹿群，这些驯鹿每年都会在半岛上来回南北迁徙。他们所需的一切都在哈坦加河形成的海湾以北。南边有很多令人恐惧的东西。

然而，现代的优先事项颠覆了旧的地理格局。从治理和沟通的角度来看，哈坦加湾并不是边界，而是一条主要的通航快速路，毛皮商人、税务员和被送往古拉格的囚犯都沿着这条快速路同行。当国家在诺沃里宾和辛达斯科这两个游牧民族的季节性渔村建立起来时，多尔干人进行了合作。泰梅尔半岛的恩加纳桑人没有。在随后针对“无远见”村庄的运动中，许多人被强制搬迁，旧的生活方式被终结了。

作为惹麻烦的游牧民族中的成员，贾斯塔的父母曾和族人一起被送往哈坦加以南的一座小镇。但他们逃走了，并尽其所能回到最接近泰梅尔半岛荒野平原的地方，在波波夫造访期间，贾斯塔和玛丽亚在那里出生和长大。他们能找到的最近的官方定居点是诺沃里宾这个多尔干人的渔村。

“我是在这儿出生的，”贾斯塔伸手指向厨房的油毡地板说道，他的语气充满挑衅意味，“发给我的身份证上，写着我出生于1951年。”

贾斯塔用恩加纳桑语和有一半多尔干血统的玛丽亚说话，她把话翻译成多尔干语。多尔干人邻居安娜过来为季马翻译成俄语，然后季马又为我把这些话翻译成英语。一开始，贾斯塔似乎不愿意和我们说话。

“我只是一个野人，一个野蛮人。我知道得不多，我没上过学！”但似乎只要谈及任何关于苔原的迹象，他的记忆就解锁了。

“在苏联之前，所有这一切——”他指的是窗外的世界，“——我们的地盘。泰梅尔！”他满怀感情地说出这个名字。

“它是开放的！你可以打猎！”另一方面，树木是一种控制人的必需品，只是生存所必需而已。他不喜欢树。森林幽暗又封闭。他们每年冬天去阿里马斯，是因为驯鹿喜欢这样。森林更能遮挡风雪，那里有柴火和供驯鹿食用的地衣。恩加纳桑人的历法按照每年的月相周期，将所有日子分成两种“年”，即夏年和冬年，这与多种动物的季节性迁移以及树木的生长周期相一致。他们以此来命名月份——“驼鹿月、无角鹿月、换羽雁月、小雁月”——以及树木的周期。谢苏塞纳基泰达（sjesusena kiteda），即“霜树月”，是公历2月下半月和3月上半月；芬尼替地基泰达（feniptidi kiteda），即“树木变黑月”，指的是树枝上的积雪消失的时间，对应3月下半月和4月上半月，这个月份的到来说明他们很快就该离开树林的庇护了。然后在夏天，就是高地了！鱼，鸟，野兔，驼鹿，驯鹿。如果不是十年前的一次中风，他现在可能还会住在那里，住在一顶查姆（chum）帐篷中，这种帐篷和萨米人的拉沃帐篷很相似。他的十个孩子都是在查姆帐篷中出生的，和他一样。玛丽亚郑重地点点头。

与西欧相比，1917年十月革命后的苏联有一项不同的特征。苏联没有剥夺北方原住民的财产——他们的主要目的不是为了获取土地，苏联的土地已经足够广阔了——它的目标是让土地富有生产力，将原住民纳入共产主义经济体制，同时将他们从原始习俗和过去的封建关系中解放出来。当贾斯塔的父亲返回北方时，他加入了诺沃里宾的国营农场，在苏联的这个地区，国营农场的业务是放牧驯鹿。整个西伯利亚的驯鹿牧民都以“大队”的形式融入苏联经济中，其领导者、放牧路线和领地都是根据他们的传统做法和迁徙路线来安排的，但往往缺少旧方式的灵活性和家庭结构。和苏联体制的其他部分一样，这些“大队”也有生产目标和配额，并对超出生产配额的牧民给予奖励。国营农场的总部设在城镇上，有办公室，是重新规划后的游牧生活与20世纪工业基础设施之间的联系纽带。诺沃里宾是贾斯塔的父亲所领导的大队的总部所在地，贾斯塔后来也担任了这个大队的领导。

他们一家在镇上很有名。他们每年在国营农场的办公室出现一次，其余时间则撤退到苔原和森林中。贾斯塔和他的父亲一样以力气大而出名。他可以一个人抓着驯鹿蹄子举起五十公斤重的驯鹿尸体。他母亲是一位非常顽固的传统主义者，坚持恩加纳桑人对纺织衣物的禁忌，而且只说恩加纳桑语。在诺沃里宾，人们听不懂她说的话。她一辈子都穿驯鹿皮衣服，1990年过世后埋葬在镇上的公墓，她的雪橇和她的三头领队驯鹿作为陪葬品埋在墓旁。贾斯塔是镇上最后一个说恩加纳桑语的人，但奇怪的是，他对自己的文化即将消亡的事实却表现得异常冷静。

“苔原和森林里有很多圣地。如果你经过某个圣地，你必须停下来并做祭祀。但我的孩子们不知道那些地方，因为他们不迁徙。没有人知道那些地方了，以后也不会有人知道，因为我们已经不再放牧了。”

恩加纳桑人的神话世界分为三个层次。落叶松是西伯利亚本土萨满教共有的“世界树”，是连接上、中、下三个世界的女性神灵，被称为“母亲树”。北方、地下以及厚厚的冰层之下是死者的国度，是疾病和灵魂居住的地方。南方是雷神的温暖家园。英雄们生活在上层世界，而风景中引人注目的地方——泰梅尔半岛的溪流、树木、森林、洞穴和岩石——是连接三者的通道。人们应该非常小心，不要冒犯可能生活在这些入口的生物。这些地方是不再有人造访的圣地。

落叶松连接着各个层次。波波夫的民族志著作解释了落叶松的中心地位：

第七天，杜卡德（Dyukhade）抵达天空的最高层。帐篷中央立着一根长杆。这位萨满爬上杆子，从排烟口探出头来。这根杆子象征着在中央拔地而起的落叶松。树顶上住着一位脸上有斑点的神灵……然后他被带到九座湖泊的岸边。其中一座湖的中央有一座岛。岛上有一棵树，是一棵直达天顶的落叶松。它是大地之母的树……然后他听到一个声音：“已经决定，你将得到这棵树树枝上的一面鼓。”

萨满的工作是充当各个层次之间的媒介，确保维持平衡和尊重。他们会用鼓声和歌曲与维持所有生命的生命世界进行交流。每一种有生命的物体，包括人类在内，都有其独特的自传体歌曲，这样的歌曲对于召唤生物或在举行仪式时与生物交流至关重要。贾斯塔记得阿里马斯的萨满，他们的房子和其他帐篷不一样，是用落叶松原木和泥土建造的。还是个孩子的时候，他就被大人教导，不要在他们附近大喊大叫或制造噪声，对于萨满和他们的住所，要绕道而行，并且绝对不能直视。

“您认识科斯捷林（Kosterkin）吗？”我问道。科斯捷林是一位著名的萨满，恩加纳桑人最后的萨满祭司，于20世纪80年代去世。他曾经允许一家爱沙尼亚的电视台拍摄他举行的为期一周的降神会和对恩加纳桑万物有灵论信仰的教导。[14]这是关于恩加纳桑人传统萨满仪式的仅有记录之一。恩加纳桑人的神话世界非常复杂。精神世界和物质世界之间没有区分，每一个植物、岩石、人或动物体内的生命都是一个灵魂，而这个灵魂并不依附在相关生物的物质身体上。每一套灵魂都有一套规范，包括八种规则、习俗、语言和服装。除此之外，气味也至关重要。如果长时间暴露在某种东西的气味中，就可能会吸收这种东西的特质。因此，如果一个人长时间坐在一棵树旁边，可能会让那棵树变成人。但当我提到这位萨满的名字时，贾斯塔生气了。

“我听说过科斯捷林，但从来没见过他。那些东西现在都没了。这些俄罗斯人！”

当我问到传统医学时，我得到了同样不屑一顾的反应。

“我们有最好的兽医和医生。苏联人用直升机把他们带到了苔原上！”

这些长辈的身体里似乎在经历一场战争，这一辈人对年幼时自冰期以来都未曾改变的生活方式还保留着记忆，但他们在成年时期却经历了闪电般的发展和进步，生活变得更加轻松，尽管发展摧毁了很多东西。他们的头脑已经被碳氢化合物思维所占据，必须接受这场浮士德式的交易和自己后代的处境，尽管这可能很痛苦。阿列克谢毫不掩饰自己的困惑，在怀念失去的东西和接受付出的代价之间摇摆不定。而贾斯塔更倔强，他坚持苏联所宣扬的进步故事，尽管这对他继承的传统来说意味着毁灭。

当我问起他的十三个孙子和三个曾孙，并提到他们不会说恩加纳桑语时，贾斯塔耸了耸肩，仿佛在说："那又怎样？"透过卧室的门就可以看到他们，他们是骄傲的阿里马斯林务员的后代，小小的脸庞被电视散发的蓝色光芒照亮，电视里正在播放俄语节目。

贾斯塔的态度让我想起我看过的一篇恩加纳桑文化研究论文，在文章中，汉堡的赫利姆斯基（Helimski）教授将"冰封的恩加纳桑文化"称为保存在永久冻土层中的遗迹，一种在漫长冬季中发展起来的复杂口头文化，重视讲故事、语法精确性和隐喻技巧。赫利姆斯基引用了那些不愿抵抗变革浪潮的老者的话，他们在谈起自己孩子的时候说："与其让他们糟蹋我们的语言，还不如让他们根本不说。"[15]

乍一看，这似乎是一种奇怪的立场，但在他们拒绝妥协的骄傲中有一种东西，既是一种高贵的气质，也是一种看待死亡的不同方式。对于生活在荒野自然那巨大且不可预测的力量之中的原住民来说，死亡是永远存在的。也许，接受死亡是一种自由，它可以让人的心智超越人们仅有的一次生命或单一物种的狭窄视野，让一个人的自我能够与一个宏伟的、包含一切的整体完全融合：我们什么都不是，但我们也无所不是。这是一种令人敬畏且充满挑战的视角。贾斯塔的时间感也是从类似的视角出发的。这种时间感与地质学有关，我们其他人可能很快就会发现这种感觉方式很有帮助。

"你说树正在往北移动？嗯，科学家们有没有说这里以前有森林？”

他们确实说过，尽管在时间范围上还有争议。将贾斯塔的口述历史与地质记录关联起来才有真正的科学价值，尽管我怀疑这样的对话发生的机会渺茫。人类只是地质记录中的一段简短插曲。贾斯塔对过去的人类历史并不怀念。他对自然的严酷法则完全接受，由此产生的那种谦逊是勇敢的，他对挑战的到来早有预料，并毫不妥协地拒绝感情用事。

“全球变暖？跟我的孙子们说吧，到那时我已经死了。”

采访结束后，科利亚和科利亚判定，如果我们想在白天看到阿里马斯的话，我们就必须“早点”出发。

“比如凌晨四点？三点？”我怀着希望问道。

“不，午夜。”

于是，在与安娜和康斯坦丁一起又吃了一顿冻鱼、芥末和辣椒粉后，我们连夜出发，沿着另一条结冰的河流诺瓦亚河（Novaya，哈坦加河的一条支流），向北进入半岛腹地。特雷科尔卡车把我们像拨浪鼓里的豌豆一样抛来抛去，我什么也看不见，什么也感觉不到，除了我身上的擦伤。

九个小时后，我们在月落时抵达。飘浮在靛蓝色天空中的苍白圆月，颜色与下方白雪覆盖的苔原几乎没有什么不同。深色草丛和偶尔出现的孤树标识着地面，提供了一些真实的尺度感。如果没有它们，地面就像是上下起伏的白色波浪，又像白色的撒哈拉沙漠一样，向各个方向延伸，让人迷失方向。我们在这片浩瀚无垠的景观中寻找一片森林。树在哪里？它们应该在这里，科利亚说。

科利亚一手拿着一个用胶带固定着的小型GPS设备，眼睛一直盯着它看，另一只手紧紧握住我们这辆奇怪卡车的方向盘。卡车沿着河道行驶，发出吱吱嘎嘎的噪声，月亮投射出诡异的光芒，我们透过雾蒙蒙的挡风玻璃，看到河岸上积雪的山洼和山脊。然后，突然之间，森林出现在视野中，从苔原中涌出，淹没了下面山谷的洼地和低谷。这很奇怪，因为我们在冰冻的河流上行驶，但我们却在森林上方。但是在2020年2月11日黎明降临之前，在气温只有零下44摄氏度的极北之地，似乎没有什么事情是合乎情理的。我整晚都在卡车车厢里来回翻滚，撞上柴油罐、工具箱、备件和一桶五升装的伏特加，一夜未曾睡上片刻。但现在我完全清醒了，微笑着迎接黎明。旅途中的艰辛都被抛之脑后。我们终于来到了这里。

树木暂时消失在视线之外，然后，驶过河流的另一个转弯处，它们爬上了一条山脊。一排又一排细长的树干高耸在我们上方，映衬在黎明时分泛黄的薄雾前方。只有落叶松。细瘦的树枝和纤巧的针叶让结满冰霜的达乌里落叶松显得脆弱，但这是一种误解。实际上，它们是泰加林中甚至全世界最坚韧的树种。在如此遥远的北方，永久冻土层厚度超过两百米，一年中有九个月的温度都低于冰点，而这是唯一能够在这种极端寒冷环境中生存下来的物种。

我跳到卡车前面，兴奋地看到森林从黎明前的淡蓝色光线中显露出来。几个月来，我一直在阅读关于林木线的内容，梦想着看到它的这个激动人心的时刻。俄罗斯流行音乐继续播放着，而当我们接近目的地时，特雷科尔卡车的摇摆几乎给人一种胜利狂欢的感觉。

金发科利亚不理解前往森林的意义，并多次试图劝我不要绕这趟远路。但现在他也笑了。

森林继续向左延伸，在河流越来越高的南岸陪伴着我们。我们继续向西行驶，直到北岸出现了更多树木，还有一排饱经风雪的小屋、一条晾衣绳、一个带天线的气象站和一个插在地上的结霜金属标牌，上面用俄语写着“阿里马斯：世界上最北的森林”。

金发科利亚伸手去够用作变速杆的扳手，将卡车挂了个空挡，但保持发动机运转。发动机已经连续运转四天了。他关掉手机里整晚都在嗡嗡作响的音乐，靠在座位上，大声呼出一口气。他并没有抱怨，但要穿越无路可循的冰冻苔原，只有一盏简陋的头灯，睡眠时间又少，即使对于他这样经验丰富的人来说，也是一种考验。他把额头贴在方向盘上，离仪表板只有几英寸远，仪表板的浅盆里放着钥匙、电工胶带、安全别针、火柴、打火机、一个U盘、五颗子弹和一个开瓶器。然后他把手伸进驾驶员一侧的车门口袋里，掏出一盒包装破破烂烂的香烟。他点上一支烟，打开车门，一股冰冷的气息涌进车内，然后他转身面向座位上的我，脸上挂着他顽皮的半微笑表情。

“阿里马斯！行吗？行，阿里马斯！”他不会说英语，我也不会说俄语，但我们完全理解彼此。他的意思是：“你现在满意了？”

我们穿上雪地靴，戴上帽子和两副手套，又戴上裹住脑袋的巴拉克拉法帽，穿上保暖夹克，然后从卡车上下来。这是一个复杂的过程。必须先抓住车门，同时踏上特雷科尔卡车的巨大球形橡胶轮胎，然后从一米半的高度跳下，跳到冰冻的河面上。

河岸向科考站方向陡峭上升。雪变成了一种奶油橙色，与渐渐变亮的天空相配，雪地里探出结满冰晶的草，种子穗悬浮在微妙的空气中。冰冻的河流向西蜿蜒而去，留下北岸的这座树木小岛孤零零地矗立着。它是一座森林之岛。大约一万五千六百一十一公顷的树木四面被苔原包围。没有人知道这片森林为什么会在这里幸存下来。最流行的理论是，上一个冰期的威力很大，将地球上的大量水封存在冰里，导致海平面大幅降低，以至于北冰洋海岸向北延伸了数百公里。这让泰梅尔半岛的平原地区遭受不均匀的冰川侵蚀，而阿里马斯成了上一个冰期的遗迹。其他人则认为，这些树是相对较新的物种，利用了适宜的土壤结构，而且正在非常缓慢地向北移动。但它们的生长和死亡都十分缓慢，所以这两种理论都不容易在人类的时间尺度上得到证明。

季马和我嘎吱作响地踩着积雪，穿行在闪闪发光的雪面上。那些小屋都被遗弃了，整个冬天都没有人来过。树木一动不动，没有一丝风声。晾衣绳松弛地挂着。月亮现在已经落到地平线以下，而太阳刚好冒出地平线。雪泛着粉红色的光芒，树上的针叶仿佛着火了。落叶松在冬天会脱落针叶，但很明显，第一次霜冻在树木做好准备之前就来了，脱水的枯死针叶被冰冻在树上。我从其中一棵落叶松旁擦身而过，针叶簌簌地掉在地上。细长的树枝上覆盖着非常细小的毛（毛状体），类似于毛桦的茸毛，这是一层毛皮大衣，可以锁住热量、抵御寒冷。它们像轻木一样容易折断，因为小枝里本就没有什么水分。这就是落叶松在冬天成为如此优良的木柴的原因，也是它们能够在这样的温度下生存的原因：它们进化出了一种机制，可以避免在树的活细胞内形成致命的冰晶。

首屈一指的阿里马斯落叶松专家，也就是前面提到的娜杰日达的朋友亚历山大·邦达列夫，很嫉妒我们在冬天造访森林。和大多数其他科学家一样，他只在夏天做研究。“我的树！它们会记得我的！向它们问好！”他在电话里催促我。他对达乌里落叶松的热情是罕见的，这种热情源于二十年来对它们的不断了解。“这是一种非常聪明的树。比你聪明！”

达乌里落叶松是自然界的奇迹。随着冬天的临近，这种树开始从木质部（树干中的毛细血管）抽出水分，将水分输送到树皮和树木活细胞之外的所有其他空间。这使得细胞的细胞质膜收缩，而冰会在细胞外面形成，不会伤害细胞。当气温降至零下五六摄氏度时，树干内的温度保持在0摄氏度，因为树木的冷却速度较慢。细胞内的液体与细胞外的冰之间的温度梯度令水得以发生玻璃化——水在不变成冰的情况下凝固。如果将一棵树放进液氮，就会发生这种情况：超低温使水变成像玻璃而不像冰的东西。冰由晶体组成，会割破细胞，产生冻伤症状。而玻璃化的水则是光滑而坚实的。这种缓慢冷却让水可以从活细胞中排出。与此同时，许多其他变化也在发生。树木在其细胞中注入脱落酸，这增加了细胞膜对水的渗透性，使它们能够“渗漏”。糖和蛋白质在低温下转变为解聚糖，与冰冻的水结合，从而防止树木脱水。随着天气变得更冷，落叶松会产生叶绿体脂质来沉积脂肪，并增强其细胞壁的可塑性，从而进一步降低含水量。隆冬时节，一棵冬眠的落叶松体内水分极少，以至于我们无法判断它是死是活。

正是这种以水和冰的形式管理水分的能力，令落叶松能够在西伯利亚这片极寒荒漠中生长。在冬天，它们的树根可能会被冻得很硬，但即使是照射在树枝末端的一日短暂冬季阳光，也能激活根部，将水分从铁一样坚硬的地面向上吸收到树枝和针叶中。在低温下，水分稀缺，但冰——以永久冻土的形式存在——却很丰富。达乌里落叶松非常喜欢寒冷，以至于研究人员相信它是与永久冻土层的扩散共同进化而来的。毫不奇怪，这片冻土森林，也就是北方泰加林的冰冻森林，应该由最热爱冰的物种主导。

在科考站的零星几座建筑之外，金发科利亚正在检查一扇被撞坏的门上的爪痕，显然是狼獾所为。树木长得发育不良且稀疏，在齐膝深的雪中停滞不前。我将目光从冉冉升起的太阳上移开，望向出现在黎明中的苔原，那是森林世界美丽动人、令人难忘、清新舒爽的边缘。这是一条突然出现的林木线。在黎明的长长阴影下，这些树就像被逮捕的人影，三三两两地游荡，最后是几百米外几个孤独的异类，形单影只、脚步蹒跚地在苔原上向极点的方向前行。然后，当太阳爬到森林树冠之上的时候，它似乎要把落叶松的纤细短枝点燃，突然间，淡紫色的雪地上闪烁着橙色和红色的火焰，映衬在最柔和的粉蓝色天空下。

在清晨光线下，树木的分布模式似乎显示，泰加林的先驱者正在向北冰洋迈进，派出侦察兵前去勘察地形，但是与亚历山大的交谈让我有了一种新的视角来看待这部分林木线和阿里马斯森林。

亚历山大于1995年开始研究阿里马斯的树，但五六年后被派往西伯利亚的另一个地区，领导在阿尔泰山脉开展的保育工作。2019年，当他在将近二十年后回来时，发现心爱的落叶松既没有移动，也没有生长。

“这在我看来很奇怪。”亚历山大说。

树干直径的最大增量是两毫米，而他钻孔取芯来清点年轮的大部分树木，甚至连这个数字都没有达到。这些树和多年前一样高，这片风景也和从前一模一样。

亚历山大的发现与所有林木线推进模型相矛盾，颠覆了我开始研究时所设想的森林向北跃进的印象，以及仅仅基于温度的简单化模型所预测的前景。剑桥大学领导的一项研究整理了过去二十年关于林木线的所有研究，他们发表于2020年的研究结果表明，情况是复杂的，[16]物种在不同生态系统中有不同的反应。而且亚历山大的观察结果与另外两份来自西伯利亚西部和阿拉斯加东部的报告相吻合。这些地方的林木线看起来很稳定，甚至在后退。树木不是简单的机器，不会仅仅因为天气变暖就通过光合作用吸收更多二氧化碳并生长得更快。落叶松的适应性DNA很可能在调节另一种反应。在这种极端环境中，树木的生存不是由生长、大小或结实量决定的，而是由策略思维决定的。正如亚历山大所说，这是一种非常聪明的树。

目前，从阿里马斯落叶松紧密排列的年轮上，我们还看不出明显变暖的迹象。冬天越来越暖和，夏天的平均气温也在缓慢上升，不过直到最近，从海洋上空吹来的风仍然使夏季气温保持较低水平。但是，即使可以用其他因素来解释林木线的按兵不动，例如土壤质量差、缺乏可用养分，或者菌根真菌数量不足以支持树木数量的增加，亚历山大仍然预计森林中会出现更多的植被覆盖和更多物种演替。可事实并非如此，林下植被仍然和二十年前一样，而且枯木很少。亚历山大将这归因于贾斯塔的游牧大队。直到1979年这片森林被列为国家保护区后，这个大队才被禁止进入和砍伐。

“他们是优秀的护林员！”

但是林下植被仍然异常稀疏。

“这令人费解。阿里马斯是一座非常有趣的森林。”他说。

这里的森林是开阔的。要不是雪深及膝盖拖得我走不动，我完全可以在这片低矮的矮曲林树木中轻松漫步。它不是传统意义上林冠封闭的树林——不同树木的枝条相互不接触。但它在另一端是闭合的：地下。树木之间的距离由它们的根决定，这些根系分布在永久冻土层上方非常浅的活跃土壤层中，厚度只有大约三十厘米，每年夏季有大约一百天的融化时期。周围的土壤只有这么多，而落叶松似乎阻止了其他灌木在这些树木之间立足。通过研究这一策略，亚历山大对阿里马斯的独特性质有了另一个发现。

在泰加林中更靠南的地方，其他种类的落叶松的根系相对有限，而地面以上的植物生物量（活细胞）更多。但在阿里马斯森林，植物的植物生物量有几乎一半在地下，另一半在地上。覆盖着雪的地面在冬天可以起到保暖和防风的作用，因此树的大部分都位于地下。这样的话，树还更接近永久冻土层——营养和水分的来源。在研究这种奇怪的地下树木的邻里关系时，亚历山大注意到，在由未分解的针叶和地衣组成的苔藓植被层下，阿里马斯的落叶松正在无性繁殖——不需要授粉。树根在长出萌蘖，地上的新枝与现有树木的根部和树桩相连。所有的树似乎都在协同运作。

此外，亚历山大指出，这里所有成年树木似乎都有一个共同的高度限制：五米。无论树龄大小，这里没有一棵落叶松超过这个高度。在更南边的落叶松森林中，混合的株高和林分是常态。如果你俯瞰一棵落叶松，会发现它有一种螺旋状特征，不同高度的树枝沿着树干向下呈螺旋状向外辐射。这使得树枝能够接受尽可能多的光照，而不遮挡其他树枝。我们还不确定其原因，但似乎在阿里马斯森林中，树木的高度以及它们之间空间的均匀分布，让低角度照射的光也能以最大的量穿透森林，抵达每一棵树。当树梢在冰冻的针叶上捕捉到粉红色黎明的碎片时，树木风景的图形表明某种集体智慧正在发挥作用。这里的森林经历了很长时间才形成，并以独特的方式适应生存条件，发展出一种应对这里极端环境的系统。这种有智慧的分布式有机体谨慎对待任何突然的举动，似乎是完全合理的。

2020年西伯利亚的气温异常令人恐惧：比全球平均水平高出四倍，是全世界最高的。在这一年，北纬75° 以上的整个北极的变暖速度甚至更快，是全球平均水平的六倍。[17]但变暖的起点如此之低，以至于很难被注意到。今天的气温是零下44摄氏度，正好位于2月零下40摄氏度到零下60摄氏度的正常范围内，但是，正如多尔干人和其他每天生活在户外的人都清楚的那样，如今气温低于零下40摄氏度的情况很少见。大片的土地和水域需要很长时间才能升温。气候崩溃的前沿首先出现在对天气模式波动高度敏感的沿海地区，比如挪威，或者我们接下来将要看到的阿拉斯加，但在西伯利亚的严寒中，一切发生的速度都要慢得多。

因此，就像我的翻译季马一样，人们很容易相信全球变暖是一个骗局，目的是在经济上削弱碳氢化合物燃料丰富的俄罗斯，这里有句俗话：“石油是我们的父亲，天然气是我们的母亲！”

“格雷塔①，她只是个傀儡，有人在后面操纵她，对吧？”

今天早上，原始景色中没有任何值得警惕的地方。黎明时分完全寂静无声。雪地的细腻结壳表面散布着细丝般的活动痕迹。这里的风每天晚上都把舞台擦得干干净净，在雪上留痕的是今天这个早晨的新鲜戏剧。一只北极兔在挖掘冰冻的浆果，雪地上溅落的红色汁液就像鲜红的斑斑血迹。它大步向河边跑去，因为其他动物出现了：几只北极狐、雷鸟和一头狼。狼的脚印又大又稳。长长的脚趾几乎和我的手掌一样大，将雪压进去一英寸（2.54厘米）深。它并不匆忙。不久之前，包括各种动物在内，整个森林的生命就在这里。它们一定就在附近，藏在树林里看着我们。粗矮的落叶松行列并不是被动的。这是一座布满耳目的森林。我感觉自己像是闯入了一个私人世界：粉红色的雪、一动不动的树、可怜的人造棚屋似乎都成了次要之物。

“泰加林强大而不可战胜，”契诃夫写道，“‘人是自然的统治者’这句话在这里听起来是如此不自信和虚假。”[18]

几个小时后，当特雷科尔卡车沿着河流向下游行驶时，天空正在变成橙色，这个短暂冬日即将结束。再次靠近哈坦加，从发电站

---

① 指格雷塔·通贝里，瑞典气候行动家，被称为“瑞典环保少女”。

冒出的滚滚浓烟在高空被照亮，其金色和紫色条纹指示出逆温的高度，在天空中画出半英里（约八百米）高的线条。一见到这种熟悉的污染，金发科利亚就兴奋起来，打开窗户，点燃了一支香烟。

“欢迎来到我美丽的现代城市！”他哈哈大笑地说。

季马对阿里马斯的树木没有移动感到得意，仿佛这证明了我关于气候变化的说法确实是阴谋论。

“你看！”

我已经懒得再试图说服他了，所以我只是笑了笑。然而第二天，当我们将这次旅程中的最后一次拜访安排给亚历山大·邦达列夫的朋友，并在泰梅尔国家公园设在哈卡坦的办公室里与他见面时，季马却安静得不同寻常。树木的变化速度可能很慢，但还有其他变暖的信号，一些别的物种移动得更快，它们长了腿或翅膀。

在一间暖气效果不佳、楼下的房间摆满了自然历史展品的办公室里，我们见到了阿纳托利·加夫里洛夫（Anatoly Gavrilov）。在政府“优化”成本并将泰梅尔国家公园的科学家人数从六十七人减少到十三人、十一人，再到一人之后，他是仅剩的任职科学家。对阿纳托利的选择很能说明问题。他是一位鸟类学家。

作为最北端的大陆陆地，泰梅尔半岛位于地球上主要的八条候鸟迁徙路线中五条路线的顶点。在澳大利亚、非洲西部和南部、英国、地中海地区、印度、中国和中亚地区过冬的鸟类，都会来到这个世界最北端繁殖。北方地区是五十亿只鸟类的家园，而泰梅尔半岛是世界上鸟类物种最集中的地区。每年夏天，阿纳托利都会去我们拜访过的阿里马斯森林（也是他结识邦达列夫的地方）中的木屋里待上六十天，在森林和苔原上搜寻鸟类。每年他都会记录数十种自己以前从未见过的新物种。他桌子上有一根渡鸦的羽毛，这种鸟是泰梅尔半岛的新来者。但这也已经是旧闻了。在过去的几年里，他目睹了许多比这更令人惊讶的东西。越来越多的南方物种出现在阿里马斯北部的森林和苔原中。

“森林变得越来越拥挤了！”新的禾草物种带来了新的昆虫，而昆虫又带来了新的鸟类。例如来自中国的热带物种，来自大西洋的新种类的海鸥。他看到的最令人震惊的物种是戴胜，它属于地中海和黑海的温带森林。

“我简直不敢相信！我从来没想过能看见戴胜。”

这些树可能是静止的，但森林的其他部分正在向北移动。当季马不得不过来打断我们时——我们的飞机就快起飞了，阿纳托利还在拿出地图，寻找物种的英文翻译。看到我们要走，阿纳托利看上去真的很舍不得，就好像他不会再有多少专业访客一样。很少有人在意他传达的信息：鸟儿在警告我们。

“我是这沙漠中孤独的声音！在俄罗斯，人们有一种奇怪的想法，总是认为自己的行动对世界没什么影响。”

季马翻译了他的最后一句话，然后羞愧地移开了视线。在机场，他想知道：“那么情况到底有多严重？”我解释说，我们真的不知道。

“我应该搬到哪儿去？”

“和那些鸟的方向一样——向北。”

飞机延误了，我们被困在机场大楼冰冷的铁皮盒子里，一条屁股上冻着粪便的狗围着我们转个不停。我感到一阵恶心，但不只是因为气味。机场就像恩加纳桑人眼中世界之间的门户，在这里，我们脆弱的生命所面临的意外事件和种种威胁显而易见：未来的许多分支都有可能发生。德米特里的问题和我的回答，让我们所目睹的事实的分量，成为个人在生活中特别关注的问题。那不是一个我们可以在远处观察的过程。当我们回到家时，我们并不安全。我感到四肢轻飘飘的，胸口发紧，这让我想起之前在战区工作时的感觉。当火箭从头顶呼啸而过或者交火地点离得太近，当检查站的民兵举手示意时，我也有同样的感觉。我的直觉告诉我要跑，但是能往哪里跑呢？

切尔斯基，俄罗斯

68°44'23"N

2018年夏天，标新立异的地球科学家谢尔盖·齐莫夫（Sergei Zimov）在科学界引起了一场震动。他头戴贝雷帽，留着大胡子，还抽烟，看上去更像巴黎左岸哲学家，而不是物理学家。《国家地理》杂志刊登了一张照片，照片中的谢尔盖微笑着操纵气动钻，在西伯利亚东北角切尔斯基的研究站钻探永久冻土层。[19]切尔斯基位于林木线上，地处连续的永久冻土带，坐落在泰梅尔半岛以东，相差四个时区。在这里，著名的含黄金的科雷马河——古拉格的堡垒之一，也是西伯利亚最东端的大河——注入海洋，形成一座广阔平坦的三角洲，上面有苔原、永久冻土层和少量树木植被。这里与堪察加半岛和新西兰处于同一经度，再向东一个时区就会到达白令海峡。

谢尔盖本就以其独特的研究方法闻名，但令人震惊的并不是钻探本身，而是他的发现。在钻透一米左右的坚实地面之后，下面的土壤是泥浆，正如他预测的那样：永久冻土层正在从下面和上面同时融化。在此之前，几乎每个人都认为，随着升高的气温令表面活跃的未冰冻土壤层加厚，永久冻土层会从上面逐渐融化。但谢尔盖的发现指出了一个不同的未来：永久冻土层迅速崩塌。这意味着任何以永久冻土层为基础的生态系统都面临着危急情况，更不用说无法量化的甲烷和碳排放了。

达乌里落叶松不喜欢弄湿脚趾。它将树根水平地伸入永久冻土层顶部的浅层土壤中，从下面吸收水分。当活跃土壤层（顶部三十到一百厘米）在夏季融化八十天左右时，它能在短时间内忍受潮湿，但落叶松的根部活动需要氧气，长期涝渍会导致树木死亡。另外，由于冰冻过程在土壤结构中打开的气穴，冰带来了生机。在泰梅尔半岛的深层冰冻中，永久冻土完好无损，落叶松也稳定生长，但是在西伯利亚的遥远东部，太平洋暖流进入北极海盆并带来更温暖的环流模式的地方，从泰梅尔半岛一路延伸到拉普捷夫海，穿过勒拿河、亚纳河、科雷马河和因迪吉尔卡河的林木线，实际上正在后撤。

在永久冻土层发生融化的一些地方，水分流失，土地塌陷，留下巨大的落水洞，这是西伯利亚如今的常见景象，有些较大的落水洞看起来就像巨大的陨石形成的陨石坑。然而，在地势低洼的地区，水无处可去，于是地下水位上升。苏卡乔夫研究所的科学家发现，1.5 米或更高的地下水位对落叶松来说是致命的。土壤中的涝渍积水会“淹死”这种树。如果没有永久冻土层，落叶松就会变得脆弱，在生存竞争中处于劣势。科雷马河沿岸的永久冻土融化最为明显，柳树、杨树和桦树正在获得优势。

谢尔盖·齐莫夫的儿子尼基塔（Nikita）现在负责管理东北科研站（North East Science Station）。尼基塔答应过我，夏天晚些时候带我坐船去亲眼看看融化的情况，并与其他科学家一起测量永久冻土的甲烷和碳排放量，以及河流注入海洋的有机碳的量。齐莫夫父子的研究机构是荷兰永久冻土层专家科博士提到的试图量化甲烷排放的四家机构之一。但由于新冠疫情大流行，俄罗斯现在已经暂停了所有航班，而且就算不考虑这一点，切尔斯基的机场也已经停运了——森林大火让这里被烟雾笼罩。所以当我最终见到尼基塔时，是在屏幕上。

“落叶松？我讨厌落叶松！这下你找错人了，”尼基塔大笑着说，“它很适合放进炉子里当柴火。”

尼基塔和谢尔盖对拯救森林什么的根本不关心，他们关心的是永久冻土层。而且奇怪的是，放缓冻土融化速度并且或许能够保护一部分泰加林的最佳方法，似乎就是砍掉一些树。

在谢尔盖和他的同事于20世纪70年代建造的研究机构中，尼基塔在他那间木板饰面办公室里，一边和我说话，一边坐在一张宽大的皮革靠背椅子上转来转去。他身后的墙上挂着一个野牛头骨，牛角完好无损，而斜靠在门框上的是一根巨大的猛犸象牙，比他还高。他戴着一顶印有“佛罗里达州”字样的棒球帽，帽子下面露出一圈淡棕色的头发，身穿一件红色耐克T恤。现在是2020年6月，西伯利亚野火成为世界各地的头条新闻，尼基塔在附近山上拍摄的视频显示，大火正在地平线上肆虐，在城镇上空形成一条连绵不断的烟雾带，遮盖了北极夏季全天二十四小时的阳光。尼基塔独自待在科研站，他的妻子和几个女儿住在“大陆”——西伯利亚南部的新西伯利亚市（Novosibirsk），他的父亲住在莫斯科附近。必须有人负责大气测量和长期运行的实验，这个科研站是他们在后苏联时代的俄罗斯的家族事业。每年这个时候，通常都会有数十名科学家来访。

尼基塔出生于1982年，在研究站里的来自世界各地的科学家的陪伴下长大。他童年时的冬天比现在冷，河口的冰总是在6月1日至10日碎裂并被冲进大海。2020年这个时间点迎来了新纪录：5月24日。在苏联时代，科学家是精英阶层。设立在切尔斯基的职位令人艳羡，报酬丰厚，而且镇上的学校也很好。但在20世纪90年代苏联解体之后，情况开始走下坡路，尼基塔是在科研站里完成的学业，并由他父亲一位同事的妻子教授化学。他获得了新西伯利亚一所大学的奖学金，去那里学习数学，但并不喜欢这个专业。“那所大学细分了二十七个数学领域，而二十六个就已经太多了。”

他发现自己可以用数学模型来研究生态系统和环境变化，在父亲的劝说下，他回归家族事业。二十年后，他仍然在这里，继续着谢尔盖的愿景和科学议程，不过他怀疑自己的女儿们是否愿意延续这一传统。

1977年，谢尔盖·齐莫夫从符拉迪沃斯托克的远东大学出发，在切尔斯基建立了东北科研站。尼基塔说，他北上是为了亲近自然、逃避官僚机构，也是为了放纵自己对打猎的热情。“只是当他意识到切尔斯基不是一个打猎的好地方时，已经太晚了。”

在2006年《科学》杂志的一篇文章中，谢尔盖·齐莫夫是世界上最早对西伯利亚冰冻的叶多马土（Yedoma）中储存的碳和甲烷数量，以及这些土壤对变暖的敏感性提出警告的科学家之一。[20]叶多马土是含有部分分解土壤的永久冻土：森林的枯枝落叶由于缺乏温暖和真菌将其分解，腐烂速度非常缓慢，或者根本不腐烂。叶多马土的碳含量是雨林地面土壤的五倍。而永久冻土层的覆盖面积远远超过雨林。在开始退化之前，永久冻土层覆盖了地球四分之一的陆地面积，其中一半以上位于西伯利亚，而且它的融化速度比模型预测的要快得多。[21]在这里，树木的重要性不仅在于它们产生的氧气和它们封存的碳排放，更在于它们在减缓或加快永久冻土层融化方面所发挥的作用。

谢尔盖因其大胆的实践性实验而闻名，例如用推土机清除一英亩永久冻土层上的活跃土壤层，看看它会如何融解。十年后，那块地如今变成了一个坑，里面有许多巨大的泥柱，这些就是水和土壤融化后剩下的所有东西。他还提出了一些关于北方森林中的落叶松的激进观点，这些观点一开始被认为是有争议的，但现在已经成为主流。

基于苏卡乔夫将近一百年前的见解，谢尔盖提出，两千万年前发生了一场生态革命。高大的植物，也就是如今树木的祖先，学会了通过产生毒素来保护自己免受啃食。与此同时，草与食草动物形成了同盟。所有食草动物都依赖草，而草进化得依赖食草动物来获取肥料和繁殖——种子的传播和萌发。这种三角生态系统（森林、草和食草动物）的生产力很高，并且持续了数百万年。地质证据表明，一万五千年前，西伯利亚的树木数量是现在的十分之一。非洲塞伦盖蒂（Serengeti）这一地区的经验，以及欧洲的其他生物多样性实验——在荷兰的奥斯特瓦尔德斯普拉森（Oostvaardersplassen）和英国的克奈普庄园（Knepp Estate）开展的实验——似乎都表明，树冠封闭的森林往往并不是植物群落演替达到平衡的顶级生态系统；相反，是巨型动物（大象、猛犸象、驼鹿、麋鹿和欧洲野牛）的啃食创造了林地和草原混合的格局。齐莫夫提出，泰加林实际上曾经是稀树草原。后来，一种名为智人的超级捕食者出现了，它消灭了食物链中的许多食草动物，比如猛犸象、野牛、驼鹿、马等。缺少了它们，草竞争不过灌木和树木，尤其是落叶松，这种树的进化非常成功，能够在永久冻土层上茁壮成长。这是一个有趣的理论：看似永恒的落叶松泰加林实际上是地质学上的新贵，落叶松竟然是由人类活动释放的一种“杂草”。

“人们将泰加林视为野生生态系统，但在第一批人类到来之前，这里的树木非常稀有。落叶松是一种派不上用场的生态系统。没有人吃落叶松，只有啮齿类动物吃它的种子。”尼基塔说。

后续研究证实了苏卡乔夫关于泰加林还很年轻的见解，以及谢尔盖关于过去发生的事情的更宏大的理论。自上一次间冰期结束以来，冻土落叶松森林在与永久冻土的“对话”中不断演化，将其水平根系伸入冰冻土层上方的活跃土壤层中。这种森林向北扩张，形成了从其南边两千英里（约三千两百公里）的俄罗斯与中国的边境处一直到北方林木线的单一物种森林。谢尔盖和尼基塔认为，这是一种危险又脆弱的局面。

由于有落叶松在上面，永久冻土层更容易受到气候变暖的影响，因为落叶松会截留积雪。尼基塔延续了从自己小时候起谢尔盖就开始做的工作，在空间站保留着每天的气温记录。从尼基塔出生到现在，永久冻土层的温度从零下6摄氏度上升到了零下3摄氏度。与此同时，平均气温从零下11摄氏度上升到了零下8摄氏度。

“这3摄氏度的土壤升温是雪造成的。”尼基塔解释道。由于积雪覆盖，冬天的寒冷无法渗透到土壤中。

谢尔盖相信，稀树草原上消失的这些动物会踩踏积雪，脚印直达草地，或者将积雪完全扫去，从而大大降低其隔热性能，让冷空气能够冷却土壤。正如我在挪威芬马克郡看到的那样，如果没有树的话，风会做同样的事情。谢尔盖推测，森林下的永久冻土层比稀树草原下的永久冻土层高几度。他只是需要一种方法来验证。因此，1988年，他从俄罗斯政府那里获得了六十二平方英里（约一百六十平方公里）的低矮灌丛状森林－苔原林木线，在切尔斯基城外建立了一个实验性质的野生动物园：更新世公园（Pleistocene Park）。

这座公园里有六种大型食草动物（马、麋鹿、驯鹿、麝牛、驼鹿和野牛），以复制更新世稀树草原兽群的食草活动，并证明将泰加林重新变为苔原－干草原是减缓永久冻土带融化的最佳方法，从而为人类赢得更多时间，避免灾难性的全球变暖。正如谢尔盖所料，这些动物摧毁了灌木、苔藓和幼苗，促进更多的草生长，数据显示，这个公园的土壤确实比森林低2摄氏度。而2摄氏度就可以产生巨大的影响。

2018年，也就是谢尔盖用气动钻做实验的那一年，活跃土壤层根本没有重新冻结。2019年，它又冻上了，但还是千钧一发。

“这对我们的地区影响深远。很快就会出现突然的大规模永久冻土层退化，这就……怎么说呢？不是很妙。”尼基塔轻笑道。

西伯利亚的所有城镇、道路和管道都建在永久冻土层上，而且它们已经开始坍塌。目前人们在西伯利亚的生活方式在将来无法维持，需要建造全新的基础设施。泥石流将房屋和大片土地冲入河流。河流中融化的泥土正在改变水文，影响水生生物。鱼类停止洄游。当地的白身鱼几乎从科雷马河消失了，而海豹却大量出现。发生变化的不仅仅是河流中的生命。与十年前相比，西伯利亚的河流注入海洋的水量增加了15%，而且这一数字还在逐年增加。这似乎正在改变北冰洋的盐度，并可能反过来影响北极泵。北极泵是一种水循环过程，指的是咸水沉入海底，导致深层海水与海底的营养物质混合，然后再次上升到海洋表面，为浮游植物提供养分。这种初级生产过程是海洋食物链的基础，营养物质在此过程中转化为植物和动物物质。这种对浮游生物生长的刺激，也是北冰洋入口点——白令海峡和巴伦支海——成为地球上最富饶的海洋动物和鸟类觅食地的原因。

尼基塔还继承了他父亲对他们的研究结论的愤懑态度。“从个人角度来看，我不会为现代生活的终结而哭泣，但如果鱼类没有了，那将是一种耻辱。”

这个科研站建在从前的一个采石场上，这充分说明了他父亲的远见卓识。尼基塔不会有事的。

“但是如果当地小镇从我的窗前滑过，那就太悲哀了。”

谢尔盖预测人类文明很快就会崩溃，因为他不知道气候变暖将如何停止。

“但我认为他并没有因此而沮丧，”尼基塔说，“他希望尽快得到结果，来证明自己的假设。他是个科学家！”

但是与他们表面上的厌世情绪相反，齐莫夫父子并不犬儒，他们没有放弃。尼基塔计划在今年晚些时候和一个法国电视台的摄制组一起租一艘船，前往白令海峡的弗兰格尔岛，一座偏远的野生动物天堂，为更新世公园搜集麝牛。谢尔盖在莫斯科，他正在那里建立一个名叫“荒野田野”（Wild Field）的旅游景点，试图用它教育人们，改变人们的态度。尽管齐莫夫父子在科学上取得了成功，但这座公园的例子还没有引发大规模的应急方案，以复制其降温效果。尼基塔对此并不感到意外：“如果在政府拥有一切的俄罗斯都很难做到这一点，那么在其他国家肯定会很复杂！”

为了应对全球变暖而砍伐数百万英亩的森林，并以草地取而代之，这是一种如此违背直觉的解决方案。在一个努力遏止森林砍伐和种植更多树木的世界里，它很难争取到支持。

尽管如此，我们仍然迫切需要这些疯狂想法的挑战，以把握当下的危险和可能性：我们参与创造了当下的环境，这意味着我们可以让它恢复原状，或者重新创造它。齐莫夫父子的研究表明，人类和落叶松一样，也是推动泰加林生态演替的关键物种，而且可能更关键。就像对于苏格兰或恩加纳桑人的记忆一样，我们必须学会用古老的眼睛来看待和观察。在我们长大的过程中伴随我们，并在短短几代人的时间里被当作理所当然的风景，根本不是永恒的，而是一个由人类塑造的时刻，它出现在一个被气体包围、在太空中旋转的岩石球体上，出现在由蓝色海洋、白色冰层和绿色森林构成的颜色不断变化的动态景观中。

第四章　前沿地区

The Frontier

白云杉（White spruce，拉丁学名 *Picea glauca*）

黑云杉（Black spruce，拉丁学名 *Picea mariana*）

费尔班克斯，阿拉斯加

64°50'37"N

将俄罗斯与阿拉斯加分开的，只有五十英里（约八十二公里）宽的浅水区。在两万年前的上一次冰川极盛期，地球上的大部分水被锁在冰川中，海平面比现在低一百米，白令海峡是一片干旱的陆地。在地质学上，阿拉斯加和育空地区（Yukon）被称为东白令陆桥——本质上被认为是西伯利亚东部的延伸。当这座陆桥保持完整时，植物、动物和人类可以在苔原-干草原生态系统中自由迁徙，该生态系统以草和蒿属植物为主导，有零星分布的杨树林。当冰层从亚欧大陆撤退时，包括早期人类在内的数百个物种穿过这些低地，自西向东迁徙，进入阿拉斯加和育空地区这条死胡同。布鲁克斯山脉、阿拉斯加南部山脉和加拿大落基山脉的冰川停止了向内陆的进一步移动，使阿拉斯加和育空地区如今成为北极苔原带生物多样性最丰富的地区之一，拥有超过六百个物种，而泰梅尔半岛只有一百一十八个。

当气候变暖，海水切断了连接太平洋和北冰洋的陆桥时，地球的生态历史就被永远改变了。几十个物种在白令海峡两边都有分布。就像双胞胎一样，这两个独立的生态系统具有许多共同特征，但在气候变暖的情况下，只需要一两个物种的差异，就可以导致生态系统朝着截然不同的方向演化。阿拉斯加有两个西伯利亚东北部没有的关键物种：云杉和河狸。

阿拉斯加似乎证明了齐莫夫父子的理论是对的。他们认为泰加林的落叶松森林在地质学上是一种年轻的事物，很可能是对人类消灭巨型动物的反应，他们的这一理论得到了海水另一边没有落叶松的支持，因为在海洋贯穿白令海峡后，这些落叶松肯定来自更南边的地方。阿拉斯加一侧的森林没有一棵落叶松，而以云杉（spruce，包括白云杉和黑云杉）为主导物种，它们的起源似乎也在更靠南的地方，说明这里的森林与内陆地区有联系。

云杉是一种耐寒的针叶树，有坚韧的蜡质针叶、高大的尖顶树冠、短侧枝和浅根系，其根系可以从最贫瘠的土地中吸收水分，也可以忍耐沼泽的涝渍条件，是地球上最厉害的生存高手。自白垩纪以来，云杉属（*Picea*）经历了极热、极冷，以及从贫氧到富含二氧化碳的广泛大气环境。它似乎在落基山脉的残遗种保护区度过了上一次冰期，并随着地球变暖而向北扩散。

在西伯利亚和阿拉斯加，云杉和落叶松都没有到达北冰洋岸边。就目前而言，大量海冰令地面和天气一直都十分寒冷。7月夏季平均气温10摄氏度等温线位于白令海峡以南很远的地方，在北太平洋上画出一个很宽的扇形，这条线曾经是冬季海冰的界线。海冰使沿海平原保持凉爽，树木的生长受到抑制，尤其是在俄罗斯一侧，亲潮（Oyashio Current）从北冰洋向南流动，为海岸降温，并使符拉迪沃斯托克成为冬季需要破冰船的最南端港口。正因如此，在俄罗斯最东部地区——像箭头一样指向阿拉斯加的楚科奇半岛——的腹地，林木线才会向南转了一个九十度的弯，沿着手指形状的堪察加半岛的内侧在鄂霍次克海的海边延伸。气候崩溃并没有令俄罗斯一侧的苔原变窄。相反，正如我们所看到的那样，土壤的涝渍使落叶松后撤。但是在白令海的另一边，情况就不一样了。

阿拉斯加的林木线由黑云杉和白云杉混合而成，一种云杉喜欢排水良好的干燥土壤（白云杉），另一种则喜欢山谷底部的涝渍沼泽（黑云杉）。这种广阔的生态位给云杉提供了相当大的适应空间。这对云杉“二重奏”沿着育空河三角洲向北扩张，穿过苏厄德半岛，始终与海岸保持着一定的距离，沿着阿拉斯加西部的水湾、半岛和河口前行，仅在科伯克河和诺阿塔克河向内陆弯曲，森林在那里遇到了布鲁克斯山脉这堵不可逾越之墙。从这条科伯克河的分水岭开始，林木线沿着山脉南侧，一直延伸到和加拿大的边境。

没有人比肯·泰普（Ken Tape）更了解这一整条林木线。他在森林–苔原生态交错带沿线的雪地度过了好几个冬天——北上苏厄德半岛，沿着科策布（Kotzebue）以北的诺阿塔克河绕过布鲁克斯山脉边缘，一直到北坡地区（North Slope）的霍普角（Point Hope）、巴罗（Barrow）和戴德霍斯（Deadhorse），一路上进行横断面取样（积雪切片），以研究其特性。

当时，肯还是阿拉斯加大学费尔班克斯分校的研究生，在马修·斯特姆博士（Dr Matthew Sturm）的指导下研究雪的隔热性能。他在帮助证明斯特姆的假设，即随着温度升高，苔原上的灌木会积累更多的雪，从而令地面与空气隔绝，延迟土壤冰冻，并促进土壤中的生物活动。这种活动为植物提供了养分，从而促进灌木进一步生长——这种植物反馈循环有可能改变气候变化的建模方式。[1]这在当时是一个有争议的想法，需要时间来证明。然后，在1999年，他们偶然发现了堪称科学宝库的东西，它相当于卫星时代之前的大数据，将他们研究项目的基准线推到了过去：美国地质调查局在20世纪40年代拍摄的一组照片。

这项对整个阿拉斯加北坡地区的详细调查是针对该地区进行的石油勘探测绘的一部分。通过从空中重新对该地区拍照，马修和肯得以对比两组照片并测量其差异。五十年来，苔原上突然冒出了很多灌木。他们2001年在《自然》杂志上发表的论文被世界各地媒体报道。这是因纽特老人几十年来一直在谈论的一个过程的首个重要科学证据，这个过程就是北极正在变绿。

二十年后，当我和肯通电话时，他听上去仍然像是多年前那个取得里程碑式突破的年轻研究生。如今他和他的孩子们住在费尔班克斯，冬季不再做田野考察，但他仍然对探索充满渴望和兴奋。我打电话给他的时间正值一个重要时刻。他即将发表另一项开创性的研究，这将是他一生中第二次登上世界各地的新闻头条。

在讲述这个故事时，他仿佛仍然对自己的发现感到惊讶，即使在电话中，你也可以通过他的声音听出他的嘴角一直挂着微笑。自首次突破性发现以来的几十年里，肯继续研究灌木动态并观察发生在苔原上的变化。但他说，他花了太多时间“埋头于草丛中”，以至于一开始他忽略了更大的图景：“从左视野中出现的奇怪的东西。你必须睁大眼睛。”

阿拉斯加是北极圈内被研究得最多的地区，美国拥有其他国家缺少的资源和对科学的重视。此外，它还和西伯利亚有很大的不同，后者是一块更隔热的大陆地块，就像我们在阿里马斯看到的那样，它需要很多年的时间才能升温。暴露在太平洋暖流的影响下，白令海峡的海冰会消失，气温会剧烈上升，阿拉斯加也会受到更明显的影响。此外，这个州还拥有设备齐全的野外观测站和定期航班。在阿拉斯加，气候变化的影响比地球上其他任何地方都更显著，相关记录也更详尽。这个最北端的州是我们理解地理和科学领域正在发生的事情的前沿地区。美国国家航空航天局正在操作一个研究北方地区变化的最大的科学项目，称为“北极北方脆弱性实验”（Arctic Boreal Vulnerability Experiment，简称ABoVE），它致力整合地球系统各个层面的已知研究，并尝试为正在发生的变化建模。

“但我们仍然知之甚少。”肯说。遥感技术只能帮人们到这里。它必须由“地面实况”来补充。然而，有时从太空获取数据比在地面上观察更容易。而我们从某个有利位置看到的东西可能与从其他位置看到的截然不同。

“设计一个不使用野外观测站的研究项目是很难的。”图利克湖（Toolik Lake）位于北坡的布鲁克斯山脉，它和位于诺姆（Nome）的另一个机构一起，是大部分北极研究开展的地方，也是肯过去经常待的地方。在图利克，他研究了因灌木增加和气候变暖导致夏季延长而从森林迁入苔原的野生动物：白靴兔和雷鸟种群的变化。然后，他开始想知道还会有什么动物紧随其后：驼鹿、熊……河狸。

“然后我突然灵光一闪：我们也许能通过卫星探测到这些变化。”

在生态学领域，大部分情况下，找到动物并清点它们的数量确实很困难，但河狸在陆地上留下的痕迹，你可以从太空中看到。“我想，我们可以追踪这些家伙。天啊，这可能是个重大发现！但我不是一个喜欢河狸的人。”这并没有费太多事。肯与一位同事谈了这个想法，同事牵线搭桥，帮他联系上了一位专家，很快他们就开始在谷歌地图上遨游，清点苔原上的河狸池塘。

他回顾了第二次世界大战时期的旧航拍照片。没有河狸池塘。这种变化显而易见，令人震惊。德国的同行正在研究环北极热溶喀斯特湖（由于含有溶解甲烷而不会结冰的湖泊）的变化，测绘不断增加的水面面积，但他们没有考虑过这些池塘是如何形成的。他们以为原因是冰雪融化。没有人意识到，仅仅一个物种就能如此大规模地改变地貌景观。

“他们很惊讶，纷纷开始问自己：‘我们怎么没注意到这个？’”肯说。

图利克湖的科研站可通过道尔顿快速路（Dalton Highway）抵达，这条路有时称为“运输路”（the haul road），是阿拉斯加北部唯一一条铺设好的道路。它一路伴随着纵贯阿拉斯加管道（Trans-Alaska Pipeline），从普拉德霍湾（Prudhoe Bay）穿过布鲁克斯山脉，抵达阿拉斯加州中部的费尔班克斯，然后一直连接到位于南部的瓦尔迪兹港口（Valdez）。这条路沿线从苔原到森林的过渡带非常狭窄，宽度以英尺而不是英里计。树木停留在山谷的一侧，然后就不再出现。过渡非常生硬。森林和苔原之间并不存在像西伯利亚、加拿大，或隔着白令海峡与俄罗斯相望的阿拉斯加西部苔原那样广泛而多样的互动关系。在北坡的路边，有一棵树名叫“最后的云杉”，还有人在上面做了标记，但它是个孤零零的异类，可能是搭上油罐车的种子落在这里形成的。

“从运输路上看，河狸效应并不明显。所以我们才没有注意到。”

但是当肯开始观察时，他看到河狸到处都是。他在鲍德温半岛（Baldwin Peninsula）清点出了九十个河狸池塘，而二十年前，那里总共只有河狸建造的两个水坝。他在苔原上一共发现了一万二千到一万三千个在1950年并不存在的河狸水坝。肯做了一些建模工作，提出了一项假设并据此写了一篇科学论文。我们在电话上交谈时，论文正在审稿中，将在几个月后发表，并会被世界各地的报纸报道。事实证明，河狸对阿拉斯加地表水的影响比对气候的影响更大。它们可以控制苔原上多达66%的地表水，为树木的生长铺平道路。[2]

河狸不需要茂密的森林来繁衍生息。过去三四十年，苔原上的灌木增加了很多，低矮的柳树和桤木足以让它们建造水坝和池塘。水的导热性能优于土地，因此当你创造更多的水域并使其更深时，你就会让环境变得更温暖，还会让热量更接近土壤和永久冻土层。河狸池塘为更多树木以及依赖树木的物种（两栖动物、昆虫、鱼类和鸟类）创造了立足之处。它们是一流的地质工程师。

于是，阿拉斯加的森林-苔原生态交错带出现了一个新的关键物种：美洲河狸（*Castor canadensis*）。美洲河狸的数量比欧亚河狸（*Castor fiber*）数量多得多。当苏联政府在1922年引入保护措施时，欧亚河狸在欧洲和亚洲已经几乎灭绝，甚至直到现在，重新引入的种群也只在西伯利亚南部和乌拉尔山脉东部地区有少量分布。相比之下，生活在北美的这个物种有所反弹，目前数量已经超过五百万只，而且还在不断增加。

我向肯请教在哪里以及如何亲眼看到“河狸效应”。他建议我观察布鲁克斯山脉以西林木线以外的苔原看看。尽管在山区和通往另一侧的一些山口中有河狸出现，但北坡尚未发现河狸的踪迹。不会太久了。当河狸抵达那里时，阿拉斯加西部的苔原将会是北坡地区未来地貌的预演。

肯本人正计划在2020年夏季晚些时候做研究。这是该项目的第一个完整的野外考察季，他有一个团队准备安装摄像头，采集有关鱼类、汞、水生食物链和对原住民自给自足式狩猎和陷阱捕猎的影响的数据。我对参加这次开创性旅行的可能性感到兴奋，尽管肯没有承诺。他建议我去科伯克河看一看，并提到了一位住在科策布的作家，他叫塞思·坎特纳（Seth Kantner），在这条河边长大。我们聊了一会儿如何抵达那里、丛林航班的难度（和费用）等相关问题。因为除了道尔顿快速路之外，阿拉斯加北部是一片没有公路的地区。我们约定等我到费尔班克斯的时候再见面。但是几个月后，新冠疫情大流行开始了。

科策布，阿拉斯加

66°53'53"N

我给塞思·坎特纳打电话，询问前往科策布的可能性。

“啊，我不知道，”塞思说，“你是个什么样的人？我是说，你是白人吗？”他轻声笑道。我也笑了起来。

“好吧，那可能会有点难。”

上一次全球传染病大流行席卷阿拉斯加是在1919年，几乎消灭了原住民因纽特人、因纽皮亚特人（Iñupiat）和阿萨巴斯卡人（Athabaskan）。塞思在他的回忆录《购买豪猪》（*Shopping for Porcupine*）中写道，有一些古老的故事讲述了“饥荒和流感——狗拉雪橇队旅行者在满是冻死者的冰屋里发现饿得半死的孩子”。[3]这块边远地区的历史仍然影响着当下，心怀恐惧的地方议会、地方市政当局对包括科学家和记者在内的游客实施了更严格的封锁和限制，因此我必须努力解决遥感的难题：如何仅仅通过太空视角了解地球上正在发生的事情。

塞思本人是白人，但他说，所有人都知道这只是一种说法。这种简单的规则并不适用于他。正如塞思所言，他的成长过程“比很多原住民孩子都更像原住民”。他是在父母建造的一座草皮冰屋里长大的，这座冰屋位于科伯克河的一处壮丽河湾，距离其他任何定居点都有数英里之远。在南边的森林边缘可以看到一条林木线，构成林木线的是树冠伸展的纺锤形矮小云杉，在雪地上划出一道道条纹。1965年，他的父母霍华德·坎特纳（Howard Kantner）和埃尔娜·坎特纳（Erna Kantner）刚从大学毕业，渴望摆脱固定的工作，于是放弃了正统现代生活的平庸束缚，来到荒野，过起了以土地为生的自给自足的生活。

坎特纳夫妇是一场来自“下四十八州”[1]的人们寻求更简单生活的运动的一部分,《纽约客》记者约翰·麦克菲（John McPhee）在他1976年的著作《走进乡野》(*Coming into the Country*）中写到了这场运动。塞思和他的兄弟通过书本学习函授课程，这些书是用狗拉雪橇从几天路程之外的安布勒（Ambler）邮局运到他们的冰屋的。然而，他们真正接受的教育是随着土地的季节周期为生存而奋斗。夏季捕鱼，冬季用陷阱捕猎。他们学会了用云杉树根和柳树皮制作渔网和陷阱，用桦木制作雪橇和雪鞋；他们知道秋天在哪里可以找到浆果，并学会了追踪、射击，给北美驯鹿、驼鹿、熊、狐狸、麝鼠和狼剥皮，以及如何用它们的皮毛、兽皮和筋制作衣服。塞思发现，寻找露营地的最佳方法是沿着狐狸的足迹找到柳树。现在人们不能再像这样找柳树了，而且这种情况不仅仅发生在支流旁。

1975年，当塞思还在科伯克河边长大时，约翰·麦克菲乘独木舟沿萨蒙河（Salmon River）而下，这条支流在距离塞思家不远的下游处与科伯克河汇合。在《阿拉斯加原住民土地权利解决法案》(*Alaska Native Claims Settlement Act*，简称ANCSA）颁布后不久，他陪同国家公园管理局、土地管理局和塞拉俱乐部（Sierra Club）的官员勘察这片土地，评估其作为保护区的潜力，以便将其纳入一系列拟建立的国家公园。麦克菲写道，他们是“来自另一个世界的罗马军团士兵……视察跨阿尔卑斯山高卢的罗马人”。他们和麦克菲关心的问题是：“这片土地的命运将会是什么样的？”

---

① 美国五十个州里除了夏威夷和阿拉斯加之外的其余四十八个州。

五十年后，我们开始获悉这个问题的答案。ANCSA向阿拉斯加原住民发放了10亿美元和4400万英亩（约1780万公顷）土地，以换取他们放弃任何进一步索取土地的主张。这为纵贯阿拉斯加管道的建设铺平了道路，法案还划定了另外8000万英亩（约3237万公顷）的土地作为“国家利益”土地，以研究其作为保护区的潜力，最终形成了3200万英亩（约1295万公顷）的新国家公园，这个面积跟纽约州差不多大，比美国所有其他国家公园的面积总和还要多。当理查德·尼克松总统在1971年签署这项法案时，ANCSA可以说是历史上与原住民达成的最大、最进步的协议。它试图平衡20世纪的那些相互矛盾的需求：石油、自然保护和殖民时代的结束。因此，阿拉斯加是现代工业社会悲剧的缩影。尽管世界上最富有的国家尽了最大的努力，在自然保护和原住民权利方面做正确的事情，但对第三种需求——碳氢化合物——的持久投入，正在破坏它满足其他需求的能力。

麦克菲没有提到气候变化，但我们现在知道，这个过程当时已经在进行之中。塞思如今五十岁了，全球变暖是贯穿他一生的背景。

“老爱斯基摩人会说，我们家以北的地方不能露营。”他在电话里对我说。露营需要两棵柳树相对弯曲在一起形成庇护，而且还需要柳树的木头来烧柴。庞加陶格鲁克（Paungaqtaugruk，塞思的家所处的河湾）以北从来没有多少柳树，更不用说云杉了。在《购买豪猪》中，塞思去了一趟父母的老房子那儿看看，发现小路下沉了两英尺（约六十厘米），整个山前地区都因永久冻土层融化而沉降。苔原的景色令人困惑，于是他在抽屉里翻到一张旧照片，想对比一下它之前的样子。这张照片被用在书里。照片上是1965年的塞思的父母和他们的朋友，他们全都是面色红润、理想主义的先驱者，还有一望无际的平坦苔原一直延伸到远处阴郁的灰色群山。在它旁边还有另一张照片——同样的风景在四十年后的样子，一大片绿色手指伸向天空，塞思称它们是一群“快乐的云杉”。气候变化的年份和他一样大。实际上，比他还要老。

“白云杉像草一样冒出来……你一转头，它们就会往前移动！”

植被的爆发令人难以在熟悉的地形中辨别方向，即使对于像塞思这样在这片土地上长大的经验丰富的猎人和陷阱捕猎者来说也是如此。

“沿着河开车的时候，你几乎没法分辨自己在哪里。”他说。

“这对我们所有人来说都很震惊。我们总认为自己就在这儿的林木线上。”一阵轻笑声传来，“所谓的林木线。”

这些树木带来了其他物种：鸟类、驼鹿、熊，以及数量惊人的鱼，这些鱼是从变暖的其他水域逃过来的。鲑鱼的逃亡简直是疯狂。塞思从九岁起就开始商业捕鱼。目前的情况已经十分不正常了。三年前，渔民在科伯克河上捕获了十万条鲑鱼，两年前的捕获量是二十万条，去年则是五十万条。鲑鱼成了难民。但有时，这条通常寒冷的河流的水温仍然不够低，不足以让鲑鱼找到安全的产卵场所。2014年和2019年，河里的死鱼比活鱼还多。水温保持70华氏度（21摄氏度）以上长达一个月。阿拉斯加渔业和狩猎厅的一架飞机沿着河飞行了两百英里，发布了一些照片，照片中鲑鱼肿胀的尸体像浮木一样堆积在浅滩上，熊正在享用鲑鱼盛宴。河岸上堆满了尸体、鱼子和血迹，它们散落在砾石上，就像用橙色和红色颜料涂抹的条纹。棕熊的种群规模正在迅速扩充，而且随着棕熊驱逐其他捕食者，食物链也随之发生变化。

五十多年来，整个生态系统一直在经历缓慢的转变，然而，那些曾经依赖于这个生态系统的人们并没有在街上骚乱。相反，他们适应了。

塞思已经不再住在上游，而是住在科策布港，该港口坐落在一个海平面以上几米的狭窄海岬上，位于名为科策布湾（Kotzebue Sound）的巨大海湾中间。这座城镇沿着这座陆上海岬正在被侵蚀的海岸线分布。海岸大道（Shore Avenue）是耗资三千四百万美元的防波堤工程的一部分，防波堤前方的卵石海滩上布满了小棚屋、码头和停泊在海陆边界上的船只。这座城镇向西北望向大海，眺望白令海峡富饶的渔场，按照传统，原住民因纽皮亚特人一直从那里获取食物。数千年来，白鲸和海豹一直是他们的主要食物，但科策布湾的大量白鲸如今已成为民间记忆。没有人知道为什么这些拥有高度智慧的动物不再回来。

"二十年前，谈论全球变暖在政治上是危险行为，"他对我说，"但如今，每个人都接受了这一点，这只是生活中的一个现实罢了。"如今这些变化是如此明显，否认它们变得毫无意义。科策布湾的冰在秋季和春季不再可靠。十多年前，当一些雪地摩托车在往年海冰都很结实的时候穿越冰面时，好几个家庭因此失去了亲人，此后人们放弃了古老的冬季路线。这或许是其他地方即将到来的气候政治时代的缩影。我们在进化上的成功也是我们在战略上的弱点。

在科策布，人们已经与环境的恶化共存了很长时间，以至于它不再是引人注意的事情。由于无法前往那里，我转而阅读了过去二十年来媒体对科策布气候变化的报道，并震惊于当地人听天由命的巨大无力感。因纽皮亚特人哀悼一种生活方式的逝去，并以一种令人心碎的态度接受自己的无能为力。当鲸鱼离开时，他们捕食海豹。当海豹消失时，他们耸耸肩，转而向政府寻求帮助，而政府丰裕的石油收入既是问题的来源，也是直接的解决方案。

石油勘探租约中包含向原住民社团的分红，而阿拉斯加的旧有生活结构，就像永久冻土层一样，已经遭到致命的破坏。塞思的父母搬到科伯克河谷时所追求的自给自足式的理想生存方式，如今已经不再是可行的主张。不是因为自然已经停止给予——至少目前还没有，而是因为人们已经停止收获。塞思的父母曾经立下一条禁止从商店购买加工食品的禁令，然而它连一代人的时间都没有延续。相反，石油和进口消费品意味着生活成本飙升，人们开始依赖福利支票、免费住房、猎枪弹药，还有现在政府发放的经济刺激现金。这些以及社交媒体的“病态”（出自一位科策布的老者之口）已经取代了旧的生活方式。碳氢化合物文化扼杀了由饥饿驱动的生存之美。没有人想念饥饿，如今早已没有回头路可走。关于如何生存的知识仍然存在，仍然鲜活，只是由那些一生中经历的变化比其他任何人都更深刻的人们所承载。但它正在消逝。

“现在几乎所有东西都是用飞机运来的。”塞思说道，声音里带着一丝失望。他曾经扫视苔原寻找驯鹿、大雁、狼或狗拉雪橇队踪迹的眼睛和耳朵，如今在等待螺旋桨的嗡嗡声和电话铃声，来获取食物和新闻。

阿加沙肖克河，诺阿塔克国家保护区，阿拉斯加

67°34'92"N

从太空中看，卫星证实了肯·泰普描绘的阿拉斯加正在变绿的图景。在过去的二十年里，这催生了林木线向北跃进的模型和预测。然而，情况的发展并不完全符合预期。

塞思牵线搭桥，把我介绍给一对与他相识多年的科学家，他们每年夏天都会经过科策布，前往内陆的一个野外考察点，在那里监测白云杉的生长情况。当我打电话过去时，罗曼·戴尔（Roman Dial）和他的同事帕迪·沙利文（Paddy Sullivan）很沮丧。在十五个夏天里，他们每年都会返回林木线的同一地点，即诺阿塔克国家保护区内诺阿塔克河的支流阿加沙肖克河（Agashashok River）边上的一条偏远山谷。1979年，罗曼去阿里格特奇峰（Arrigetch Peaks）攀岩，并在林木线以上的地方露营。在那里，他遇到了一位来自科罗拉多州立大学的植物学家，名叫大卫·库珀（David Cooper），大卫正在寻找云杉，它们出现在了比它们应该出现的地方高数百米的地方。罗曼也加入进来，他也被迷住了。他对林木线的终生痴迷由此开始。

帕迪和罗曼的美国国家科学基金会研究项目是北极地区持续时间最长的生态实验之一，并获得了有关植被动态变化的宝贵数据，特别是关于阿拉斯加云杉的命运。但今年（2020年）夏天他们不会

去。他们将错失一整年的数据，令科学研究蒙损。

帕迪最担心的事情之一是肥料。每年在阿加沙肖克，他都会给一片白云杉施肥，旁边是一块没有施肥的对照地。这样做的目的是弄清楚在极端纬度和海拔下，是什么限制了树木的生长。关于发生在林木线区域的变化，一个未解之谜是，为什么森林在某些地方向北高速移动（在斯堪的纳维亚半岛，每年移动一百米），而在另一些地方则缓慢前进（在加拿大中部，每年前进不到十米）。据仅基于温度的计算机模型预测，大部分地方的森林会快速扩张，但现实情况却更加微妙，因为不同物种应对变暖的方式各不相同。阿拉斯加就有同一个物种在不同地方扩张和停滞的例子，这就是帕迪和罗曼正在研究的课题。

运输路以东的白云杉似乎停在了原地，但在西边的沿海低地，它们正迅速冲进苔原，仿佛在躲避更南边的火灾和干旱。如果帕迪的团队能够搞清楚限制这一关键物种的因素，就可以更好地预测未来的景观，以及未来的景观能够封存多少碳或吸收多少辐射。少施一年的肥就会把他们的实验搞砸。

为了拼凑出阿加沙肖克河谷的遥远景象，我把自己想象成在梦中漫游这片土地的旧时代的萨满祭司，从科策布“飞”向上游。在科策布所在的海岬后面，科伯克河和诺阿塔克河注入科策布湾，形成迷宫般的平坦三角洲。在这里，林木线与咸水交汇，形成一片怪异的黄沙景观，看起来更像是撒哈拉沙漠，而不是北极。科伯克三角洲的南岸由二十万英亩（约八万公顷）的沙地组成，这些沙子是被风吹进背风河谷中的冰川冰碛石[①]的残留物。金色的粉状风积沙在遥远的北方很常见。这里是自上一次冰期以来，两种地质力量相遇并同时发挥作用的地方：后退的冰川和前进的树木。土地上的背风处令其成为适宜树木生长的地点，也意味着这里是风沙吹过平原时沉积沙子的地方。沙丘景观看上去十分诡异：上下起伏的巨大黄色和紫色阴影让人联想到炎热而非寒冷，联想到沙漠多肉植物和骆驼，而不是偶尔从沙子里钻出来的一株粉色柳兰，或者一棵惊讶地挺立在巨大沙丘背景之下发育不良的矮小云杉。就好像它们知道自己不应该在那里一样。

在科策布湾周围和诺阿塔克三角洲上游，入海的一条条小溪从淤泥和沙子里涌出，逐渐汇合起来，开始蜿蜒前行，这是森林有节奏的演替的驱动力。从空中俯瞰，一条条绿色纹路沿着河流的弯道延伸，就像向外辐射的涟漪。森林仿佛在平原表面被画上了一遍又一遍的S形弯道，而从较低的角度看，树木的高度和密度各不相同，每根条纹、每条线都不一样，创造出一种织物般的效果，就像是丝线被反复铺设，又被相互紧紧地拉在一起。

随着河水冲刷弯曲的外侧河岸，它们会从混合云杉林下面挖掘地面。这些混合云杉林由白云杉和黑云杉构成，如今已有一百五十年到两百年的历史，正处于所谓的顶级（climax）状态。沿着内侧河岸，河水沉积了一系列砾石，柳树、草和苔藓正慢慢地在这些砾

① 冰碛石是指冰河削切两旁及河床的土壤和岩石，并夹带碎石往下移动，堆积成块状或长条状的土块。

石上生根发芽。远处是一条由更高的柳树、桤木和桦树构成的曲线，与河流平行。而在这片年轻的森林后面，是一片更加开阔的树林，主要由细长的黑云杉尖顶状树冠和偶尔出现的较高的白云杉组成。黑云杉更喜欢河流平原的潮湿沼泽土壤，而白云杉则更喜欢河谷两侧的基岩。

随着蜿蜒的河流沿河谷而上，森林的演替也随之并行。这是一幅几千年来在河流的冲刷下慢慢描绘出来的图画。

在河谷底部，排水良好的土壤有利于树木生长，但是在边缘，河谷一侧云杉林的边缘后部，永久冻土层阻碍了排水，低地苔原十分繁茂：地衣、苔藓、浆果，以及斑驳草丛中的静水湖泊和水塘。再高一点，来到基岩穿过一层薄薄土壤的地方，云杉恢复了生长。这就是所谓的“翻转林木线”。高处的茂密森林、下面的高山苔原，以及沿着河流路线的森林带。最近，成片的棉白杨开始出现，一开始是灌木，秋天的时候像火焰一样在河谷高处升腾。

“是的，棉白杨快疯了！”罗曼说。但仅仅年复一年地前往同一个地点是不够的。而且这也是任何试图适应树木时间或地球时间的人所面临的一项困难。“这就像看着一个孩子长大——你根本注意不到那些变化。”希望自己能早日当上爷爷的罗曼说。

他们看了早期的照片。当他们将自己的测绘结果与20世纪50年代的航拍照片对比时，发现森林只扩张了一点点，没有模型预测得那么多。真正令人震惊的是，以前的边缘生态系统——高大的灌木加上偶尔出现的乔木，比如棉白杨——已经增加了400%。气候变暖正在改变林木线处生态系统的平衡，过渡区似乎在扩张，更有利于灌木而不是森林。[4]

绿化并没有导致林木线的推进，而是促成了阿拉斯加全新景观的演变。更重要的是，整片苔原都长出了植被。这不是一排树木或物种加速前进的局面。当你用火柴点燃一张纸时，发光的红色余烬会爬过纸张，但是当你将一张纸放进火炉里时，整张纸会立即燃烧起来。在阿拉斯加，“苔原”很快将成为一个历史名词。罗曼说，北坡地区的北极国家野生动物保护区已经出现了北方鸟类和灌木物种。

每个研究问题都以另一个问题结束。帕迪和罗曼想知道这些灌木是怎么回事：什么东西是柳树和桤木拥有，而云杉没有的？而这个问题的答案是否有助于解释云杉在布鲁克斯山脉东部和西部之间的差异？

“我们只有七十八个数据点，”帕迪解释说，他们对气候变暖导致一些树木茂盛而另一些树木死亡的原因知之甚少，“我们一无所知。”

在地下森林专家丽贝卡·休伊特（Rebecca Hewitt）的帮助下，他们开始研究云杉和真菌的关联。

云杉和大多数植物一样，非常依赖菌根网络和地衣为其提供氮和矿物质。超过90%的植物物种依赖真菌生存。真菌纤维的一端嵌入树根内，或者包裹在树根周围。真菌的另一端是名为菌丝的线，它的直径是最细树根的五十分之一，长度是树根的数百倍。这有效地扩展了树根的覆盖范围。从全世界来看，这些菌根真菌菌丝构成了土壤中生命物质的三分之一到一半。[5]土壤实际上是由微小且相互连接的丝线组成的巨大而脆弱的复杂结构。

在布鲁克斯山脉东部，在更干燥、更寒冷的大陆性气候下，帕迪和罗曼发现，即使在具有连续永久冻土层的非常寒冷的土壤中，真菌也很活跃。道尔顿快速路以东的树木既没有生长，也没有推进，但为了生存，它们在真菌伙伴身上投入了大量资源。但是在布鲁克斯山脉西部，白令海峡的海洋影响令气候更温暖、更湿润，这里的共生真菌较少，但树木的生长和推进却更明显。帕迪和罗曼推测，这些树不必在真菌关系上投入太多资源，也能获取所需的营养。

丽贝卡·休伊特有一头亮眼的红发，一双蓝眼睛里闪烁着探索者的坚定光芒。她十分有耐心，在视频通话中，她缓慢而清晰地向我解释了植物如何需要氮来构建其光合作用机制，而苔原和北方森林的氮如何有限，以及当这种关键元素出现时，苔原是如何被植被淹没的。她观察到，苔原上的植物似乎从地下深处吸收氮，然后通过由真菌介导的复杂共生关系，与其他物种分享氮和各种矿物质。固氮植物本身并没有表现出生长加快的迹象，而柳树等其他植物却生长良好。氮是从哪里来的？植物是否可以从正在退化的永久冻土层中吸收氮？在这个错综复杂的地下交换网络中，谁与谁分享什么？谁来决定资源和权力的平衡？

我们知道，真菌网络可以在树木和其他植物之间，甚至在跨物种之间运输碳、水和矿物质。“木维网”（wood wide web）的概念源于生态学家苏珊娜·西马德（Suzanne Simard）对北美太平洋西北地区的桦树与花旗松共享碳的开创性研究，如今这个概念的知名度已经大幅提升。[6]此后的研究显示，每公顷土地中就有数百公斤的碳通过真菌网络在树木之间转移。然而，按照真菌学家默林·谢尔德雷克（Merlin Sheldrake）的说法，真菌网络作为物质和信息的被动导体的概念是一种非常“以植物为中心的观点”。他提醒我们，真菌有它们自己的利益。他提出，思考菌丝体在土壤中的作用的一种更好的方式可能是将它们看作中间人。但是，听着罗曼和帕迪谈论灌木层对于气候变暖以牺牲树木为代价的爆发式反应，一种不同的比喻突然涌进我的脑海。真菌会不会更像是（收获碳和糖的）农民，正在为了应对不确定的气候而种植多种作物呢？

在推动目前改变地球表面状况的大规模植被变化方面，分解、土壤形成和真菌迁徙等过程可能与温度升高同样重要。除了生物学意义之外，这还具有纯粹的精神意义：生命的模式是由之前的生命模式塑造的。

我们才刚刚开始窥探森林地面之下的情况。对于正在发生的事情，我们仍然知之甚少。我们只知道，森林和所有生命一样，是一个共生系统、一种动态过程，而不是事物或独特存在的集合。我们越是仔细地研究它，它就变得越神秘。在菌丝网络、根尖和永久冻土之间的某个地方，可能就是森林的前沿边界。看来，要理解林木线在哪里、是什么，以及它如何应对气候变暖和融化，关键并不体现在地面之上急切的云杉的绿色尖顶中，而是体现在地面之下潮湿的黑色有机土壤层。

然而，苔原的绿化只是卫星图片的一半内容。再往南的地方，森林正在变成褐色。[7]丽贝卡的朋友兼同事布伦丹·罗杰斯（Brendan Rogers）是美国马萨诸塞州伍兹霍尔海洋研究所（Woods Hole）的一名气候建模研究人员，参与了ABoVE的很多项目，特别是估算土壤和森林碳储量的项目。他在电话中解释说，一开始，小比例尺卫星图像并没有捕捉到健康森林中个别树木的褐变情况，但到了2010年，情况开始发生变化。到2020年时，森林大面积衰退的过程似乎已在进行之中。如今，从太空拍摄的北美洲北部卫星照片显示出绿色的山谷、黑色的烧伤疤痕，以及整片在热胁迫或虫害影响下变成褐色的云杉。大地不再是一片均匀、脉动的青绿色地毯，而像是患上了皮肤病。

在某种程度上，绿化和褐化是相关的，布伦丹说，“气候变暖预计会提高森林的生产力”，这是因为生长季节延长，植物会进行更多光合作用。但是所谓的二氧化碳施肥效应是短暂的。[8] NASA的科学家发现，除了温度因素，光合作用还受水分和养分限制。温暖的空气中含有更多水蒸气，会增加水汽压差（vapour pressure deficit），而水汽压差是促进植物蒸腾并将水蒸气释放到大气中的机制。从根本上说，温暖的空气会从叶片中吸走更多的水分。为了避免更高气温下的水分流失，树木会关闭气孔，停止光合作用。即使土地含有大量的水，如果树木失去水分的速度超过了吸收水分的速度，那么树木就会做出明智的选择，停止生长，限制自己长出叶片和封存碳的能力。[9]

云杉的针叶是卷起来的叶子，表面覆盖着蜡质角质层，起到防止水分过度流失的作用，针叶表面的每个气孔也都经过特别改造，以保存水分。这种生长在北方森林中的坚韧针叶树已经进化得可以在水分极少的条件下生存，但也不能完全没有水。[10]令人惊讶的是，我们对树木如何死亡的了解竟然如此之少。当云杉枝梢上的纤细针叶变成褐色并掉落（每年夏天这种情况越来越多），验尸官很难确定其死因。是缺水、导管受损还是缺乏碳供应？[11]

云杉质地坚韧，木质部不易受水分胁迫现象的伤害，这就是它们成为优良纸浆原料的原因。为生长中的树提供水分和营养的微小的管胞非常坚固，而且有很厚的细胞壁，纸张的纤维就是由它们构成的。但极端高温令白云杉和黑云杉都处于压力之下。冬季或夏季干旱是一样的：树木中缺水会增加树干的张力。云杉进化出了一种独特的机制来管理这种张力，它可以升高到每平方英寸900磅（约每平方厘米63千克），而汽车轮胎的最大压力一般为每平方英寸40磅（约每平方厘米2.8千克）。它们的细胞之间有小小的前室，这些前室相互连接，在维持整体完整性的同时，让每个细胞内的液态成分能够灵活流动。似乎没有低温下限，但在温暖的天气里，即使是云杉也有压力崩溃极限。如果树根不吸收水，那么在树木体内缓慢消耗的水的压力会产生张力，将水从根部拉到上方的木质部。最终，木质部将气泡吸入细胞壁，导致木质部空穴化。当气泡相遇融合在一起，就类似于人静脉中的栓塞，例如患上减压病的潜水员。

和大多数北方物种一样，云杉已经进化到一年当中的大部分时间都处于休眠状态，并利用短暂的生长季积累为严酷的冬天做好储备。但如果它还必须在夏季休眠以抵御高温或干旱胁迫，那么它就根本没有机会生长。云杉夏季生长正在成为一种奢侈。

与此同时，水循环的加速意味着所有植被的蒸腾作用增强，从而增加系统中的对流能量。这会导致更多风暴和更多雷电，而后者意味着更频繁的引燃和火灾，植被的燃烧面积几乎每年翻一倍，导致碳排放呈指数级增长。布伦丹说，2019年，阿拉斯加森林火灾排放了七十太克（1太克=10^{12}克，即一百万吨）的二氧化碳，与佛罗里达州人类活动造成的排放相当。

没枯死的云杉也能很好地燃烧。黑云杉因其易燃的树胶而被消防员称为“木棒上的汽油”。云杉的枯枝落叶中含有樟脑，这种物质会被用来制造烟火。这是因为黑云杉只有在火灾后才能再生：其黏稠的黑色浆果处于休眠状态，直到树胶融化，释放出种子。但随着每年这里的燃烧面积就像在俄罗斯那样越来越大，传统的演替模式正在被破坏，黑云杉也不再生长了。[12]

“这里的北方森林正在分崩离析，”一位阿拉斯加研究人员早在2016年就这样说过，“你失去了云杉，也就失去了生活在云杉中的一切，而这基本上就是我们的北方森林。”[13]这不仅仅是阿拉斯加森林居民面临的问题，而是我们所有人面临的问题。森林系统、水循环、大气环流、碳储存和永久冻土层融化之间的反馈和相互关系是复杂而深远的，对于任何一种计算机模型来说都过于复杂。

“我们能确定的只有这样一个事实：今后气候紊乱情况将大大增加。”布伦丹说。要想了解当我们失去某种森林后可能会发生什么变化，你首先需要了解它在维持现状方面所发挥的作用。

和任何森林一样，完整的云杉林主要关注的是创造和维护自身生境。我们知道树木会制造雨水。云杉在这方面特别擅长，其强有效的挥发性有机化合物与水蒸气分子结合，将其凝结成水滴，令它们变重，以雨的形式落下。更重要的是，树木首先就制造水蒸气。每棵树都是一个独立的微型造雨工厂。树木吸收和蒸腾的水远多于它们用于光合作用的水，它们摄入的水有高达90%的比例未被使用。它们为什么这样做？正如科学记者弗雷德·皮尔斯（Fred Pearce）所说："树木释放水分，是为了创造一个适宜更多树木生存的世界。"不只是适宜树木生存，对我们也是一样。[14]

陆地上50%的降雨来自树木的蒸散作用。由于树木持续吸收和散发水分，循环利用它们制造的雨水，于是连续不断的森林似乎成了雨和风的重要高速路，因为落在森林中的雨水经过蒸发，再次以雨水的形式穿过各大洲，就像是一种水泵系统，被称为"飞河"。[15]其他研究将这种现象称为不同大陆森林之间的"遥相关"（teleconnections），例如亚马孙雨林和西非季风之间的联系。阿拉斯加和加拿大北部的云杉林似乎与美国粮仓（美国中西部大平原）的降雨有直接关系。[16]遥相关的相关研究才刚刚起步，但俄罗斯泰加林与乌克兰麦田之间似乎也有这种联系。[17]

森林也有助于制造风，尽管背后的原理仍然存在争议。极锋是北极上空的冷空气团与温带暖空气之间的尖锐交会处。它随季节变化移动。在冬季，它常常下降到纬度较低的地区，带来冰雪，而在夏季，它通常很稳定，占据着大致与林木线平齐的位置。直到20世纪90年代，人们都认为树木的位置受风的影响，但英国科学家罗杰·皮尔克（Roger Pielke）和皮尔斯·维代尔（Piers Vidale）的研究表明，事实可能恰好相反：树木决定了极锋的位置。

云杉树呈深绿色，是因为它们的针叶中有高度集中的叶肉组织，可以吸收辐射。和苏格兰高地的松树一样，这种颜色非常浓郁，而且针叶上的蜡质角质层也很厚，以至于针叶呈现蓝色或几乎黑色。当阳光照射到云杉的针叶上时，这种树的微观结构（茎和针叶）会在它们之间反弹辐射，吸收短波辐射并使光波的波长变大，以确保收集到尽可能多的光子。这种树吸收光照，会减少释放回大气中的红外辐射，而红外辐射被二氧化碳捕捉并转化为热量，就会加剧全球变暖。北美的庞大云杉林不仅能产生大量的氧气和吸收碳，还能在这样做的同时为地球降温。一棵云杉在夏天每蒸发一百升水，便可提供七十千瓦的冷却功率，相当于两套传统空调机组。[18]

在冬天，这种吸收辐射的能力是云杉树干周围积雪融化的原因。它们使周围的土壤变暖，并为地下世界的昆虫、啮齿类动物和真菌提供了适宜的栖息地。云杉树枝之间和树下的温度会比外面空气的温度高得多，因为树木会将从光中吸收的能量重新向下辐射到积雪上。因此北方森林的人类居民经常在云杉树下驻扎休息，并将大型云杉当作庇护所。

但在夏季，树木的浓郁颜色导致苔原的反射能力（反照率）与森林的反照率之间存在巨大差异。由于北方森林吸收了如此多的辐射，因此它会像阳光下的黑色路面一样升温。而相邻的苔原则将大部分辐射直接反射回太空。两者之间的差异如此之大，以至于在苔原和森林之间产生了陡峭的温度梯度。皮尔克和维代尔提出，这种梯度产生风力，并决定极锋的位置。[19]

然而，后续研究表明，温度梯度并不是问题的全部。十多年前，一位名叫阿纳斯塔西娅·马卡里耶娃（Anastasia Makarieva）的俄罗斯物理学家提出了一种新颖的理论，到2020年ABoVE会议召开时，这个理论开始受到更多关注。

马卡里耶娃对树木蒸发释放的水蒸气冷却并凝结成水滴时产生的真空很感兴趣。作为一名物理学家，她的理论起点是这样的原理：水（一种液体）比水蒸气（一种气体）占用的空间小得多。从气体到液体的转变产生了部分真空，即气压降低的区域，并将下面更多潮湿空气吸入其中。然后，这股上升的湿空气又被森林树冠上空水平移动的空气所取代。马卡里耶娃和她的同事维克托·戈尔什科夫（Viktor Gorshkov）将他们的理论称为“生物泵”（biotic pump）。制造雨水的过程也会将空气抽到森林上空，使雨水移动。只要有水蒸气凝结，只要树木还在蒸发，风就会继续移动。[20]

生物泵的概念可能有助于解释为什么极锋和林木线的位置在夏季（树木蒸腾时）相关，而在冬季（它们休眠时）则无关。北风之神——希腊语中称为“boreas”——似乎居住在北方的树林里，即“北方森林”（boreal）。马卡里耶娃告诉弗雷德·皮尔斯，森林“不仅是大气的肺，也是大气跳动的心脏。生物泵是地球大气循环的主要驱动力”。[21]

如果马卡里耶娃的观点是对的，那么森林就应该被视为最重要的自然资产，它不仅对于维持其所在地的人类栖息地至关重要，还是跨越国界和大陆、具有地缘政治意义的生物引擎。随着人们越来越关注气候如何变化的科学问题，并且一旦被我们视为理所当然的“生态系统服务”开始动摇，人们就会提出更多问题，一些民族国家会不会开始关注外国的森林砍伐情况，并不再派遣军队以维持石油供应，而是发动入侵来保护制造和输送雨水的森林？

生物泵理论似乎也可以解释阿拉斯加森林目前正在发生的变化。由于森林蒸发量减少，它们产生的雨和风也减少了，进而导致更炎热、干燥的环境，令干旱和火灾更易发生。阿拉斯加的夏季风似乎正在减弱，形成持续时间更长、更干燥的高压系统，它的持续时间也更长，加剧了干旱。[22]北方森林是过去几百万年气候系统的基础，随着树木向大海进军、干枯而死或者消失在灌木丛生的逐渐变绿的苔原中，在世界北端呼啸而过、静静地调节着北半球的稳定的风将会失控——已经在失控——早就失控了。

胡斯利亚，科尤库克河，阿拉斯加

65°42'7"N

“乡痛症”（solastalgia）是一个使用得越来越普遍的新词。它形容的是人在家乡时思念家乡的感觉。它是一种失落感，也是一种困惑感：被我们认为自己生活在上面的那颗星球已经不复存在。在一个变暖的世界里，词语变得脱离了它们的意义。人类学家的能指和所指之间的鸿沟就像一道危险的裂缝。“苔原”一词已不再能准确描述苔原现在的样子。“春天”“冬天”“秋天”很快将在很多地方成为有争议的概念。大多数人很快就会体验到这种感觉，而那些亲近土地的人已经和这种感觉一起生活了将近一个世纪。

未来，阿拉斯加的石油史可能会被视为一场可怕的讽刺剧。当约翰·麦克菲和他的同事在1975年沿着萨蒙河顺流而下时，促使他们踏上探索之路的，归根结底是石油。石油的发现促成了ANCSA的出台。而正是由于人们对石油管道的愤怒，促使该法案纳入了关于“国家利益”土地的条款，也促使国家公园管理局派出管理员和巡查员，去调查和评估从北冰洋到太平洋之间的土地，以及其间的所有大河和山脉。

国家公园管理局项目的一个主要组成部分是人类学家佐罗·布拉德利（Zorro Bradley）在阿拉斯加大学费尔班克斯分校建立的“合作公园研究单元”（Cooperative Park Studies Unit）。布拉德利招募了一组研究人员，详细记录生活在国家利益相关地区的原住民的“生活方式”。国家公园管理局（NPS）致力根据这些栖息地居民的文化和社会经济利益来管理未来的国家公园。这是一个开创性的项目，产生了丰富的成果。四十年后的今天，由于和以ANCSA为代表的私有财产和碳燃料消费的庞大交易，这些成果正在逐渐消失。这项努力的价值还体现在另一个方面：由发现石油所激发的对原住民智慧与世界观的记录，也为走出石油造成的混乱和剥夺的复杂局面带来了很大的希望。

在科伯克河的源头，分水岭止于一条大陆分水岭，一条向北延伸到布鲁克斯山脉高耸岩壁的蓝色山丘低脊。落在这条山脊一侧的雨水沿着科伯克河，向下流到科策布和楚科奇海。落在另一边的雨水变成阿拉塔河（Alatna），然后是科尤库克河（Koyukuk），最终是育空河（Yukon），注入南边数千英里之外的太平洋。当在科伯克河畔的冰屋里长大的作家塞思还年幼时，这条大陆分水岭就是森林本身的开端。科尤库克河流域的居民被称为“科尤康人”（Koyukon），和把目光投向大海的因纽皮亚特人不同，他们完全是森林民族。在麦克菲顺流而下的同一年，也就是1975年，一位三十五岁的人类学家带着他的雪橇狗队穿过新鲜的春雪，进入科尤康人的领地。这场相遇对这位人类学家和科尤康人都有深远影响。

理查德·K.纳尔逊（Richard K. Nelson）二十二岁时在韦恩赖特（Wainwright）为美国空军工作，第一次领略了阿拉斯加的风土。后来，他学习了人类学，并在夏威夷成为讲授北极生活的讲师。1974年，他抓住佐罗·布拉德利新成立的“合作公园研究单元”的工作机会，回到了阿拉斯加。布拉德利把他派到安布勒和申纳克（Shungnak），都是塞思沿着科伯克河谷踏足过的老地方。过了一段时间，他向东前往内陆的科尤库克河，在胡斯利亚（Huslia）度过了一年，这一年的时间最终将成就战后民族学领域最重要的著作之一：一部启发了电视系列节目的经典作品，而且至今仍在印刷。它就是1983年出版的《向渡鸦祈祷：科尤康人眼中的北方森林》（*Make Prayers to the Raven: A Koyukon View of the Northern Forest*）。

纳尔逊的关键洞察力和成就在于，他采用科尤康人的生活方式，按照原样接受他们的世界观，然后用他的方式来描述。他写道，《向渡鸦祈祷》是“一部脱离西方科学领域的本土博物志”。这本书的详尽附录中包含物种和概念的科尤康语名称，这本身就是一项重要贡献，但更重要的是，纳尔逊展示了科尤康人的自然观是有形之物，最重要的一点在于它是真实的，即使它超出了我们的情感认知范围。他写道：

“科尤康人生活在一个会观察的世界，一个充满眼睛的森林之中。一个在自然中穿行的人，无论身处多么狂野、偏远，甚至荒凉的地方，从来都不会真正地孤身一人。周围的环境是有意识、有感觉、人格化的。它们能够感受。它们可能会被冒犯。而且它们在任何时候都必须得到应有的尊重。”[23]

对于科尤康人来说，这种世界观塑造了他们在这片土地上的生活和生存方式。从中可以一瞥的是，真正作为生态系统的一部分生活意味着什么：“意识形态是自给自足的生存方式的基本组成部分……大多数与自然实体的互动都以某种方式受到道德准则的约束，以维持人类与非人类之间适当的精神平衡。”像许多其他原住民社区一样，在科尤康人看来，人类、自然和超自然现象“在渡鸦制造的世界中”以一种共同的道德秩序结合在一起。

这是一个启迪人心的有利视角，为我们当前与碳氢化合物的绑定提供了很多解读的空间。这本书让我重新看待风景。读完这本书之后，我带着一大堆问题去搜寻理查德·K.纳尔逊的信息，他在离开胡斯利亚之后成为一名杰出的作家、阿拉斯加的桂冠诗人，还成了美国国家公共广播电台的著名播音主持，他主持的一档经久不衰的系列节目是关于声音景观和自然的，名字恰如其分：“相遇”。我在读他的书时悲伤地发现，他在几周前去世了。在他的生命支持系统关闭后，他要求独自一人待着，房间里播放着渡鸦的叫声。

于是我转而寻找他的科尤康语老师凯瑟琳·阿特拉（Catherine Attla），发现她几年前就去世了。她曾经也是阿拉斯加公共广播电台家喻户晓的人物，主持一个收集和分享原住民故事和知识的节目，名为《渡鸦时间》(*Raven Time*)。保存在阿拉斯加大学费尔班克斯分校的录像档案是全球变暖口述历史这一新型历史类别的丰富资源。[24]

凯瑟琳的科尤康语名字“基蒂塔卡内”(K' ititaalkkaane)出现在屏幕上，一位黑发女子坐在室外，身穿一件保暖的狼毛派克大衣。在她头顶的画面里，桦树树枝映衬着一片淡蓝色的天空。阳光照在她光滑的脸上，将她眼镜的钢镜腿照得闪闪发光。她微笑着，仿佛在嘲笑自己讲的故事。

“嘘！”她咯咯笑着说，“人们常说：‘在冰面前，你必须保持安静。你必须尊重它。’”

此时是春天。河里的冰正在融化：浮动的巨大灰色冰板以每小时数海里①的速度向下游而去，相互推挤、破裂、翻滚，经过胡斯利亚村。阳光洒在纺锤形的桦树、云杉的尖顶树冠和方形房屋上，这些房屋的低矮斜坡屋顶是用云杉原木建造的。一群人聚集在河岸边，戴着帽子和墨镜，身穿毛皮镶边的派克大衣，他们正在做基督教祷告，唱起传统歌曲，向冰致谢：“噢，河冰，愿明年我们一人不少，看到你再次奔跑。”

凯瑟琳说起当她和妹妹把棍子扔到结冰的河上时，长辈会如何训斥她。冰里有灵魂。而且它很强大。她们总是被告知要保持安静，不要谈论“你不明白的大事物。别说大话，你的嘴很小！”她们被禁止谈论太阳、月亮、天空和动物。世界是有生命的，它可以听到。

---

① 1海里=1.852公里。

如果某只动物不喜欢被谈论，它就会给你带来厄运。

“我等不及要长大了，”她妹妹常常这样说，“这样我就可以像他们一样说话了！”

凯瑟琳大笑着畅所欲言，分享长辈们的故事和她自己的困惑。1950年，她去找牧师，说：“牧师，我很痛苦。我有我祖先的教义，也有耶稣的教义，我不知道哪一个是真的。”

“它们都是真的，”牧师告诉她，“而你两者都要遵守。”

“在那之后我感觉好多了，松了一大口气！”她说着又笑了起来。

这是1986年。凯瑟琳正在一部根据纳尔逊的书改编的电视纪录片中对着镜头讲话。[25] 1975年春天，她把纳尔逊接到自己家中，因为她相信，她应该分享长辈们赋予自己的智慧，而且她会用英语沟通。凯瑟琳1927年出生于卡托夫（Cutoff），这座村庄在历经洪水后迁至胡斯利亚。凯瑟琳十几岁时通过阅读罐头食品和其他移居者产品上的标签学会了英语，后来擅长在移民势力的代言人（美国联邦政府）和她的族人（科尤康人）之间做调解。

纳尔逊离开后，她继续本着同样的精神，在广播节目上分享自己的知识和记忆。在其中一集节目上，凯瑟琳说起1937年十岁的自己带着猎枪去柳树湖（Willow Lake）的经历，那是“一个狩猎大雁的好地方”，天空日夜二十四小时都被鸟儿遮住，像黑夜一样。“当时的鸟就有这么多。但是现在，”她说的是20世纪90年代，“相比之下如今基本没有鸟。”甚至在20世纪70年代，纳尔逊就写过，老人们抱怨黎明是多么安静，鸟鸣声少了很多，过去到处都是野禽的湖泊也变干涸了。

在另一集节目里，她讲到在20世纪30年代和祖母一起捕鱼时，祖母教她如何根据鱼鼻子上的斑点预测天气：白色斑点意味着寒冷天气即将到来。还有，一只深入内陆的孤零零的海鸥，预示着这一年的渔获将会很差，而一整群海鸥飞来则预示着好年景。“每一种动物都比你知道的多得多。”

在那些日子里，她们很少吃鱼，因为她们必须自己制作渔网，而棉纱不耐用，用树皮线或筋制作渔网又需要很长时间。她的声音柔和而低沉，耐心地解释着错综复杂的仪式、禁忌和习俗：捕鱼营地的惯例、屠宰河狸或者给雁拔毛的正确方式、被杀死的动物应该静置一夜好让灵魂离开身体，以及熊的脚被切掉以阻止它的灵魂四处游荡。每种动物都该留给不同的人吃，因为动物的特性是会传染的。例如，只有老人才能吃潜鸟[一种水禽，在北美称作“loon”，在欧洲称为“diver”，例如马里湖的黑喉潜鸟（black-throated diver）]，因为吃这种肉的人可能会变得像这种鸟一样笨拙，而老人已经如此了，就没有关系。这也适用于其他东西：人们应该节约用水，不然贪婪的饮水者会变得像水一样沉重。

自然界的形态和模式塑造了富有想象力的景观，也塑造了生活在这种景观中的人类的社会关系。和自然界作对是不可想象的，是一种异端邪说，在科尤康人的传统中，这是要付出代价的。这部电视纪录片还拍摄了一个自杀男孩的葬礼。母亲们围着火堆哭泣，焚烧着祭品，死者的同龄人在新坟上竖起一个巨大的白云杉十字架，而凯瑟琳在一旁摇头。

“太多事故了，”她说，“这是因为我们不尊重‘胡特兰尼’（hutlanee），森林的传统仪式和禁忌。”对于电视观众，她换了一种方式来表达：“最高法院应该制定一项法律，要求人们像对待另一个人一样对待地球。”

我能找到的关于凯瑟琳的最后一项记录，是胡斯利亚的吉米亨廷顿高中（Jimmy Huntington High School）的学生与世界自然基金会（Worldwide Fund for Nature）合作制作的电视节目。那是在2005年。她头发花白，戴着眼镜，身穿一件开襟羊毛衫，说话速度变得更慢了。[26]

“你知道，他们不应该对月亮瞎搞。我们的长辈说过，当你把一个人送到月亮上，有些事就会发生变化。月亮和天气有关。瞧瞧如今发生了什么？”

围坐成一圈的其他长者点头附和，加入讨论中。学生们提到云杉在高温胁迫下受到伤害，罗丝·安布罗斯（Rose Ambrose）说：“天气已经太老了，老得无法控制自己。科尤库克河，水高过河岸，可怕，太可怕了。”

弗吉尼娅·麦卡锡（Virginia McCarthy）表示同意：“这已经不是我们成长的那片土地了。”

玛丽·亚斯卡（Marie Yaska）说：“所有鸟都为我们歌唱。我们注意到，旅鸫的歌声真的改变了。它唱到一半，然后就会‘哈哈哈’地叫起来。我想知道这是为什么呢？”

我想知道科尤康人现在过得怎么样。我给胡斯利亚的镇长卡尔·伯吉特（Carl Burgett）打电话。6月的一个阳光明媚的早晨，当我们通话时，纳尔逊和凯瑟琳描述的世界在我的脑海中浮现。

“我们基本上是一群没被外部世界影响的人，”电话那头的声音带着友好的笑意说道，“上游两百英里和下游两百英里范围内都没有其他村庄。只有爱斯基摩人住在更北边的地方。”

卡尔告诉我，他正站在自己用云杉原木建造的小屋外。我看过一张胡斯利亚的照片，那是一群不规则分布的实木小屋，屋后有外屋和架空储藏室。它们坐落在零散的桦树树丛中，与向西延伸的科尤库克河的宽阔河湾保持着距离。远处，平原分裂成形状不规则的青苔沼泽地和森林，直到平地与北面布鲁克斯山脉的黑色线条相接，整片平原被波光粼粼的河流切开。在科尤康语中，这个地方的名字是“Tsaatiyhdinaadakk’onh dinh”——“森林将山丘烧成河流的地方”。胡斯利亚是这条河的本土名称“胡斯利河”（Huslee）的一种变型。

在这个6月的早上，雪几乎都融化了，河里最后的冰也消失了，卡尔说道。树木的发芽和冰层的破裂都已经过去，而且至少要等到8月才能再次看到夜晚。卡尔的心情很好。

“现在是打电话过来的好时候，是的，是个好时候。”他又笑着说。像大多数科尤康人一样，他不按照钟表生活。他饿了就吃，累了就睡。在极地的夏天，计时这件事很容易被抛之脑后。孩子们凌晨三点在外面玩耍，人们熬夜串门，谈完话就回家睡觉。胡斯利亚此时将近中午，卡尔正要去村边砍柴。往一个方向前进四十英里（约六十四公里）是“ts’ibaa t’aal”（黑云杉的科尤康语名字），往另一个方向四十英里是“ts’ibaa”（白云杉的科尤康语名字）。夏季是伐木的季节，为冬季做准备。在严寒中，温度对人类的生存来说比食物更重要。堆放整齐的木材储备是威望的象征。

不只是看到胡斯利亚，现在我还能听到它。纳尔逊的书里充满了像卡尔一样的声音，语法谦逊、开放、旋律优美，仿佛是这片土地自然声音景观的一部分，就像风吹过云杉或晃动桦树的声音、鸟儿的歌声、鲑鱼在水中飞溅的水花声，或者桨叶划破湖面的声音。纳尔逊引用了一位女性的话，可能来自凯瑟琳·阿特拉："有些人会猎杀潜鸟，但是我，我不喜欢杀死它。我喜欢尽我所能地听它说些什么，学习它掌握的语言。"

当然，电锯、雪地摩托车、马达小艇和螺旋桨的轰鸣，如今已经成为胡斯利亚生活的一部分。卡尔自豪地告诉我，这个村庄的规模正在变大：如今这里有三百五十名居民，学校有一百名学生。但由于没有公路，而且位于北极之门国家公园这块禁止商业伐木的受保护飞地之内，世界其他地区很少关注科尤康人。直到最近，社区自助洗衣店（永久冻土层意味着没有自来水）才配备了无线网络。

"外面的东西进来都要空运，"卡尔说，"而这意味着与世隔绝，过着传统生活，吃野生食物。"新冠疫情大流行已经影响了航班，但社区一半以上的饮食来自这片土地，所以如果飞机真的停飞了，他们也能够撑下来。"我们的知识、我们的文化仍然很强大。"他说。

我问他纳尔逊的书是否达到了作者所希望的目的，为科尤康人保持自身文化活力提供了参考。

"什么书？"他说。在我的提醒下，他想起了纳尔逊和阿特拉。

"啊，那个家伙。"他咯咯笑了起来，"这里的人通常不会向外人敞开心扉，但那个家伙，不知道怎么回事，他竟然做到了。”

卡尔回避了我关于气候变化的问题，转而提到了他们那里一直在下大雨。阿拉斯加最北端的年降雨量常常不到十五英寸（三百八十一毫米），但今年却是个大雨年。而且还是大花粉年。几个月来，雨水在从山上持续席卷胡斯利亚。降雨量是平常的三倍。树木很喜欢这种情况。就在我们说话的时候，太阳正在加热白云杉金棕色松球中的树脂。当树脂被烤软，球果的鳞片在弹力作用下突然同时打开。在松球打开的日子里俯视云杉河谷，就像俯瞰一场遥远的战斗。森林里回荡着枪声似的开裂声，黄色的尘埃云飘荡在树冠上方的热气流中。在所有积水、胡斯利亚周围的湖泊和河面上，都漂着黄色花粉形成的长长条纹。

人们很高兴，卡尔说。十年来，湖泊不断干涸，森林火灾也已经失控。“今年会是个浆果丰收年——森林今年会很繁茂。”他满怀希望地说。

额外的雨水还意味着别的东西。河流的蜿蜒动态将对河岸造成比往常更大的冲击，更多房屋需要搬迁。这个社区每年春天都会搬迁四五栋房子，但有时他们的速度不够快。

“是的，现在这年月，”卡尔说，“很正常。”

也许，这就是我们最终将采取的适应方式。胡斯利亚的老人们不再抱怨洪水的不自然，就像十年前弗吉尼娅·麦卡锡和罗丝·安布罗斯在电视台的采访中那样。相反，非自然现象变得自然起来，世界末日变得平淡无奇，某种常年发生的事件融入生活背景之中。这也许是气候崩溃的新现实之一：悲伤是一种奢侈。日常生活的紧迫需求不允许我们有这样的喘息或抽离。总有工作要做。

“气候变化的负面影响是对自然的影响，而不是对人类的影响，因为我们会适应。如果一个物种遭受不利影响，那么另一个物种就会蓬勃发展。”卡尔用不带感情色彩的冷静语气说道。

卡尔并不怎么担忧他十五年来在北坡地区工作期间帮助开采的石油所造成的渐进式生态变化，而更担心由人类策划的突发生态变化。根据ANCSA的条款，所有土地和采矿权都归属于十几家原住民企业。科尤康人没有任何石油特许权，但他们和阿拉斯加的所有原住民群体一样，都将过去四十年的物质进步归功于石油，这导致他们不愿批评这个行业。

正如罗曼所说：“当然，变化是肯定有的。费尔班克斯现在有樱桃树。但每个人每月口袋里都有五百美元。我们已经三十年没有缴过州所得税了，而且失业率是零。这看起来还是相当不错的。”这是所有现代社会都会陷入的同样困境，尽管化石燃料在阿拉斯加经济中的作用更为明显。阿拉斯加人比大多数人更清楚，为应对气候变化而采取行动，意味着舒适的生活方式将发生重大改变。对于很多人来说，这是不可接受的。罗曼口中的“碳氢化合物妥协”仍然基本上完好无损。

2019年10月，十五岁的纳尼耶日·彼得（Nanieezh Peter）和十七岁的夸纳·追马·波茨（Quannah Chasing Horse Potts）这两个女孩，在阿拉斯加原住民联合会大会上，敦促长辈们通过一项针对气候变化宣布紧急状态的决议。[27]但是大多数原住民企业仍然支持石油。两周后，土地管理局启动了对北坡四百万英亩（约一百六十二万公顷）土地钻探权的拍卖，而康菲石油公司则宣布了一个名为“柳树”（Willow）的价值五十亿美元的项目。与热量及河狸一道，柳树很快将在融化的苔原上占据主导地位，而这家公司如今在那里对永久冻土层做冷冻处理，以防止当初专门针对冻土建造的基础设施发生坍塌。

让卡尔焦虑的并不是大气中二氧化碳的增加，而是一个更容易看到、不那么隐蔽的敌人：美国政府。他担心联邦政府将利用疫情大流行期间的封锁，来强行实施一个不受欢迎的计划：修建一条长二百一十六英里（约三百四十八公里）的公路，这条路穿过北极之门国家公园，将道尔顿快速路与安布勒附近科伯克河畔的一块采矿特许权有争议的土地连接起来。公路会降低科尤康人控制来访者的能力。但更重要的是，这条拟修建道路会扰乱集水区的水文状况、改动排水流向，还会改变森林及其生态系统的结构。在过去两年里，塞思、罗曼、帕迪、卡尔和其他十万人一同签署了反对修建安布勒公路（Ambler Road）的请愿书。在安克雷奇举行的公开会议上，人头攒动，人们愤怒地大声反对这项提案。但是当我们2020年在电话上交谈时，特朗普政府正在加快审批程序。

“我想让那些打算修路的人来这里看看，他们的提案将要摧毁的是什么。”卡尔说。这次他没有笑。

他们的提案将摧毁科尤康人世界的根基。纳尔逊记录了科尤康人的一个起源故事：

在遥远的过去，渡鸦在湖中杀死了一头鲸鱼，将它的内脏串在岸边。从那时起，沿着湖边生长的云杉常常都有又长又细的根。水貂男人去找树女人，跟她们说她们的丈夫渡鸦被杀死了。当一个女人听到这个故事时，她哭了，掐着自己的皮肤。然后她变成了皮肤粗糙、皱缩的云杉树。当另一个女人听到时，她哭了，用刀割破自己的皮肤。她变成了一棵树皮深裂的杨树。当第三个女人听到时，她哭了，把自己掐到流血。她变成了桤木，树皮可用来制作红色染料。

土地是科尤康人世界观的基础。它不只是一个食品储藏室，还是一本字典和一部《圣经》，是故事、历史和文化的宝库，它是永远无法被替代的神圣之物。每个地点、每个物种在渡鸦创造的世界故事中都扮演着自己的角色。矿井并不是故事的一部分。

到目前为止，这个采矿配套项目已经经历了三次更名，而且就像水蝇一样，它不断变形以求生存，尽管这条道路所服务的矿井的预计税收收入与修建这条道路以运出铜、锌和金所花费的五亿美元成本相比相形见绌。相比之下，在通话的那天上午晚些时候砍倒一棵云杉之前，卡尔会对这棵树致谢，并解释自己为什么这样做，因为在科尤康人的传统中，树木永远不会无缘无故地被砍伐，毕竟它们付出了这么多。

除了提供温暖和庇护等实际好处之外，树木还因其药用价值而受到尊重。森林里巨大而古老的云杉是常规露营地，科尤康人相信，它们会保护睡在它们下面的人。每棵树顶端的活跃分裂细胞（分生组织）是采集树木能量和药物的地方。萨满用云杉的球果当刷子，用来祛除疾病。在穿越胡斯利亚附近的胡多丁湖（Hudo’Dinh）和胡努丁湖（Hunoo’Dinh）时，只要随身携带云杉树苗的顶部，就可以消除这两座湖的伤人威胁。

西方科学也赞同这一点。云杉中含有二十一种到二十五种药用生化物质。它们集中在这种树的生长尖端，以及在新叶上形成保护鞘的树脂中。这种树脂是一种强心剂，可帮助血液结合氧气、降低血压，并有助于调节心律失常。将这些生化物质释放到大气中的分散剂具有抗菌和防腐特性。你在家里使用松木消毒剂时，发挥作用的是同样的化学物质。数十亿棵北方云杉的分生组织实际上正在为我们呼吸的空气消毒。[28]

云杉通过刺激生活在其枝条之间的地衣做同样的事情，大大强化了这种抗菌功能，这是一种令人惊讶的共生关系。云杉的针叶会释放出一种名为乙醇胺的生物碱，这种物质环绕树冠，诱发地衣制造抗生素。然后，这些物质会搭上云杉释放的其他气溶胶的顺风车，被森林泵出的风吹到下面，为穿过北半球的通风路径消毒。[29]在云杉释放的混合气溶胶中，有一种名为“β 水芹烯”的黏性化合物，它可以发挥和胶水一样的作用。树木释放的抗生素有自己的黏合剂，可以粘在暴露的皮肤上，从那里被吸收到血液中。这一切都承载在树木的香气里。难怪日本的针叶林空气浴被证明对健康和呼吸有积极影响。[30]

云杉不仅仅为人类做这项工作，这种树中的化学物质还会吸引昆虫，它们使用云杉的树苗来建造家园和给家园消毒，并利用花粉获取蛋白质来打造身体。花粉富含昆虫所需的必需氨基酸，而昆虫损害树木所产生的蜜露为昆虫世界提供了容易获得的可溶性糖。这些昆虫为食物链上等级更高的动物提供食物，特别是为来到北方繁殖的成群候鸟提供食物。这些鸟儿反过来为树木清理昆虫。

这就是科尤康人所属的道德秩序，在这个秩序中，所有生物都有自己的位置、声音和灵魂，而人类与它们之间也有各自的关系。这是阻碍安布勒公路的秩序。纳尔逊引用一位长者的话：

“整个阿拉斯加就像是豪猪手掌里的东西。”

2020年7月23日，当新冠疫情在美国肆虐，阿拉斯加各地社区的民众都被封锁在家中时，美国土地管理局颁发了通行权许可证，批准了这条穿过联邦保护土地的道路路线。九个环保团体在阿拉斯加地方法院提起诉讼，提出土地管理局推进该项目违反了《清洁水法案》《国家环境政策法案》《阿拉斯加国家利益土地保护法》。[31]

虽然拜登政府审查了阿拉斯加的石油勘探，但它仍然推进了安布勒采矿项目和这条有争议的公路修建项目。因此，科尤康人和那些反对修建这条公路的人最后的希望是，大自然将介入，崩塌的永久冻土层会令整个项目的成本高到负担不起。美国政府如今终于在承认碳排放问题方面迈出了几步，但它尚未理解：危机本质上不只与全球变暖有关。它听到了石油、采矿和金融行业高管的声音，但没有听到理查德·K.纳尔逊记录下来的声音。这些声音在寒冷的北方森林深处回荡，用着属于另一个世界的语法：“乡野什么都知道。如果你对它做了错事，它就会感觉到发生在自己身上的事情。我想，一切都以某种方式联系在一起，在地下。”

第五章　海中的森林

The Forest in the Sea

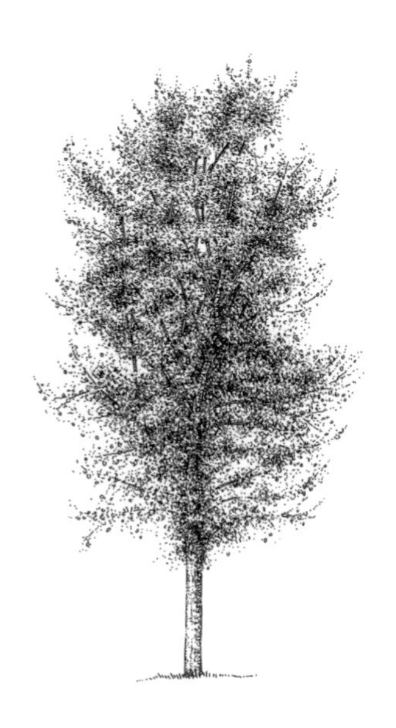

香脂杨（Balsam poplar，拉丁学名*Populus balsamifera*）

梅里克维尔，安大略省，加拿大

44°55'06"N

从阿拉斯加的布鲁斯克山脉开始，林木线直接切入加拿大的育空地区，白云杉森林的前缘沿着加拿大西北地区（Northwest Territories）最北端的轮廓延伸。它似乎要前往努纳武特地区，即巴芬岛和加拿大北极群岛，但它从未到达那里。相反，树木急剧向南转弯，形成一条巨大的绿色“瀑布”，南下穿过阿尔伯塔省和马尼托巴省，在哈得孙湾的一个名叫丘吉尔（Churchill）的小镇，与大海相遇。

丘吉尔位于北纬59°，与苏格兰北端的约翰奥格罗茨处于同一纬度，但年平均气温要低得多。1月的日平均最低气温只有零下30摄氏度。在冬季，哈得孙湾基本冰冻，冰厚达两米，直到8月海冰才会完全融化，然后在11月再次结冰。哈得孙湾是全世界最大的海湾，来自太平洋和北冰洋的海水在这里循环流动，并与加拿大注入海洋的三分之一淡水混合，然后穿过哈得孙海峡，沿着拉布拉多和格陵兰的海岸南下，再次流入大西洋。正是北冰洋延伸至北美大陆中心地带的寒冷导致低温下降，林木线也随之南移。

丘吉尔汇聚了三种生态系统——海洋、苔原和树木。这样的三边生态交错带令该镇享有“世界北极熊之都”的美誉。夏天，北极熊离开脆弱的海冰，到陆地上觅食，并在苔原和森林中建造小窝，秋季产崽，在结冰后又回到冰上。

据我推测，这里是林木线上的一个关键点，是观察正在发生的变化的理想地点。

“不，不，不，”电话那头的人用柔和的爱尔兰口音说道，“你不能只从一侧看。不领略整个流域，你就无法理解树木和海洋的关系。你必须去上游。”

2019年夏天，新冠疫情暴发之前六个月，我前往加拿大开启了一场朝圣之旅，去拜访研究北方森林的最重要的学者之一。当我终于见到戴安娜·贝雷斯福德-克罗格（Diana Beresford-Kroeger）时，她很担心。这个夏天太热了。安大略省已经连续几个月没有下过雨了。她花园里的树正在受苦。她至少还能给她的蔬菜浇浇水，而在从机场开车过来的路上，从车窗望去，一排又一排整齐的玉米秸秆笔直地站立着，身上披着枯萎的绿色外套。她在四十年前刚搬到这里时，这些海洋般的农田许多还都是森林。

在公路另一侧，一辆巨大的工业农作物喷雾车轰隆隆地迎面驶来，它的车轮有一座房子那么高，长长的喷雾臂因为颠簸上下跳动，将有毒的农药滴在柏油路面上。戴安娜缩起身体的动作如此激烈，我几乎以为她要跳出车窗。

“该死！”她怒斥道，“农药。这就是地球现在需要的，它需要更多的癌症。这是为植物、动物和我们设计的死亡。”

当我们抵达梅里克维尔时，太阳已经快要落下，这是一座殖民地时期风格的小镇，气质古朴典雅，坐落在里多河（Rideau River）和里多运河（Rideau Canal）的交汇处，有一些石头铺砌的商店、一座碉堡和冷清的交叉街道。作为一座旧锯木场、毛纺厂兼谷物磨坊的所在地，梅里克维尔是原木顺流而下的水运路线的尽头，连接着通往魁北克和蒙特利尔的木材陆运路线。

加拿大有一半是森林。另外一半的大部分曾经是森林，但北方森林带的南半部分（其在北边与哈得孙湾接壤数百英里）已经逐渐被农业、工业以及加拿大东部的城市和郊区所吞噬。目前的森林砍伐率是每年1%。戴安娜和她的丈夫克里斯蒂安自20世纪70年代以来一直照料的这片一百六十英亩（约六十五公顷）的土地，是如今仅存的几片古老雪松林之一。

当我们拐进她家的车道时，太阳正照在路边排成一行的美国赤松和云杉树冠上。路的另一边是黑野樱和美国白栎。落日映出美丽的深红色雾霭，模糊了树木的轮廓，但戴安娜不喜欢它。

“今年的颗粒物污染增加了百分之百。百分之百！你知道吗，这是因为树正在消失。”她解释说，所有的树，尤其是像槭树这样的落叶树，叶片背面都有毛状体形成的毛，可以梳理空气中的颗粒物，下雨时，这些颗粒物就会被冲到地上。

戴安娜·贝雷斯福德-克罗格是那种能改变你看待事物方式的极少数人之一。她改变了很多人看待森林的方式，包括世界各地的林业专业人士和一流学者。在理查德·鲍尔斯的小说《树语》（*The Overstory*）中，有一个名叫帕特里夏·韦斯特福德的角色，部分取材于戴安娜的生活和工作。这个角色对树木如何使用气溶胶（像小风筝一样释放到空气中的有机化合物）并通过根系网络和体内真菌关系进行化学物质交流做出了开创性的研究。小说中的帕特里夏是一位世界著名的学者，她的工作启发了一代又一代人的后续研究，她的著作也都是畅销书。真实的戴安娜所做的研究确实改变了人们看待和研究树木的方式，但她本人并没有获得期望中的认可和成功。这与她独特的科学视角密不可分。她拒绝了大学教授的职位，因为她觉得自己可以在机构之外做更多的事情，来推动人们对气候变化的认识和解决方案。她称自己是一个“叛逆”的科学家，一个跳出思维定式、将不为人注意的点联系起来的人。

戴安娜在战后爱尔兰的成长经历远远谈不上传统。她八岁时父母双亡，差点被送进科克市臭名昭著的桑德斯维尔地区（Sunday's Well）的抹大拉洗衣房[1]。然而，法官在得知戴安娜在英格兰和爱尔兰都有贵族关系后，建议她和叔叔帕特里克一起生活。帕特里克是一位关注领域很分散的博学者，总是忘记吃饭。他卷帙浩繁的藏书为她提供了精神营养。一次和他的闲聊讨论一直萦绕在她的记忆中，话题和气温有关。如果全球平均气温上升1摄氏度，就会导致饥荒。农作物已经进化到在狭窄的温度范围内成熟：太热，冷温带作物会枯萎；太冷，热带作物会消亡。

① 抹大拉洗衣房通常由天主教团体经营，运营时间为18世纪到20世纪后期。其表面上是为了收容“品行不端的女性”，但实际在这里工作的包括性工作者、非婚生育者、孤儿和精神疾病患者。女孩们在那里为医院和酒店洗床单，工作极其辛苦，但无法获得报酬。

戴安娜的夏天是在西科克度过的，它位于班特里湾附近一座名叫利辛斯（Lisheens）的小山谷中，那里保存着古代凯尔特世界的知识。布里恩法（Brehon law，古老的本土爱尔兰法律）规定，“孤儿是每个人的孩子”。戴安娜作为布里恩法规定的被监护人受到教导：凯尔特人的身体、思想和灵魂三位一体的神圣知识以及树木法则将属于她，她要及时和世人分享这些知识和法则。她被告知，她将是他们以旧法律教导的最后一个被监护人，在她之后就不会再有这样的人了。她肩负着神圣的责任。

戴安娜了解到，三叶草上的第一滴露水对于利辛斯的年轻女性来说是神圣的。她还学习了许多其他仪式，这些仪式背后的基本生物化学原理她后来都在实验室证明过。她有了提出重大问题的自由和自信。当她第一次接触光合作用反应时，她意识到这与呼吸的过程正好相反。同样的元素和化学物质在镜像中将植物和动物联系在一起：二氧化碳和氧气。她还了解到，爱尔兰几乎所有的树木和森林都遭到了破坏。

她不禁好奇：“如果植物（比方说森林）从地球上消失，会发生什么？答案是显而易见的。生命将会灭绝。”这和著名的钟罩实验[①]正好相反。

1965年，戴安娜从科克大学硕士毕业。在学位论文中，她研究了植物对地球变暖的反应。在渥太华卡尔顿大学的博士学位论文中，

---

① 此处指的应为化学家约瑟夫·普里斯特利使用钟形罩、植物和老鼠做的相关实验。一只单独放在钟罩里的老鼠最终死了，但当一盆植物也被放在钟罩里时，老鼠会活下来。

她对比了激素在植物和人类中的功能。在人类体内，色氨酸-色胺通路产生大脑中的所有神经元。戴安娜证明了树木也有这些通路，并使用这些通路产生和我们大脑中相同的化学物质，例如蔗糖版的血清素。她的研究开辟了一种可能，即树木可能具有倾听、思考、计划和决策的神经能力，这种能力也许体现在树的形成层（树皮内层）中。后来，她又攻读了一个博士学位，围绕跳动着的心脏的氧结合能力开展研究工作。当人体氧气含量过低时，就会发生心脏损伤。她利用一种叫作血液稀释的方法，制造了一种新的非分型血液来纠正这种情况。如今，这种人造血液被用于移植治疗和在人体内输送生物化学药物，以抑制癌症。[1]叶子和心脏是地球上对人类生命最重要的两种器官，而戴安娜一生都致力理解和保护二者之间的关系。

她的想法颇具争议，在20世纪60年代的科学界几乎被视为异端。因此，当她下一步用自己改造过的电子显微镜观察植物细胞，并发现了生物荧光（这是量子物理学中的一种现象。二十五年后，这一现象令一个由三名科学家组成的团队获得了诺贝尔奖）时，她所在的加拿大大学的领导层拒绝继续资助她的工作。[2]三个西装革履的男人坐在一张朴素的木桌后面，礼貌地对她说："你应该回家，结婚生子。"

戴安娜就此离开主流科学界，和丈夫克里斯蒂安一起买下这座农场，建造了一座反射微波的被动式太阳能房屋，并归隐于森林，在那里，她建立了自己的研究花园和显微镜研究室。安大略省生物多样性丰富的森林是她的慰藉和救赎。加拿大的原始植物奇观令这位来自爱尔兰的年轻女子目不暇接：由于英国人在她的祖国大肆砍伐森林，许多爱尔兰人对自己土地的生态历史一无所知，她从未见过原始古老森林的解剖结构和如此庞大的规模。她做了实验性试验，从北美各地搜集稀有和濒危物种，还种植了一个树木园。她与号称“第一民族”（First Nations）的加拿大原住民建立了关系，她非常尊重他们的植物知识和智慧。她将自己从植物学、有机化学和核物理学中学到的知识与原住民告诉自己的知识结合起来，将凯尔特人的智慧融入其中，最后将研究结果发表在两本具有里程碑意义的、经同行评审的参考书《美国树木园》（*Arboretum America*）和《北方树木园》（*Arboretum Borealis*）中。这两本书详细解释了北方森林在调节水、空气、土壤、气候和海洋的哺育基础方面发挥的关键作用，并介绍了树木在为现代世界提供食物和药品方面尚未开发的巨大潜力。她被莫霍克人（Mohawk）和克里人（Cree）认为是药物的守护者。在北方森林方面，没有比她更权威的了。她是我们这个时代的先知。

我们刚刚在她和克里斯蒂安建造的北美乔松木屋里吃完早饭。

戴安娜穿着短裤和印着“冲浪救生巡逻员”字样的黄色澳大利亚特色T恤，不耐烦地扒拉着脸上蓬乱的银色头发。她突然伸出手指，指向沸腾的水壶，一圈圈蒸气腾空而起，直冲房椽。“瞧，”她继续指着，“你瞧见了吗？”我点点头。“这就是全球变暖的简单物理学原理！这是基本的科学原因。温度越高，反应速度越快。”

她试图向我解释为什么所有森林都受到威胁，尤其是北方森林。更高的气温导致蒸发量增加，从而导致降水量增加，但雨水不会停留在地面上。热量加速了蒸发和冷凝的循环，更多的水转化为大气中的水蒸气。这就是气候变暖如此危险的原因。并不是说它会通过使地球热得不适合人类居住，从而导致人类死亡，而是水循环的加速会导致干旱和土壤水分过多，从而给森林和树木以及为大气充氧所需的所有植物的根系带来压力。

戴安娜自1963年以来一直执着于气候变化问题。“我只是不想让人们和孩子们受苦，”她说，“尤其是孩子们。”

我拜访她时，人类已经导致大气中的二氧化碳含量增加到了415ppm①。虽然人类在二氧化碳含量为1000ppm的环境中也完全可以生存，但如此厚的一层捕获辐射的气体对地球的加温效应才是她担心的事情，即热胁迫对陆地和海洋中植物王国的产氧能力的影响。浮游生物或树木的大量死亡、雨林的消失和热带地区的荒漠化，会导致大气中本已降低的氧气比例加速下跌。树木循环着大气中大约一半的氧气，在海洋中进行光合作用的藻类维持着另一半。随着地球变暖，两者的功能预计都将变弱。

“病人、年幼的孩子和未出生的婴儿会先死亡。”她指的是那些在氧气浓度稍低的情况下心脏会衰竭的人、在出生后的头几年需要大量氧气才能成长的婴儿，还有需要通过胎盘供应高氧血液的胎儿。

“人类女性已经进化到怀孕三十八周，而不是四十周或四十二周。人类胎儿需要一定量的氧气，而它们无法在第三十八周得到这么多氧气。我预计，以后会出现生殖、生育和流产之类的问题。而

---

① ppm浓度，在气体中指溶质的体积对应于总体积的百万分比。

且我们可能很快就会看到这种情况。如果不是在我的有生之年里，那么几乎肯定会在你的有生之年里。”

戴安娜在她的厨房里走来走去，她拿来几本书并在纸片上画起图表，用来解释她所说的化学反应和生态过程。

“人们必须理解树木的根本重要性。然后停止疯狂砍伐树木。”

“香脂杨（*Populus balsamifera*，英文名为balsam poplar），那就是适合你去看的树，”她说，“你一定，一定要去看看它。”

据戴安娜所说，北方森林是“最后的森林”。她说，就算立即停止肆意砍伐森林，亚马孙雨林也很有可能注定要消失，火灾和干旱将在五十年内终结它。其他热带森林也在严重退化，特别是在西非、马来西亚和印度尼西亚，不过总体而言，近年来全球森林的毁灭速度有所放缓，而且俄罗斯和欧洲的农田抛荒抵消了其他地方的破坏。北方森林是最大、最重要的完整生物群落区，分布在很大的温度范围内，因此有充分的适应机会。

戴安娜说，加拿大北方森林中的关键物种是香脂杨，它是这种生态系统的基础，也锚定了它自己和其他生态系统的关系。它是第一民族的圣树，有很强的药效，是所有北方树木物种中最强的。北方药物的效力最强大，因为极端环境条件（干旱和寒冷）导致树木产生这些化学物质来保护自己。克里人将香脂杨称为“丑树”，因为它的树皮多瘤，叶片粗大，但正是这些生理特征使其如此宝贵，成为药物的宝库。香脂杨树皮上的深深裂缝可以困住雨水，并将水分输送到树木根部。它盘子似的大叶片有心形尖端和亮绿色蜡状表面，充满油和树脂。它巨大的树枝看似随意地伸展开来，为北方森林的复杂林下植被提供了有利的遮阴。它可能看起来很笨拙，但它是森林中可靠的护士。

在压力下，这些化学物质被储存于这种树的树叶和树皮中，戴安娜愤愤地将两手向空中一甩，解释起我们对它们的了解是多么不充分——我们知之甚少。数十个实验室和科学家团队本可以研究这种树。然而，开启研究的人是戴安娜。她观察了春天的阳光如何温暖雌性香脂杨在上一年严寒冬季之前的秋季长出的新芽。当整个冬季紧紧束缚花芽的树脂开始融化时，会触发保护叶片的芽鳞打开。随着天气变暖，太阳加热树脂分子，令它们以酯类和萜类化合物的形式释放到空气中。这些化合物在空气中形成气溶胶，每年春天，大量油性树脂从北方森林的数百万棵杨树中冲进大气，就像是为地球上所有生命提供的健康屏障。她发现，这些气溶胶具有祛痰、抗炎、抗菌和抗真菌的功效。但这仅仅是认识它们的开始。这些油性树脂还含有对人类大脑、肝脏和腺体发育至关重要的二氢查耳酮、其他黄酮和酸。它们是大脑的建造单元，还在体内形成棕色脂肪，这种脂肪对于人类通过颤抖来抵御寒冷的能力至关重要。颤抖反射将脂肪作为燃料代谢掉。这种学会了抵御寒冷的树可以帮助我们在同样的条件下生存。

还有前列腺素类，这是科学界认识得相对较晚的一类物质，其中包括前列环素——一种有益于心脏主要功能并打开和清洁动脉的血管扩张剂，以及有助于女性生育和降低血压的催产素。克里人使用白杨苷的汁液治疗糖尿病，这完全说得通，因为戴安娜在这种树中发现了含有葡萄糖苷的白杨苷。它有助于胃和消化道减缓胃液分泌，调节脂肪分解代谢。

北方树木让戴安娜特别感兴趣，因为它们是在最严酷的环境下进化而来的。它们吸取了经验教训，体内含有激素，并拥有其他植物需要学习的应对气候变化的生存策略。而且它们含有人类必需的化学物质，要是科学界能找到时间和资源来投入适当的关注就好了。她说，那样的话，也许我们会对我们利用树木的方式有不同的看法——实际上，木材可能是森林价值最低的一种用途。

香脂杨使用它从地下深处吸收的矿物质制造这些化学物质。和浅根性针叶树不同，它有一条很深的主根，充当土壤中底栖层和永久冻土层之间的管道。它会吸收矿物质，并将其集中在叶片中。和针叶树不同的是，它硕大的叶片会在冬天脱落。如果将一棵树长出的全部叶片铺开，最多可以覆盖五英亩（约两公顷）的面积。正是这些大量的落叶使其成为北方森林和其他地区的关键物种。香脂杨周围的土壤颜色很深，因为它富含黄腐酸和腐殖酸，其中有与黑色素和褪黑激素相关的大分子，而黑色素和褪黑激素是在人体中产生肤色的化学物质。色素携带土壤中的微量矿物质。它们可以吸引并锁住腐烂叶片中的金属，尤其是铁——有机生长的重要催化剂。这些酸渗入土壤和地下水，最终流入海洋。在咸水中，它们是海洋食物链基础的催化触发剂。

香脂杨中的矿物质因寒冷而浓缩。对于落叶树而言，它进化得可以在北半球高纬度地区茁壮生长，这很不同寻常。这可能是对环境胁迫或连续气候变化（如冰期）的回应：它在气候温暖时期向北移动，然后，当数千年后气温下降时，它发现自己被困在了北方。

这种适应性的结果之一是，香脂杨具有无性繁殖的能力。雄树和雌树都可以在地下伸出横向块茎状根，常常能伸出很远，然后这些块茎状根发芽并长成新树，这些新树是老树的体细胞克隆。香脂杨可以独自创造出一片通过地下根系网络相连的森林，并由该网络在所有树木之间储存养分，并传输信息、食物和碳。最近的研究表明，这种持续不断的交换看起来非常像大规模计算。那些看起来像是小树的东西，其实常常只是大得多也古老得多的植株的小枝——尤其是如果这些“小树”在一片区域大量存在的话。香脂杨和它外表更秀丽的表亲颤杨（*Populus tremuloides*，英文名为trembling aspen）形成的树林通常是北半球古老森林的标志。迄今为止，人们发现的最古老的个体是美国犹他州的一片颤杨林，占地八十英亩（约三十二公顷）的所有树都连为一体，每一个克隆都带有同一个祖先的相同DNA，可以追溯到一百六十万年前更新世冰盖融化时期。[3]

但这只是香脂杨所维持的三种森林中的一种。第二种森林是林下植被——灌木丛，主要是结浆果的灌丛，这些植物对北方森林的鸟类、哺乳动物和人类至关重要，并且需要香脂杨提供的阴凉才能生存，就像需要它吸收上来的矿物质一样。第三种则是海中的森林。

*

多年前，当戴安娜在科克海岸采集海藻标本时，她就在想，为什么河口会有如此丰富多样的生物——海鸟、鲸、海豹等。难道只是因为淡水的含氧量高于海水？还是另有缘由？一次偶然的机会，她遇到了来自北海道的日本科学家松永胜彦教授。这位教授也曾提出同样的问题，并得出了答案。

松永对北海道因农业生产导致的森林砍伐与同一时间沿海海洋食物链的崩溃之间的显著联系很感兴趣。海洋食物链的基础是一类数量庞大的微小单细胞生物，称为浮游植物。这些生物体的生长依赖水中的养分和矿物质，如磷、硝酸盐和铁，而且这些物质必须以它们能够利用的形态存在。[4]松永的研究得出了一个令人意想不到的结论：森林中树木的自然腐烂会提高其中一种分子的生物可用性，那就是铁。这是怎么发生的？铁是许多生化反应的催化剂，所有细胞都使用铁来制造生物生长和繁殖所需的蛋白质。对于植物和浮游植物而言，铁也是最重要的光合作用过程中必不可少的催化剂。在光合作用中，阳光被叶绿素等色素捕获。通过一系列复杂的反应，光子被转化为能量储备，驱动将二氧化碳固定为糖类的过程。捕获的光还用于将水转化为电子和氢气（用于制造能量），以及氧气。铁这种关键资源通常极微量地存在于水中，它只有先被腐殖酸等载体大分子螯合并浓缩，才能被浮游植物有效地获取。这通常是由森林中落叶的腐烂过程实现的，然后腐殖酸和螯合铁被河流冲进海洋。

浮游植物是浮游动物的食物。甲壳类动物、鲦鱼、软体动物和其他海洋小动物以浮游动物为食。鱼类又以这些海洋小动物为食，而更大的鱼……以此类推。因此，树木提供的可用铁元素是海洋食物链的基础之一。

陆地上的饥荒会导致海洋中的饥荒，以及氧气含量的大幅降低。

蓝藻贡献了地球上光合作用总量的50%，是至关重要的氧气来源。干旱不是唯一的问题，洪水也可能是致命的。来自陆地的大量营养物质（农业径流中过多的硝酸盐和磷酸盐）可能在海洋中形成缺氧区。水华，也就是超出食物链高层物种消耗能力的浮游植物过度生产，会刺激以藻类为食的细菌爆发，但这会耗尽海水中的氧气，形成死亡区。当鱼类游过死亡区时，它们就会死亡。

日本有一句古老的谚语："要想钓到一条鱼，就种一棵树。"事实证明，这句话是有道理的。树木通过自身的活动和对海洋初级生产的管理来调节大气。然而，戴安娜用满脸不相信的表情说："你能相信到目前为止还没有人描述过腐殖酸分子的特征吗？"

香脂杨是卓越的矿物开采者，也是迄今为止北方森林中体形最大的落叶树。就习性而言，它并不是林木线物种，但是可以在零下六七十摄氏度的气温下生存，还可以承受极端高温。"在气候范围和有机物质产量方面，没有任何常绿树可以和它相比。"戴安娜说。

丘吉尔是树木、苔原和森林交会的地方，要想理解那里的海洋中正在发生什么，她建议我先去一个名叫波普勒河（Poplar River）的地方。那是个第一民族保留地，是哈得孙湾集水区的一部分，该集水区的雨水流入纳尔逊河（Nelson River）和丘吉尔河（Churchill River）。它是最后的保存完好的集水区之一，在这里，人们可以观察到大自然不受阻碍的功能运转。

"那里的人能够告诉你关于它的神圣意义，例如药物和许多其他东西——比我知道的还多。但你需要做好准备，应对不同的心态。他们看待事物的方式和你习惯的方式不一样，如果你明白我的意思的话。”

我解释说，我在非洲和原住民一起生活过很多年，学习斯瓦希里语，体验他们的精神世界，如果她是这个意思的话。她笑了起来：“哦，很好，那就没问题了。我们要在这里用芥末做饭。”

波普勒河，马尼托巴省，加拿大

53°00'07"N

目的地总是从火车站或航站楼开始。在铁路或航班旅程的尽头，你可以从排队的人、站点的名字、对话的内容中把握世界的样貌。在温尼伯，前往保留地的旅程从开往圣安德鲁斯机场的班车开始。我了解加拿大第一民族的艰难历史，也知道殖民地时代征收行为的普遍性，但令我猝不及防的是，斗争至今仍然存在，伤口如此新鲜，情感如此强烈。

司机是个名叫默多克（Murdoch）的伙计，这是个苏格兰名字。他的脑袋剃得光溜溜的。他为自己是个白手起家的人而自豪，并将这归功于自己打小就很独立。他十岁时离开自己母亲身边。“这是发生在我身上的最好的事情……我的钱都是自己挣的。不像这些印第安人。”我缓缓吐出一口气。我想我要听一场讲座了，因为能从圣安德鲁斯机场抵达的目的地全都是北部的第一民族保留地。默多克想要表明某种观点，不过我不确定是什么样的观点。

“说到这些印第安人，”他若有所思地说，“他们只想要更多的钱，更多的钱，更多的钱。我们还要给他们钱到什么时候？没错，我们很久以前偷了他们的土地，但是现在这样还要继续多久？我可以跟你说，马上就应该停掉。”我听得有点蒙。他的表达很奇怪。尽管默多克这个名字来自苏格兰，但他其实有一个“协定编号”，这意味着他是原住民的第四代后裔，因此按照第一民族的领导者们与殖民政府和定居者政府签署的一系列协定，他可以享有第一民族被许诺的住房、税收减免以及各种其他社会福利。

“这太荒谬了。我买新车没有缴税！如果你对此说点什么，他们就说你是种族主义者。”

这下默多克的观点变得清晰起来。他希望被视为一个独立的人，而不是接受施舍的人，但他站在不稳固的立场上。历史尚未尘埃落定，他也不确定自己和历史的关系。因此，他自己也冒着变得荒谬的危险：一个拒绝承认自己血统的混血男人。

车窗外的景色是一系列黄色、绿色和棕色的乏味方块，是由道路、郊区、车道、北美大草原天空和用塑料壁板围起来的谷仓组成的四四方方的轻工业景观。在曾经被称为“榆树城”（Elm City）的地方，几乎看不到一棵树。这就是白人，也包括默多克的祖先，对他们偷来的土地所做的事情。默多克要求认同的“文明社会”就是这样，而不是保留地或者一个多世纪前这里的宏伟稀树草原。

他很好奇，想知道我为什么要去他口中的“鬼地方”保留地。是去度假吗？聊天内容转向气候变化和温尼伯湖毁于农业污染。默多克很悲观。“我们什么也做不了。会发生核战争的。抹掉全世界一半人口然后重新开始——这就是我的想法。希望你不要觉得我太消极了！”我在座位上不安地挪了挪身体。

又有两名乘客上了小巴：他们是一对衣食无忧的夫妇，为北方公司（以前的名字是哈得孙湾公司，是旧殖民组织网络的遗产）管理加拿大北部的超市。

默多克的立场因为新来者变得坚定了一些，这对夫妇放松地享受着共同偏见的抚慰，向我讲起我将会遇到的情况。

“我希望你那个包里没有威士忌——不然你会坐牢的！”

他们和默多克一起嘲笑保留地禁止饮酒的自我规定，以及现实中猖獗的酗酒和吸毒现象。他们抱怨那里的食物质量，显然没有意识到其中的讽刺之处：他们自己就是本可改善现状的食品商店经营者。他们并不因为向别无他选的客户收取高昂的价格而感到难为情，而生活在偏远保留地（常常不通公路）的第一民族原住民，要去任何地方都得负担高昂的机票价格。这对夫妇的理由是，这些居民花的是联邦福利金，而且他们还不缴税。从某种意义上来说，他们把随意的种族主义言论当作本地知识来对待，这是一种“必要的”短视，好让他们对自己的工作感觉良好，对自己在一套基本上仍然完整的殖民牟取暴利体系中的角色感觉良好。

机场似乎也在讲述着同样的剥削和虐待故事，不过是从另外一面。不是用正当化和非理性的语言，而是用人来书写：一种骄傲的文化在外来消费主义的重压下挣扎，身体被工业化生产的食品扭曲，塞进合成材料的衣服，戴着宣传外国棒球队的帽子，说着一种被英语的发音方式包围和侵蚀的语言，目光迟缓而警惕，包含着降低的期望、未兑现的承诺和愤世嫉俗的敌意，这是我在其他许多前殖民地已经非常熟悉的眼神。

当我登上飞往波普勒河的双引擎赛斯纳飞机时，我自己的目光有被殖民心态染色的风险。除了我之外，飞机上只有两名乘客，是两个看上去很憔悴的原住民，一男一女，穿着污渍斑斑的衣服，瘫坐在座位上，飞机起飞之前就已经酒气熏天地打起了呼噜。在白人的世界里，他们被剥夺了独立选择的能力，很容易被视为欧洲人在北美长期暴力活动的受害者，并取决于你的政治立场得到同情或者嘲笑。但是一个小时后，他们就会清醒过来，从飞机上走下去，重新扮演他们在保留地的父母、兄弟姐妹、社区成员或长辈的角色，成为有益于所有加拿大人的生态系统的守护者，以及我们所有人必须尽快重视的古老智慧的传授者。

二十分钟后，这架小飞机飞越了下面的边界。大自然被改造、修整、压制、毒害和喷洒而形成的大片形状方正的农田突然消失了。东边是世界第十大淡水湖温尼伯湖，浑浊的湖水拍打着一片被藻类染成绿色的湖滩，下面，森林的到来给人的感觉就像是吸入一大口新鲜空气。在接下来的一个小时里，随机的颜色在大地上掠过——泥炭藓的斑驳橙色、颤杨的黄色和云杉的黑色构成的不均匀条纹，沼泽草的无数绿色多边形，还有森林的旋涡和一条条溪流的丝线，点缀着泥炭沼泽地上明亮的珍珠：这是占地面积三十万平方公里的哈得孙湾低地（Hudson Bay Lowlands），全世界最大的湿地。它标志着加拿大声名远扬但经常被忽视的北方的开始——北方是加拿大国家认同的重要组成部分，但很少有人前往这里，或者认真观察它。

眼前的景色让人很容易迷失在广阔的地平线中，对于眼睛和心灵来说都让人招架不住：这是一片没有任何人类痕迹的原始栖息地。但这是另一种殖民思维。任何“未开发的荒野”，对于那些称其为家园的人而言，都既不是未开发的，也不是野生的。在自然中，第一民族永远不会真正迷失方向，并且总是非常自在。下面的土地是数千年来由人类守护者塑造而成的，其中最新的一批就包括我正在打呼噜的同航班乘客。

这是一幅激发人们谦卑、崇拜和服务之心的风景。人们很容易想象它是无穷无尽的，很容易假装它是不可战胜的。荒野的概念、荒野给人的兴奋感及其可能性，都取决于清除它的人类居住者。早期殖民者所称颂的稀树草原和森林，大多是原住民以前管理过后来又废弃的景观，因为原住民的人数由于入侵者的涌入而大大减少。[5]清除仍在继续，因为人们——以及他们使用法律的能力——是资本主义贪婪地吞噬森林的主要障碍。在这场战斗中，刻板印象——退化的原住民、原始荒野——是武器。这两者都是必要的谎言，支撑着加拿大合理繁荣的自我形象。

加拿大自然资源部的网站声称，该国的森林砍伐率为0.4%，但是又很便利地假设北方森林所有被砍伐的部分都将生长回来，因此砍伐并没有真正发生。事实上，像我刚刚飞越的这种宝贵生态系统已经进化了三万年，而且仍在进化中，一旦遭到破坏，将永远无法被替代。自1990年以来，加拿大七分之一的北方森林被砍伐殆尽，令人震惊的是，其中很大一部分变成了制造厕纸的纸浆。[6]对于地球上的人类来说，最后一批剩下的树木关乎生死存亡，而我们实际上正在用它们擦屁股。加拿大的森林扰动率（这是更充分的指标）是

3.6%，是全世界最高的，甚至比巴西还高。令加拿大跃居榜首的是对纸浆、纸张和木材的需求，以及为了开发阿尔伯塔省地下利润丰厚的焦油砂而砍伐的大片森林。人们在第一民族所属的区域伐木和采矿时，需要获得这些原住民的签字许可，因此他们经受的压力是巨大的，能获得的物质奖励也很丰厚。

不过，在过去的三十分钟里，我乘坐的飞机飞越的一直是商业公司无法染指的土地。在这里，为了攫取利润而貌似不可避免的环境退化过程奇迹般地停止了。由波普勒河第一民族（Poplar River First Nation）牵头的四个原住民社区齐心协力，实现了一项非凡的壮举：2018年，他们的传统领地被认定为联合国教科文组织世界遗产地。受原住民保护和管理的将近三万平方公里的森林是北美面积最大的受保护森林，与丹麦的国土面积相当。

联合国教科文组织的认定不仅是因为这片土地在环境方面的意义，还因为它和阿尼什纳贝人（Anishinaabe）之间的文化关系，这使它成了一个重要的先例。对于自创世神话中陆地从水中升起以来（大约八千年前，和欧洲的石器时代同一时期）就生活在这里的原住民来说，他们并不将人类与土地分开看待，而是将人类视为整个系统的一部分，土地和人都属于同一个有机体。和北方森林中的所有其他原住民一样，他们认为岩石、水、树木、动物、植物、风、雨和雷电都被赋予了灵魂，而他们与诸灵共享土地，在使用有限的资源时必须和诸灵沟通商议。得到承认和保护的正是这种关系。

下面终于出现了一艘船、一根广播天线塔、一片铁皮屋顶，以及河口沿岸的建筑群，干净的河水正在注入受污染的温尼伯湖，森林里冒出一条清理出来的飞机跑道。这里曾经只是一群阿尼什纳贝人的夏季捕鱼营地，1806年才被哈得孙湾公司标记在一张英语地图上。凭借天然港口和贸易站的建立，如今这里已经成为拥有一千四百个居民的永久定居点。

在机场跑道的围栏边，独立式木屋坐落在被粗糙的草地包围的空地上。一条尘土飞扬的碎石路蜿蜒进入树林。门口有十几辆看起来破破烂烂、覆盖着白色灰尘的皮卡，排着队等待航空邮件。在这些车辆后面，一栋早已废弃的古老建筑上涂抹着一处绿色的彩绘标志：波普勒河，海拔760英尺。我的同行乘客抓起行李，拥抱前来迎接他们的人，然后上车离开。和胡斯利亚一样，波普勒河是一个飞机直达社区。穿过泥炭沼泽地的道路只有在冬季结冰的情况下才能通行，而且就连这种通行方式也变得越来越不确定了。

然而，这个艰难困苦的小地方却为我们指明了通往未来的道路，针对不可避免的气候变化的死胡同，向我们展示了唯一可行且现实的出路。在北美最大的受保护的大地景观中，四千名居民正在展示如何重建人类与地球母亲之间的和谐关系。他们试图提醒我们一些基本的事实。他们称自己的传统领地为“皮马乔文阿基”（Pimachiowin Aki）——“给予生命的土地”。

“如果土地生病了，我们也会生病。”我的寄宿家庭主人说道。她叫索菲亚，是戴安娜的朋友。这看起来如此明显，如此简单。我们怎么会把它忘记的？

机场上有一辆满是灰尘的皮卡，那是社区领袖和活动家雷·拉布利乌斯卡斯（Ray Rabliauskas）和索菲亚·拉布利乌斯卡斯

（Sophia Rabliauškas）的车，他们是过来接我的。我们离开飞机跑道后沿着碎石小路前进，颠簸着穿过小镇。波普勒河的主要建筑由不同大小的方块组成，这些方块都包裹着白色塑料。最大的建筑是北方公司经营的超市，然后是学校、社区中心和消防站。我们离开镇中心，树木迎面而来。道路两旁是高达十五米的颤杨灌丛——阿尼什纳贝人用英语称它们“poplar”（杨树类物种的统称），用他们自己的语言称之为“奥瑟戴”（auhsuhday）。每隔一段距离，树木中的空隙就会显露出空地上的一户人家。河流穿过树林，银色的水面闪闪发光。这座小镇，还有耸立在树木阴影下的房屋，似乎受着大自然的摆布：留在院子里的汽车、船只和烤肉架，都有可能在几年内被森林吞噬。

一辆巨大的卡车呼啸而过，车内大声播放音乐，灰尘从我们开着的车窗涌进来。我们经过了加拿大皇家骑警围栏整齐的院落，旁边是被带离自己家庭的寄养儿童暂时居住的“集体之家”，以及可怕的儿童和家庭服务局（Children and Family Services，简称CFS）办公室。在快到划定保护区的尽头时，道路停在河流拐弯处的一片颤杨、香脂杨、桦树和柳树的混合树林中，索菲亚和雷的原木小屋就在这里。在他们装饰着原住民艺术品的漂亮房子里，他们的小孙子正在客厅的地板上玩汽车玩具。窗子框住外面河边野稻、沼泽草和阳光映照河水的神奇景色。

我们谈到了CFS。这看起来也许很奇怪，但他们为保护土地所付出的努力，以及这努力所导致的皮马乔文阿基的成立，其根源都可以追溯到政府的办公室。那里，前几代人遭受的暴力仍在回响。这个国家过去偷走土地，再偷走原住民家庭的孩子，以“文明”的名义把他们送进寄宿学校，如今仍在把孩子从他们的家中带走，但现在是为了“保护”他们。失业、酗酒、药物成瘾和社会隔离问题在加拿大的原住民社区中很普遍，其中一些社区的比例是北美最高的。保留地的问题最为严重，因为国家承诺的免费住房只在这里提供。没有足够的房子。很多家庭仍在等待。与此同时，保留地的工作岗位却很少。培训机会几乎为零，而且要想接受高中教育，孩子们不得不去温尼伯。就连水管工和电工都是从外面空运过来的。缺乏自尊和有意义的工作会造成严重影响。

在保护区内，没有一个家庭不受儿童和家庭服务局的影响。索菲亚摇了摇头，眼神低垂。她留着一头长长的黑发，看起来还不到当祖母的年龄。她和雷多年前一直尝试照顾自己家里的侄女和侄子，这些孩子的父母被加拿大政府认为疏于看管或虐待儿童。但他俩的要求经常遭到拒绝。孩子一旦进入这个系统，就基本不可能把他们弄出来了。

雷和索菲亚问自己，到底发生了什么事，然后发现了其中的关联。在殖民统治早期，原住民儿童被鼓励上学。然后，随着教会学校的扩张和国家控制能力变强，这种鼓励变成了一种要求。但由于很多家庭四处迁徙，或者远离政府的前哨，孩子们被要求去上寄宿学校，这往往违背了他们自身的意愿。雷和索菲亚注意到，被送进这些学校的儿童会遭到殴打、剃发、虐待，因为说“肮脏的印第安语”而被用肥皂冲洗嘴巴，还经历了其他可怕的事情，后来成了有人格缺陷的问题父母。社区对此做了一番讨论，他们和其他长者提出了一条疗愈之路：寄宿学校的受害者和遭受其后遗症之苦的后代应该回到这片土地，记住自己的传统仪式，重新学习自己的母语。既然语言和文化是从土地中衍生的，那么疗愈的方法就是回到土地。

教会、国家和学校都告诉索菲亚的父母，古老的生活方式是有罪的、异教徒的、错误的，但索菲亚的父亲总是在晚上给她讲故事。他很睿智，更重要的是，他很固执。他允许女儿去上大学，但是告诫她："除非你知道自己是谁，从哪里来，否则知识将毫无用处。"幸运的是，索菲亚记住了这些。

"我们忘了向诸灵致敬，"她告诉我，"我们和土地不是分开的。我们是土地的一部分。造物主告诉过我们这一点，如果你向土地敞开心扉，即使只是坐在河边，也能得到治疗。"

该社区开启了一项疗愈营地计划。他们选择了一处上游一百英里的地方，那里在过去是一家人秋季和春季打猎的地方。他们筹集资金，将帐篷和长期停留所需的物资空运过去。这里过去只能乘独木舟到达，距离任何道路或小径都有数英里之遥，这块圣地位于织女湖（Weaver Lake）的湖岸上，但这是白人口中的名字。直到现在，阿尼什纳贝人才学会再次用自己的祖先给它起的名字来称呼它："Pinesiwapikung Saagaigun"，意思是"雷湖"（Thunder Lake）。

很多人以前都没有去过那里。索菲亚自己从小就没有和父亲去过那里。年轻人不知道古老的仪式或语言，甚至不知道自己的传统名字。

"我们不用'丢失'这个词，"索菲亚自豪地说，"知识就在那里——就在这片土地上。如果我们聆听并实践我们的传统仪式，这些知识就会展示在我们面前。”土地就是记忆和档案。如果你坐下来观察动物足够长的时间，你就可以知道它们所知道的一些事情。例如，你可以看到马吃香脂杨的叶片来预防腹绞痛。或者你可以看到河狸啃食香脂杨，让自己的皮毛油光水滑。索菲亚嘲笑政府制作的营养手册《加拿大食物指南》。“它完全不适用。”按照传统习俗，阿尼什纳贝人不吃碳水化合物和乳制品。很多人都有乳糖不耐症。但他们被告知，“这是一种健康饮食”。而实际上，他们自己的野生食物会让他们健康得多。

“当我们吃河狸时，我们就得到了河狸吃过的所有药物：颤杨、柳树、桦树、睡莲。”

疗愈营地非常成功。它们持续运转了很多年，其中有专门针对有行为问题的儿童、糖尿病患者（因为慢性精神痛苦与饮食密切相关）的疗愈营地，也有针对曾在寄宿学校遭受虐待的老人的营地。回归他们的传统仪式、食物和语言，这给了社区信心，让他们能够自信地批评别人告知的关于他们自己文化的东西，并维护他们与土地有关的权利和责任。这个过程打开了一扇门。它促成了最终建立起皮马乔文阿基保护区的运动，还为索菲亚赢得了戈德曼环境奖。

现在，学校在那里为孩子们开设了一个森林营地，而索菲亚在小学教授这里的母语阿尼什纳贝语。她刚开始上课时，问班上的学生：“这里有谁是阿尼什纳贝人？”结果只有两个孩子举起了手，尽管他们全都是阿尼什纳贝人。现在，当她再问出这个问题时，所有孩子都知道她在说什么了。

文化与现代生活的协调并不总是那么简单。他们的大孙子艾丹走进我们谈话的房间，拿着iPad坐到沙发上，马上开始玩一款暴力电子游戏。

“你能至少把喷血效果关了吗？”索菲亚恳求道。

但是波普勒河社区已经找到了生存之道。他们有一块指引他们的试金石：土地。只要有机会，雷和索菲亚以及其他人就会带着长辈到这片土地上去，激发回忆和词汇，鼓励他们讲述故事。

第二天，他们要沿着这条河乘船前往温尼伯湖，他们邀请我一起去。

埃布尔从橙色的玻璃纤维快艇上下来，踏上光滑的岩石圆顶，我握住他的手，好让他站稳。他的黑色鞋子在拍打着这座岛屿的吃水线附近停了一会儿，与此同时，他从我手中拿回了手杖，随后他爬上了坡，坐到一片地衣上。这座小岛覆盖着北方森林常见的灌木丛——刺柏、柳叶菜、拉布拉多茶和香蒲。发育不良的北美短叶松（*Pinus banksiana*）依附在岩石偶尔出现的裂缝上。土壤是更古老的景观才会有的奢侈品，年轻的加拿大地盾构造拥有植被的历史只有几千年。

埃布尔的黑眼睛看着我，然后又盯着波普勒河口温尼伯湖边无数小岛中的一座。就好像陆地被打碎了，然后碎片散落在水里。他光滑的棕色皮肤在温暖的午后阳光下闪闪发光，露出灰色的胡茬。他旁边坐着他的表哥。阿尔伯特比埃布尔稍大一些，他们的头发一样黑，头脑也一样敏锐。他穿着一件飞行员夹克，棒球帽低低地压在他的眼镜上。

“马尼托（Manitoo），”阿尔伯特缓缓地说，“这是造物主的意思……马尼托帕（Manitoopa），意思是造物主坐下的地方。”他抬了抬方下巴，表示他说的是我们周围的这座湖泊。在一切事物中看到神灵并不是阿尼什纳贝人独有的想法。直到最近，这还是大多数人类社会的公理。如果你相信神灵住在森林中或草甸上，那么砍伐森林或挖掘草皮就会更困难。

奥吉布瓦族（Ojibwe nations，阿尼什纳贝人是其中一支）相信，陆地最初是从水中升起的，是作为供人类生存的礼物而赠给人类的。作为回报，人类必须真诚地照料它。随着一万一千年前劳伦泰德冰盖的消退，它留下一个名为阿加西湖的冰川融水湖泊，其面积比现在的温尼伯湖大得多。大约一万年前，皮马乔文阿基的所有土地都还在阿加西湖的底部，但几千年后，这片土地不再被积聚冰层的巨大重量压抑，发生了反弹，于是此时被我们坐着的岩石浮出了水面。一开始，岩石上生长着地衣、苔藓、北美短叶松和云杉。然后，在大约五千年前，桦树和杨树加入这些早期先驱物种的行列。从那时起，皮马乔文阿基的“马什基克”（mashkeek，意为湿地）就一直保持相对稳定，直到现在。

“驼鹿在离开，鸟儿在离开，兔子在离开，北美驯鹿也几乎消失了。”埃布尔很低落。“我们看不到年轻人出去打猎、设置陷阱、捕鱼。”他认为，问题在于人们不再捕猎造物主提供的动物。捕猎动物是对它们和它们灵魂的尊重。“如果我们捕猎它们，它们就会回来。”

这是一个有争议的想法，也不受自然保护主义者的欢迎，但是既然榛树对平茬的反应是生长得更加旺盛，茅香对拔草的反应也是如此，那为什么动物不会如此呢？植物学家兼教师罗宾·沃尔·基默勒（Robin Wall Kimmerer）曾写过一位设陷阱的捕猎者的故事，他通过选择性地捕杀雄性貂，实际上增加了他所在地区的貂的数量。这归根结底是对生态学的细微理解，不过阿尔伯特和埃布尔不会用“生态学”这个词。相反，他们谈论的是神圣的仪式和灵魂。

“我们杀死猎物、吃东西或采摘东西之前，会表达感谢，并将烟草献给造物主。”埃布尔举起手杖，画出一条宽阔的弧线，“你看到的一切都是药。我认识二十四种药。”埃布尔是波普勒河阿尼什纳贝人社区的药物守护者之一。他得到的一种树是“穆纳苏戴”（muhnuhsuday），即香脂杨，阿尼什纳贝人给它起的英语名字是“black poplar”（黑杨）。它是一种神圣的树，就像所有拥有重要用途的树一样，也就是说，大部分树木都是神圣的。

“我小时候从来没有牙疼过，”埃布尔说，“我爸爸会给我摘下一根黑杨树枝，然后牙齿就会掉出来。不会疼。”他微笑着说，仿佛在证明。

戴安娜提到的香脂杨具有心脏治愈功效，这在阿尼什纳贝人中的长辈那里是众所周知的：在心脏高度切一块和人心大小相当的树皮，放入水中熬煮，就可以释放出强心剂，他们发现，它还能够抗癌，戴安娜支持这一想法。当我离开波普勒河时，雷送给我许多纪念品，当中有一样是一罐用香脂杨的芽制成的药膏，他说这种药膏对于任何皮肤症状都有神奇的疗效。

白云杉被用于建筑工程，还用来做帐篷杆和冬季寝具，山茱萸被用来制作篮子和药物，颤杨被用来制作陷阱，柳树被用来制作蒸汗小屋……这张清单几乎无穷无尽。

“我知道的东西，我们可以在这里说上一天一夜。”埃布尔说。接下来他停顿了一下，然后突然改变了话题。

“寄宿学校，我在那里待了四年。发生了很多不好的事情。我被我的老师性侵。是的，我被强奸了。我们每天都挨打。我妈过去会给我的长头发编辫子，她对我说永远别剪它，但是我一到那里，他们就把我的辫子剪掉了。那个学校在克罗斯莱克（Cross Lake）。我经常想在那儿发生的事。现在我睡觉的时候还会做噩梦。有时候我会对着墙砸拳头。我从学校回到家的时候，谁是我妈？谁是我爸？我不知道他们是谁。我不知道如何笑出声或者微笑。我不怕挠痒了。我以前很怕痒。后来再也不会了。我妈从来没维护过我。她对我说：‘别把任何东西带进我的房子，把它带回你来的地方。’”

我们向外眺望着湖面。鹈鹕在远处的一块圆顶岩石上空巡逻。白头海雕绕着另一座岛上的松树盘旋。加拿大雁静静地飘过，仿佛拥有世界上所有的时间。

六十年来，埃布尔从未告诉过任何人在克罗斯莱克的寄宿学校发生的事情。在八九岁的时候，他实际上被传教士绑架了。但自从有了在疗愈营地的经历后，这常常是他告诉别人的第一件事。

“是的，他就是这样，”雷说，“埃布尔如今喜欢说话。看起来他想要走出来。”

疗愈营地让埃布尔和其他受过苦的人得以倾诉。说话是一个开始，让人理解所发生的事情的严重性，知道有什么东西丢失和价值受损了。他们投入了巨大的精力，试图融入、否认自己的身份、获得白人的认真对待，按照白人的条件并在白人的城镇中获得成功。对话是一个开始，让人开始意识到正义的可能性，尽管实现正义的路径仍然不清晰。

一万名原住民儿童在寄宿学校死亡。加拿大政府曾试图将埃布尔、阿尔伯特和其他人与他们的历史、文化和语言隔绝开来，实际上就等同于改变他们的身份。如果你是和许多其他生物一同根植于生态系统之中的一种生物，那么疗愈就意味着恢复你继承的角色，恢复你与土地的联系，尽管“土地”这个词还不够准确。“皮马乔温”（Pimachiowin）是一切，是一个世界的系统。就算是“自然”这个词也有误导性，因为它如今意味着与人类领域分离的事物。“皮马乔温”完美地展示了人类学家爱德华多·科恩（Eduardo Kohn）所说的“超越人类的人类学”——一套比人类的意识领域更大的标志、符号、关系和意义，而人类只是其中的一部分。

我们应该在寻找驼鹿，估算其数量，从而得出“可持续捕杀”的数量。驼鹿曾经是波普勒河地区的主要生活来源，如今却越来越稀少。没有人完全知道其中的原因，但森林结构的变化似乎与其数量的减少有关：由于火灾和气候变暖，森林变得更加茂密，更难以进入。驼鹿正在向北迁徙。

这艘配有白色人造革座椅的老旧玻璃纤维快艇由埃迪·赫德森（Eddie Hudson）驾驶，他是当地议员，也是皮马乔文阿基公司的董事会成员。埃迪半躺在座椅上，格子衬衫的袖口卷起，一只手肘搭在船舷上，脚上蹬着牛仔靴，伸直了双腿。阳光照在他晒黑的脸上，风吹过他前额的灰白色头发。他正在欣赏渐渐消退的光线将岸边美丽的细沙滩映成橙色和粉红色。

“从前，当我看到树木时，我看到的是财富。”他学过经济学。但长辈们教导他以不同的方式看待自己的传统家园。

所有人的目光都注视着陆地上浓密的森林之墙。埃迪将船缓缓开进一个布满沼泽草和杂乱巨砾的浅湾，近距离观察自他上次来过这里之后新出现的一个河狸水坝。没有驼鹿。

风在棕色的湖面上劈出越来越高的白色浪头。我们将船系在一块岩石上，然后搜集刺柏灌丛，生火煮茶。两只在远处觅食的沙丘鹤鸣叫着飞向粉红色的天空，发出的声音非常像它们的阿尼什纳贝语名字：“乌奇查格”（oocheechuhg）。就在我们坐在石头上喝茶时，一头雌性黑熊带着幼崽从陆地上的森林里钻出来，准备下水游泳。我们看着它们在湖滩上嬉戏。

“我们差一点就失去这里了！”埃迪说道，他像一位志得意满的国王一样坐着，仿佛在审视自己的领地，“我们仍可能失去它！我们曾经把土地卖给了王室！”大家都笑了起来，看向阿尔伯特。正是他的曾曾叔父以“x”为签名，代表这里的社区签订了1875年的《五号条约》，将这些土地割让给了维多利亚女王。

“但是所有‘x’看起来都一样。”他为自己辩护道。大家笑得更欢了。

“至少现在我们说话管用了，我们可以保护它。”埃迪说。获得保护地位的条件之一是社区必须提出“土地管理计划”，他们将其改成了“土地使用计划”。“他们说土地需要管理。胡说八道。让森林管理自己，让动物管理自己。”埃迪突然收起笑容，“我们必须用白人的语言表达，这样他们才能理解。”管理和使用之间的区别很重要：管理意味着统治，使用意味着尊重、允许和感激。

除了清点驼鹿的数量，还有一项为期数年的研究，内容是测量泥炭沼泽的干燥程度——英语中的泥炭沼泽一词“muskeg”就来自湿地在阿尼什纳贝语中的称呼“mashkeek”。由社区委托进行的一项碳研究发现，一英亩泥炭沼泽所含的碳是同等面积森林的十八倍，而整个皮马乔文阿基地区储存了4.44亿吨碳。碳核算可能成为波普勒河的新型经济。

土地使用计划的条款和阿尼什纳贝人对其造物主的亏欠是相同的。土地必须得到使用。诸灵必须得到尊重。圣地必须有人造访，并寻求造物主的指导。烟草必须被焚烧，鱼必须被抓到。我要参加一个周末前往雷湖探险的计划。这也是年青一代摆脱手机的机会。

天色渐晚。太阳几乎要贴上温尼伯湖布满棱纹的棕色湖面，当我们的脚步穿过大小不一的巨砾时，风追赶着我们回家的脚步，但埃布尔和阿尔伯特才刚刚打开话匣。阿尔伯特来自鲟鱼部族，而埃布尔是狼部族的，他们解释道。

“相应的动物是你的祖先，你的保护者。你必须了解这种灵魂、这种动物的故事，要尊重它。”阿尔伯特说。

他讲了野兔如何长出长耳朵的故事，还有猎人被狼欺骗变成女人的故事，然后他指向岸边的一处圣地。

“那是我们举办摇晃帐篷仪式[1]的地方。那是我们的电话。儿童禁止参加。我们会整夜享用盛宴，和其他远至不列颠省哥伦比亚甚至努纳武特地区的其他部落交流。”

甚至当我们把船拴回浮桥，再次坐上雷的卡车并把阿尔伯特送回家时，阿尔伯特仍然在说话，好像众多生命都取决于他的知识。当然是这样，这也包括他自己的生命，尤其是他自己的生命。

“世界上的所有树都是一棵树的后代，它是一棵仍然活着的雪松……雪松是神圣的，杨树也是，因为杨树维持着河流……”

我们没有看到任何驼鹿。

第二天早上，索菲亚、艾丹和我站在阳光下，下坡道路缓缓延伸，进入水中并停下来。这是穿越保留地的短道的终点，也是野外的起点。数千年来，人们都是从这里划独木舟逆流而上。河两岸的野生稻茎在水流中摇曳。阳光照射在树木表面，将对岸笼罩在金色的光芒中，在颤杨数百万枚小小叶片的表面上闪烁。鸭子在浅滩的水中嬉戏，一只白头海雕鸣叫着从岸边的一个树桩上起飞，飞到远端的森林上空，水面上，一群嗡嗡作响的虫子像烟雾一样翻腾。目光继续放远，东北方向，一条宽阔的河道如镜面般劈开森林，标志着我们前进的道路，也是我们前往河流源头的朝圣之路。

气味令人迷醉：刺柏、薄荷、龙胆，颤杨和云杉。我现在从戴

---

① 这种仪式在晚上开始，萨满会抽着烟斗，然后唱起有助于召唤灵魂的歌曲。当萨满和灵魂交流时，帐篷会剧烈摇晃几个小时，摇晃程度如此剧烈，以至于帐篷看起来会倒塌，但实际上却不会。

安娜那里了解到，空气中富含松萜和其他气溶胶，它们可以净化空气，令每次吸入的空气都无菌且具有药用价值。

两艘独木舟正在被移入水中，舷外马达安装在船身上。我们还在等待另一艘。一个个袋子被扔进独木舟里，船桨、燃料、冷藏箱、一根钓鱼竿、一把斧头、一把电锯、一把步枪。

天气很热。比以往都热，索菲亚说。从前夏天的气温从来不会超过25摄氏度，但现在每年都会出现热浪。加拿大整体的变暖速度是全球平均水平的两倍，而北部地区的变暖速度甚至更快。索菲亚跪下来祈祷，并在白头海雕曾栖息的那棵树下献上烟草。

“他现在会一直跟着我们朝上游去。这是一个好兆头。”

最后一艘独木舟抵达，我们出发了。我被分配到一艘看上去崭新的灰色独木舟上。它属于罗杰，他掌控着舵柄，一副权威的神情。

“当心油漆，罗杰！”一个声音从岸上呼喊道，“那可是价值六千加元的独木舟！”曾几何时，独木舟是用香脂杨打造的——因为这种树的直径很宽，而且木材在处理时不会开裂。如今，崭新的槭木独木舟都是从温尼伯空运过来的。

我坐在中间的木板上。克林特坐在船头，他被公司任命为这片土地的守护者——就像公园看守人一样。我会盯着他的后背看一百英里。三艘独木舟在棕色的水面上划出宽阔的沟纹。我们列队行驶，很少说话，舷外马达的呜呜声让我们很难说话。森林从身边掠过，雄伟而寂静，让人陶醉其中。香脂杨与颤杨、云杉和北美短叶松混杂在一起。但最主要的物种还是颤杨——它形成一片巨大的灌丛。河狸水坝点缀在河岸、小水湾，以及流入波普勒河的小溪中。

宽阔的河流展现出无穷无尽、一成不变的景色，直到我们进入一片令人毛骨悚然的烧毁区域。还残留在树枝上的橙色云杉针叶被烤得焦脆，而树干是黑色的。细细的颤杨仍然四处矗立着，但大部分都已倒下。林下植被已经开始猛烈地重新生长：柳叶菜、柳兰，柳树和杨树，森林正在恢复，比以前茂密得多。微风中偶尔飘来木炭的矿物气味。颤杨的根系和萌蘖对火灾的反应非常强烈。它像香脂杨一样，可以通过萌蘖繁殖，克隆自身。如果整个皮马乔文阿基的颤杨都是一棵树，我也不会感到惊讶。触摸波普勒河的一棵树干，可能会被记录在一千公里外保护区另一头的某一棵树干上。

埃迪记得，在他小时候，人们可以透过森林看到树木之间的驼鹿。当时颤杨位于其分布范围的北部边缘，还没有挤占林下植被。但现在森林的构成正在发生变化。林下植物十分稠密，驼鹿难以穿行。不再有颤杨和北美短叶松的斑驳树荫，只有幽深的灌木丛。

一个小时后，我们来到了第一段急流。必须把独木舟清空，然后沿着笔直的云杉树干制成的梯子拖到瀑布旁边凸起的岩石上。

这是一项费力的工作。

“使劲！”两个人喊口号的时间略有差异。

“发号施令的酋长太多了！”克林特喊道，大家都笑得东倒西歪。

冷藏箱、袋子、钓鱼竿、电锯、斧头和步枪被再次装上船，我们又跳回船上。

“只剩下十二段急流了！”罗杰咧嘴笑道。这将是漫长的一天。

1794年，哈得孙湾公司的约翰·贝斯特从哈得孙湾岸边的约克法克特里（York Factory）被派往南方，探索皮马乔文阿基地区。他花了三周时间，经过五十七段陆路运输才抵达温尼伯湖。这样的遭遇足以警告他的同事们，令阿尼什纳贝人的社区在接下来的一百年里免受毛皮贸易的侵扰。

领头的独木舟上是乔治、埃罗尔和索菲亚的孙子艾丹。艾丹很喜欢这次旅行，喜欢划桨，喜欢成年人的玩笑。埃罗尔是个年轻人，来自一个麻烦不断的家庭，但在这里他是一个领导者，每次遇到急流，他都会跳上岸，用相当于两个人的力量拉动独木舟，与此同时让每个人都笑个不停。乔治是这群人中最有经验的。他以优雅的技巧驾驶着玻璃纤维独木舟在浅滩上穿行，直接冲向小急流，冲上浪头。

中间的独木舟由他的堂兄盖伊驾驶，他是个稳重的人，脸上的墨镜三天都没有摘下来，除了为别人的笑话抖包袱之外，他很少说话。埃迪和索菲亚是他的乘客。他们是队伍中的长者，在一边旁观我们躲避急流的陆上运输过程。

在第三段急流处，我们其余的人踏上河道边缘的基岩岩板，较低的水位让它们露了出来。在往上十几英尺高的地方，开始有薄薄的土壤覆盖着淡绿色的、几乎像幽灵一般的地衣，在地质盾状构造上形成一层壳。我们将独木舟从水中拖出来，然后使劲拉着它，一边咒骂一边流汗，把它们拖过放在一条穿过森林的小路上的滚木。在那里，我们突然进入了另一个世界。

河流的耀眼光芒和森林的广阔景色都消失了。映入眼帘的是林间空地中的大片地衣，它们颜色暗淡的尖刺状叶片像珊瑚一样刺破空气，在北美短叶松粗糙多瘤的枝干间忽隐忽现。一群群颤杨将笔直的灰色树干像枪管一样刺向天空。阳光呈带状和斑点状射在地面上，而在一棵倒下的树在林冠层留下空洞的地方，阳光形成了倾斜的光柱，仿佛我们在水底一样。但是这片珊瑚森林里有空气，而且是多么好的空气啊！芬芳浓郁，像香水一样。我震惊地意识到，这样的体验是多么难得，闻过、触摸过拥有七千年历史的森林的人是多么稀少。所以这就是“古老”森林的含义。

视角打开，然后关闭。在北美短叶松下，森林地面长满了松软的苔藓和地衣，就像紧密编织的布料，丝线都被拉得紧紧的。林下灌丛很稀疏。你可以看到驼鹿或熊走过来。在颤杨树下，土壤更软并且呈黑色。杨树和颤杨树下的土壤已经被证明比桦树下的土壤含有更丰富的菌根真菌，桦树是另一种主要的落叶先驱物种，但它下面的土壤更类似于它的常绿邻居松树和云杉树下的土壤。这里的化学环境导致矿物质交换增多，土壤pH值升高，土壤水分含量增加。更大的叶片能提供更多的阴凉，这对浆果更有好处。

今年的树叶刚刚开始落，落叶的时间太早了，厚厚的下层植被上覆盖着卷曲的灰色薄片。蓝莓、北美稠李、野生覆盆子和许多其他浆果在颤杨斑驳的树荫下争夺空间，小路的尽头有最好的美味：一种名为“萨斯卡通”（saskatoons）的饱满、柔嫩的浆果，可以改善黑暗中的视力。我们放下独木舟，在最后一次使劲拖动之前采摘了几把浆果。然后，独木舟被拖到另一个用云杉木搭建的梯状结构上，嗖的一声重新进入水中。

“别再松开绳子了，克林特！”每个人都笑了起来。

在之后的几个小时，无边无际的森林从身旁掠过。舷外马达继续呜呜作响。一百英里的路程中，我们没有看到其他人类。只有我们友好的白头海雕经常出现在河流拐弯的地方，并时不时落在一旁，监视着我们前行。

我们必须用陆地运输绕过十三段急流，有些急流比其他急流更高。当我们在夕阳的余晖下绕过最后一段急流后，河流突然加宽，变成了一片宽阔的湖泊，湖边的森林在完美的洋红色天空下延伸。

“大功告成！”罗杰喊道。

岸边，一棵巨大的枯死松树标志着湖的入口，它最高的树枝上落着一只白头海雕，当我们驶过时，它点了点白色的脑袋。索菲亚将烟草撒在水面上。

雷湖很大，几乎是一片海。当我们终于抵达一座靠近湖岸的岛屿，将独木舟划上一座基岩圆顶的斜坡时，风渐渐弱了下来，这面斜坡上布满了数千年来船只龙骨留下的痕迹。在湖边的一个浅水池里，我发现了一只身上有斑点的棕色小青蛙。这种北方森林青蛙可以在75%身体重量被冰冻的情况下活过整个冬天，冰在它的脂肪细胞内形成，将它的所有防御机制缩回到心脏周围的一个小腔。当春天到来时，它就会从低温状态中苏醒过来。我希望它喜欢这暖洋洋的水。无论感觉上还是看起来，它都像温热的茶。

坐落在岛上圆顶岩石顶端的是盖伊的小屋。驼鹿的鹿角挂在侧墙上。屋外的松林里，躺着发电机、老式独木舟、铝板、丙烷燃料罐、一台草坪修剪器、油漆罐，甚至还有一台冰箱。小屋里是一个堆满床垫的卧室和一间厨房，厨房里有一张桌子、一个铸铁炉和一个更现代化的煤气炉。水槽的排水口下面接着一个水桶，橱柜里塞满了足够使用一年的罐装食品，餐具抽屉里还有子弹。墙上挂着一幅狼的照片和一个停在六点四十四分的时钟。

五个阿尼什纳贝男人睡在那间卧室，索菲亚和她的孙子、埃迪和我在小岛上搭起了帐篷。我们抽签时抽到了短草秆。发育不良的北美短叶松在脚下嘎吱作响，发出噼啪声，就像干掉的面包一样，我设法在它们之间找到了一块被淡绿色地衣覆盖的相对平坦的空地。当我们睡觉并道晚安时，空气中传来一阵悸动，短叶松在风中簌簌作响。远处湖岸森林上方的天空中有一块比其他地方更暗的黑色印记。然后是一阵肯定不会听错的隆隆声。

“雷鸟[①]！”埃迪笑着说，“它们知道我们在这儿。”

*

火是北方森林的生命驱动力。如果没有火，这里的景观和森林看起来会截然不同，事实上，这里物种的进化也会不同。该地区的三种阔叶树——颤杨、香脂杨和纸桦——都能很好地适应火。杨树（颤杨和香脂杨）的浅灰色树皮和鞭状枝条看起来很脆弱，但是当大火吞噬森林甚至土壤时，它们的主根能够存活下来。三四个星期后，它们就会开始长出萌蘖——颤杨的灰白色嫩枝和香脂杨的浅绿红色

① 这里是北美印第安人神话中兴起雷雨的巨鸟，即thunderbird。并非前文中提到的真实的鸟类雷鸟。

嫩枝。它们在火灾后露出的富含矿物质的土壤中茁壮生长。北美短叶松的种子也是如此，没有火，它们根本不会萌发。

北美短叶松的球果像石头一样坚硬，它们的鳞片被树脂粘在一起，这种树脂具有强力胶一样的黏合力，可以保护里面的种子免遭啮齿动物啃食。在50摄氏度的温度下，树脂融化，为火提供燃料，将球果变成蜡烛的烛芯，它将燃烧九十秒，足以令球果像花朵一样打开。因此，北美落叶松实际上会调节火势，确保它的种子在适当的时间内获得适当的热量。球果只有在再次冷却时才会释放种子，此时地面上已经没有和它竞争的植物了，种子可以在它们喜欢的沙质矿物土壤中萌发。

这些树种对火灾的反应对于阿尼什纳贝人赖以生存的生命循环至关重要。火灾后的最初几年，变得开阔的森林是驼鹿和野兔的天堂，它们喜欢吃嫩枝和熏烤后的树叶。在大约二十年的时间里，这些地方都是驼鹿的常规觅食地，也是诱捕前来寻找野兔的貂和猞猁的理想区域。五十年后，随着北美短叶松生长到它们够不着的高度，野兔的数量开始减少。猫头鹰在烧煳的树干里筑巢，此时毛梳藓已经开始覆盖地面，为浆果和灌木保留更多水分。颤杨在六十年后停止繁殖，然后驼鹿开始减少。七十五年后，苔藓被地衣取代，驯鹿到这里来吃它们。然后，香脂冷杉和其他针叶树在杨树落叶形成的更深厚的黑色土壤中扎根，阿尼什纳贝人将这种黑土称为“奥卡泰维卡米克”（okataywikamik）。此时森林对于人类来说已经不是很好的食物产出区域，于是人们祈祷它再次燃烧。[7]

火是一种创造性的生命力量，而香脂杨一直是森林原住民的火源。它是弓钻钻木摩擦取火所用的最佳基座，没有什么比香脂杨的内层树皮更适合作为燃料添加到钻木产生的余烬中。腐烂的杨树（包括香脂杨和颤杨）芯材十分松软，燃烧速度很慢，被用来携带火种。有时，当闪电没有发生或者为了刺激特定区域的再生，人们会放火。阿尼什纳贝人现在不这么做了，因为没有人知道这会导致什么结果。

森林变得更加干燥。火焰燃烧的温度更高，持续时间更久。更多的泥炭和有机土壤也会燃烧，而且利用重度焚烧地区的物种——柳兰和柳树——比浆果和拉布拉多茶等脆弱的林下植被更浓密，更具侵略性。北美短叶松受到色卷蛾侵袭，杨树占据了主导地位。野兔最喜欢的是幼年北美短叶松。杨树含有微量矿物质，它会用这些矿物质改变非常年幼的杨树的叶片味道，让野兔不喜欢吃它们。那么野兔吃什么？肉食动物吃什么？还有……

没有人见过雷鸟。它们躲在乌云后面，但在图画中却被描绘成鸟儿的模样，闪电从它们的眼中劈出，翅膀上喷出火焰。85%的火灾是由闪电引起的，其余的则是人为造成的受控或意外火灾。因此，雷鸟是阿尼什纳贝宇宙论中最重要的生物，雷湖就是以它们的名字命名的。这里是雷鸟筑巢的地方。

今晚它们很吵。午夜时分，我被一道可怕的霹雳声惊醒，它令整个夜晚都战栗起来。北美短叶松相互拍打，湖面上的波浪就像吐着泡沫的狗坐起来，牙齿在电光下闪闪发亮。闪电使整个天空闪烁起来，仿佛整个世界都在一盏闪光灯下。我庆幸岛上没有香脂杨——绿色的香脂杨树干含水量高，是很好的引雷导体。但是我担心帐篷的金属杆，因为我们坐落在距离湖面六米的森林岩石圆顶上。那天晚上剩下的时间里，我翻来覆去，勉强睡了一会儿，风撕扯着我的帐篷，可怕的隆隆轰鸣渐渐在北方消散。

第二天清晨，天空宁静而晴朗，万里无云。空气湿润又清新，森林在雨水的激发下散发出一阵芬芳。泥土闻起来甜甜的，前一天晚上还又硬又脆的地衣像海绵一样吸收了水分。原本看上去已经枯死的棕色苔藓突然变成绿色。雷鸟为森林注入了急需的饮料。

那天早上晚些时候，在雷湖的另一边，我们的三艘独木舟进入了另一条河的入口。河两边长满了老松树和大杨树。一面岩壁沿着河水一侧不断延伸。罗杰放慢了独木舟的速度。花岗岩上有赭色条纹。独木舟依次在岩壁下排成一列，上面有一块看起来很危险的悬伸岩石。一个小角落里放着蜡烛、香烟、塑料制品、硬币和小树枝。罗杰站起身，从包里拿出两支烟，放在岩架上。克林特也这么做了。

“这是祖父之地。”作为解释，罗杰正色说道。在奥吉布瓦文化中，石头也有生命。这些赭色画作是半人类洞穴居民“梅梅格韦西瓦格”（memegwesiwag）的作品，他们教会了阿尼什纳贝人如何用石头制作箭头和烟斗。罗杰和克林特在解释这些事情的时候笑了起来，但我并不怀疑他们的信仰。

再往前走，我们将独木舟停靠在急流下方的一个宽阔水池中。乔治和埃罗尔抓起钓鱼竿，然后将鱼线抛进水中。没过几分钟，他们就钓到了背鳍带刺、身披白绿条纹的鱼——大眼狮鲈或暗色狗鱼。

“我们在购物！”乔治说，“这是我们的超市！”他让这一切看起来就像把罐头扔进购物篮一样简单轻松。

克林特和埃迪从森林里拔出枯死的木头，并用干草和桦树皮作为引火物生火。阿尼什纳贝人只用枯木生火，他们从不砍伐活着的树。

水壶冒出沸腾的热气，埃迪和我坐在一棵看上去颇为瘦弱的松树下面。埃迪从树上扯下一个虫瘿，用刀将它切成两半。里面是一种橙色黏稠物质，有五六条乳白色的虫子，它们是幼虫，跟蚂蚁差不多长——色卷蛾。我仔细观察这棵树。它是扭曲变形的。会飞的色卷蛾将卵产在这种松树的芽中，卵孵化出的幼虫以树液为食，形成一个大虫瘿。所有的树都被感染了。在接下来的旅途中，我找不到一棵健康的北美短叶松。河边的每一棵树都像一个弯腰驼背的老人，针叶过早地掉落。

“你担心全球变暖吗？”我问。

埃迪伸直他的牛仔靴，讲述了一位长辈的故事。

“他说气候正在变化，人们需要适应。尽管雨下得更多，但更多的雨水并不能阻止土地变干。温度越来越高，土地也越来越干燥。如今泥炭都会燃烧——以前它从来不会这样。物种会改变，新的物种会出现。鱼儿都往湖里更深、更凉爽的地方游去。最终，它们会死亡，像大眼狮鲈这样的物种将会窒息而死。然后新的鱼就会来……”埃迪沉默了一会儿，似乎已经接受了自己说的话。然后他耸耸肩，将双腿交叉起来。

“我不担心。我们会适应的，就像他们告诉我们的那样。我不介意夏天变长。”他笑道。

突然之间，每个人都有关于变化的故事，雪变得更重更湿，冰上道路融化，湖上冰的质地和颜色有所改变，喜鹊和秃鹫等物种出现，貂和臭鼬，浆果的味道不一样了，采摘季越来越短，冬天没有足够的雪来设置陷阱，森林火灾增加，湖水水位下降，岩石上两米高的古老独木舟划痕。

“看看颤杨的叶子，”乔治说，“它们都被烤焦了。”这是事实。几乎每一片本应保持绿色和健康的树叶上，提前两个月出现了烧焦的橙色斑点，这是树液从不再有生命力的叶片上撤退而造成的热胁迫污点。

“云杉也是？”我问道，第一次注意到森林中这些圣诞树的浅棕色树冠。它们似乎也在变干。

“没错。”盖伊说。

我将目光移开。看似未受外部世界影响和工业化侵蚀、充斥着生命的原始环境，突然之间就出现了死亡的第一抹迹象。这些树是遥远过程的无辜受害者，像色卷蛾这样的病原体可以摧毁整个生态系统。但生态系统的崩溃常常是在事后才得到记录。森林可以在相当长的一段时间内掩盖崩溃，因为关键物种和自然过程的衰退可能只有在很长时间之后才能被看到。环保组织已经在谈论加拿大北方森林地区的“转变”，因为整个森林的结构因气候变暖而“重新配置”，但“崩溃”可能是一个更恰当的词。[8]

关于森林“去巨型动物化”的研究（驼鹿、北美驯鹿等大型有蹄类动物和熊等动物因为向北迁移而消失，以及这对生物多样性的影响）才刚刚开始。如果北美短叶松消失而颤杨受到高温的限制，那么香脂杨可能会在竞争中胜过所有其他物种。已经有一些科学家认为，北方针叶林已经是过去式了。

“松树每两年左右就会生病，这是一种循环。它们会回来的。”埃迪振作起来说道。其他人点点头，表示愿意相信他。

“它们这样多久了？”我问道。

“五年了。”盖伊说。

“我们会没事的，”埃迪说，“我们会适应。”

未来并不是一个让心灵徜徉的安全之地。

乔治动作夸张地打开一罐健怡可乐，发出很大的气泡声，打破了尴尬的沉默。

“我们靠土地为生！”他一边笑一边讽刺地举起罐子，每个人都和他一起笑起来。

那天晚上，在我们九个人吃完十五条大眼狮鲈并向它们致谢之后，罗杰用电锯锯断了一个腐烂的北美短叶松树桩，我们生了一堆篝火。火光倒映在银色的湖面上舞动着，月光下一片宁静。正当大家准备睡觉时，一道微光出现在我们前面。一场灯光秀开始在湖水和天空之间上演。在形似飞鹰的云朵后面，微弱的绿色光束脉动着。光芒逐渐增强，撕破了云层的束缚，散布在北方天穹之中。绿光像水一样流过银河的卵石滩，在黑色的天幕之下泛起涟漪，在它的背后，一种内在的力量让人感觉到它的存在。

阿尼什纳贝人说北极光有咔嗒咔嗒的声音，而且如果你鼓掌，它就会消散。埃迪试了试，但不管用。索菲亚把她的孙子叫起来看极光，我们都目不转睛地盯着这场不断变换、脉动的表演，一个个都看得入神。关于极光和此刻的某种东西打动了我的同伴们，让他们说起了母语。笑声越来越多。艾丹听不懂祖母说的大部分内容，但这不是重点。她想让他经历这一切，并将这段经历嵌入他的记忆中，让他知道自己是谁，来自哪里。我们无法将目光从这充满活力的存在上移开，它的力量不断增强。到半夜一点时，极光覆盖了半边天空，有节奏的脉动倒映在湖水中。

“我们祖先的灵魂在这个地区仍然很强大，”索菲亚说，“我希望我的后代也能像我今天一样，坐在这里，欣赏眼前这样的景色。”她知道气候变化即将到来，她知道这会影响到她最喜欢和珍惜的事物，但她的安慰和解决方案就是这片土地。

“当事情发展到那一步时，我们将能够在这片赐予我们的土地上生存下来。”索菲亚说。我认为她是对的：皮马乔文阿基的居民是地球上对全球变暖准备最充分的人群之一。即使物种发生变化并有新物种出现，他们的保留地仍然偏远，交通不便，而且他们控制着三万平方公里的土地，这些土地肯定可以为他们提供食物、衣服和庇护所，即使不是以他们习惯的方式。森林就是救生筏。现在，他们祖先的知识仍然有效地指导着他们。

但是皮马乔文阿基的意义不仅仅在于为阿尼什纳贝人提供资源。“我们相信，我们正在为地球其他地区做出巨大贡献。”索菲亚说。大多数原住民教义都谈到平衡，谈到火和水，以及两者之间的神圣关系。这就是皮马乔文阿基所代表的知识、信息和神圣职责。

阿尼什纳贝人谈论“第七火的预言”（Prophecy of the Seventh

Fire）。他们的祖先用火来描述阿尼什纳贝文明的各个时代。第一火指的是他们在大西洋海岸的开始，第二火指的是他们向西迁徙，第三火讲述他们需要搬迁到“食物长在水上”（皮马乔文阿基的野稻）的地方，第四火说的是来自东方的外国人（欧洲殖民者），第五火描述了他们在拿着黑书的黑袍人（传教士）的手中濒临毁灭，第六火是“生命之杯几乎变成悲伤之杯”的时代。[9]这是刚刚过去的时代。

第七火的人们必须做出选择。使用他们被赋予的点火棍，作为一种创造性力量，选择一条不进反退的疗愈和自然之路，重新学习祖先、诸灵和土地的神圣教诲。或者继续走向遗忘。只有他们作出了正确的选择，第七火的人们才能点燃第八火，一个新世界的更新之火，与旧世界不同。皮马乔文阿基的阿尼什纳贝人和其他完整的原住民文化是我们地球的火种看守人，他们守护的不仅仅是他们自己的传统价值观，还包括一种与生命世界和谐相处的看待事物和行事的方式。

艾丹在岩石上睡着了。该睡觉了。当太阳在雷湖纯净的古铜色湖水上空再次升起时，就该去追寻皮马乔文阿基神圣创造的效果，到下游去追踪集水区的影响了。

独木舟在波浪中不停颠簸，正回头向西驶去。每个人都将水瓶放入水中，装满湖水。他们觉得湖水比家乡的河水更纯净，尽管其实两者都干净得可以直接饮用。埃迪告诉我，黑云杉含有一种化学物质，可以净化空气和水，当树液在冬季落下时，会对水产生一些影响，而这种影响有助于鱼类在冰下生存。这是另一个值得科学调研的智慧宝库。

在湖泊尽头，当我们进入波普勒河的源头时，克林特耸了耸鼻子。“闻到了吗？家的气味！”他喊道。克林特声称，他能像鲑鱼一样，从河水的独特化学特征中辨认出自己家乡的河流。当树木被砍伐或者污染被引入时，河流的特征会发生改变，或者变得面目全非，鲑鱼也就不再回来了。对于一条河流来说，能够将气味一直保持到流入海洋，或者在温尼伯湖发生了工业灾难的情况下，河流中的气味仍然足以让人辨认出来，这是相当了不起的。那肥沃黑土散发的微酸气味一定非常持久。在下游数百英里的哈得孙湾冰冷水域中，返回丘吉尔河口的鲑鱼或鲸仍然能尝出雷湖树木的味道。

丘吉尔，马尼托巴省，加拿大

58°46'06"N

加拿大偏远北方的城镇使用飞机，就像使用非常昂贵的公共汽车。从温尼伯飞往丘吉尔的第一航空公司的飞机必须首先飞往哈得孙湾西北岸兰金因莱特（Rankin Inlet）沿线的贫瘠定居点，然后再掉头南下。机舱分成两半——乘客坐在后半部，前半部是为货物预留的。这次绕行让我对从丘吉尔一直延伸到北冰洋的泰加林-苔原生态交错带做了一次很好的空中勘测。在格陵兰岛等地，极地沙漠和林木线之间的距离近得让人不舒服，而这里的生态交错带却宽达四百英里（约六百四十四公里）。灌木线一直延伸到努纳武特地区北极群岛的最北端。

这里是“林木线”的定义出现争论的地方。一种观点认为，这是高度超过五米的树木的北方生长极限。但这种定义对于顽强坚定、发育不足的云杉来说似乎有点残酷，它们以矮小的树丛覆盖着这片土地。这些树是旱生植物：它们适应了水分和温度梯度严格受限的干旱景观。它们是苔原和林木线之间的支点。在另一个版本中，林木线是连续森林之外的森林-苔原带的北部边界，森林和苔原斑块之间的平衡在这里变化为苔原占绝对优势。如果不仔细研究卫星图像，就不可能将这条线确定在丘吉尔和兰金因莱特之间的某处。然而，如果询问来自原住民萨伊西丹奈族（Sayisi-Dene）的北美驯鹿猎人，他们会本能地知道。

萨伊西丹奈族被欧洲人称为“奇普怀恩人”（Chipew-yan），这是他们的邻居克里人给他们起的名字，而他们自称“阳光下的人民”，并将他们的传统活动范围称为“小树枝之地”，指的是泰加林-苔原交界处的矮曲林平原。这是一片很大的区域。它的北端是位于西北地区的大奴湖。在这里，他们的领地与因纽特人的领地重叠。在哈得孙湾公司将他们纳入自己的皮毛贸易生意之前，他们会在夏季跟随北美驯鹿从北方森林边缘前往苔原上的产崽场，然后在冬季返回。这两种生境之间的分界线决定了他们的日程表和生活方式。

萨伊西丹奈族有一个民间故事：很久以前，人类和北美驯鹿是生活在一起的，但后来一些妇女试图占有北美驯鹿，像萨米人那样用刀在它们的皮肤和耳朵上留下标记。北美驯鹿一气之下逃走了。当它们最终被劝说回来时，它们变得对人警惕多了。事实上，在很多研究中，它们被称为“风向标”（bellwether）物种，是对扰动最敏感的物种。加拿大各地的北美驯鹿如今都受到严重威胁。仅存的鹿群中，很少有能够凭借自身力量维持的。其他物种已经开始在生态交错带中出现。

“如今，驼鹿就像泰加林里的牛一样成群结队。”来自丘吉尔的原住民猎人戴夫·戴利（Dave Daley）说道。所以皮马乔文阿基的驼鹿都到那里去了！至少在哈得孙湾分水岭，这里的森林还足够完整，让它们可以穿过一条连续的走廊。这样的走廊变得越来越重要，因为随着气候变暖令更南边的栖息地退化，或者只是让天气变得太热，动物的迁徙能力已经成为生死攸关的问题。

“黑熊也在这里，噢，见鬼。”戴利说。这里的气候很适合它们，即使它们的正常栖息地上的树木还没有赶上它们的步伐。科学家估计，这里的林木线正在以每年一米左右的速度向北移动，但是在如此广阔而多样的地形上，几乎不可能确定这一点。飞机下方一万英尺的广阔平原上，云杉点缀其间，布满水系，那里正在发生巨大的变化。地球的皮肤正在融化，微生物在经过数千年甚至数百万年的冰冻之后苏醒。土壤在蒸腾——可以说是在出汗，因为释放的水分多于吸收的水分——动物和植物正在注意到这一点。这是一个新世界，而有智慧的生命——聪明的基因——正在嗅探它的气味，派出萌蘖、种子和侦察兵，向北行进，做好准备。

“它们不应该在这里。”

“什么？这些树吗？”

“香脂杨。它们根本不应该在这里！”丘吉尔北方研究中心的科学家利安·菲什巴克（LeeAnn Fishback）惊叹道。

我们开着利安的卡车，沿着一条蛇丘（esker）向下行驶。所谓蛇丘，是劳伦泰德冰盖消退后留下的砾石山脊。冰下的冰川融水将冰碛雕刻成带状，塑造了丘吉尔镇周围的地貌景观。它是地球上最年轻的地貌之一，仍处于形成过程中。上一次冰期的影响很持久。冰的体积和重量在地壳中造成了一个深约二百七十米的凹陷。当冰盖融化后，凹陷中的积水并没有立即流到海中，而是留在哈得孙湾低地上方，形成了名为阿加西湖的内陆海。最终，在大约八千年前，阻挡融水流出的冰塞消失了，原本面积为八十四万一千平方公里的阿加西湖的大部分湖水通过哈得孙海峡连续两次冲入海洋。科学家估计，这十五万立方公里的水导致全球海平面上升了一米，并引发了低洼地区的洪水传说，以及奥吉布瓦族关于陆地从水中升起的创世故事。[10]

卸下所有这些重量后，这片土地仍在以每世纪大约三米的速度上升，这个过程称为“地壳均衡回弹”（isostatic rebound）。沿岸区域的效应最明显。远处平坦的岩石湖岸沿线，灰色的涌浪不断敲击着砾石。随着地面上升和湖水退却，湖滩每年都会变宽几米。风带着雨丝穿过荒凉的苔原，砾石采矿卡车和载着游客进行北极熊探险的苔原四轮车在这里留下了累累伤痕。它看上去像是在月球上，如果不是永久冻土层正在融化，这片脆弱土壤上的车痕将几乎和月球上的车痕一样长久。

穿过蛇丘的道路将我们带入内陆一条笔直的直线，朝着冰下河流的方向，这些河流反向追踪着冰盖消退的路线。远离海洋，植被开始茂盛起来，这些植被主要是柳树，聚集在冰碛的裸露砾石上。

在两侧地势较低的沼泽中，云杉和北美落叶松蜷缩在名为穹形泥炭丘（palsas）的凸起土丘上。这些圆形的泥炭土丘是泥炭在解冻和冻结过程中反复膨胀和收缩形成的。它们内含提供水分的冰芯，但它们周围的干燥泥炭可以更好地排水，为树木提供了一个涝渍较少的环境，因此整片沼泽中出现了一座座树岛。这些是健康的树。在沼泽中，北美落叶松和云杉曾经在忍耐永久冻土带的冬季干燥之后得以暂时喘息，享受夏季短暂湿润，但现在因为融水过多而被水浸泡，正在逐渐死亡。

正在下雨，天气很冷。气温比南边仅几百公里的波普勒河低上20摄氏度。这就是戴安娜提到的令北方森林的适应性如此强大的温度范围的多样性。它以前就经历过极端情况。

从位于山脊线上的有利位置，我们观察了苔原泥炭地中散布的无数池塘——黑色的圆形水面上点缀着泡沫，就像狐毛衬里的阴暗兜帽。这些是利安的专业领域。泥炭地的故事可以从池塘的周期循环中解读。和在苏格兰一样，四千年来，泥炭一直以每年一毫米的速度堆积在这里的基岩上。

森林在这片土地上来来去去一两次，而泥炭是这些森林所有碳的归处：一万一千亿吨——比迄今为止人类通过燃烧化石燃料释放的碳还要多。[11]毛毛细雨下的平坦平原上点缀着向各个方向不断延伸的云杉和北美落叶松，这片平原曾经是连绵不断的森林。在阿加西湖缩小后不久，树木侵入曾经的湖底，最远抵达这里向北三百二十公里处，直达兰金因莱特。然后气温在五千五百年前下降，它们退回到了现在的纬度。如今它们正集结起来，准备进攻曾经的领地，而已经死去五千年的树木再次开始腐烂。这就是变暖泥炭的本质：被阻止的分解，对历史排放的封存，所有这些同时被释放。这就是北方森林变暖如此危险的原因：我们应该担心的不仅仅是森林固碳的能力岌岌可危，还有史前森林以前固定的所有碳的释放。如果俄罗斯的娜杰日达说的是对的，临界点已经过去，现在无论人类采取什么措施，永久冻土层融化的排放都将导致进一步变暖，那么我们确实应该非常担心。

利安将一只手从方向盘上拿开，指着一片边缘长满青草的平坦宽阔泥地。池塘正在迅速干涸。黑色的泥会吸收更多辐射，进一步加热地面。池塘里的生物活动正在增加，因此出现了泡沫，而当池塘结冰时（几周后的10月底），你能看到悬浮在冰里的珍珠串——二氧化碳，这种谜一样的气体终于变成了有形之物。这些珍珠是夏季最后一次分解的产物，因为有机质的分解耗尽了最后的氧气。然后，当水一直冻结到底部时，会有更大的气泡出现在冰结构的下方。你可以将一根针插入这些气泡，然后将气体点燃。这是甲烷，就像在西伯利亚北部的拉普捷夫海一样，沉积物在没有氧气的情况下继续进行厌氧分解。利安的学生们很喜欢这个实验。

利安停下车。风把雨打在车窗上。雨水成片滑落下来。

“看到那个了吗？”

一棵不超过五岁的香脂杨树苗在风中点头。在柳树、云杉和落叶松中，它无疑是奇怪的树种，硕大的叶片在风中不停旋转。它看起来长得不错：树干是绿色的，很强壮，叶片颜色健康。它显然很喜欢这条蛇丘富含矿物质的砾石，而且它并不孤单。随着我们继续前进，越来越多的幼年香脂杨出现在路边，与柳树争夺从加拿大地盾石灰岩上侵蚀出的碳酸盐。一百年后，这条小道将成为一条林荫大道，两边矗立着几十米高的杨树，就像法国南部的乡村道路一样。

蛇丘的尽头是一个冰砾阜（kame）——两条蛇丘相遇的隆起处，消退的冰在这里留下了一座孤零零的冰山，冰山融化后形成一座高架湖。这里的碎石已经下沉，湖水在路的两边延伸开来。居民们称这个地方为“双子湖”（Twin Lakes）。

我们冒着大风走下卡车。利安将两颗子弹推进猎枪，然后把枪扛在她穿着鲜艳雨衣的肩上。现在正是北极熊在丘吉尔活动的季节，这种动物因冰雪消退而被困在陆地上，于是雌性北极熊则在苔原上挖洞产崽。低矮灌木搭配容易挖掘的融化永久冻土层，正是它们喜欢的地方。

我们穿过浆果灌丛，它们几乎淹没了在最近一场火灾中烧毁的云杉树桩，然后来到利安所说的不应该出现在这里的树旁边。湖面上方的一个小斜坡上，矗立着六棵令人印象深刻的香脂杨树。它们比我想象的要大得多，高达二十多米，我头顶上的硕大叶片在风中发出哗啦啦的响声。近距离观察，树皮非常粗糙，有裂缝和深沟，灰黑色，长满苔藓和黑色地衣。四英寸（约十厘米）厚的树皮不会燃烧也不会冰冻。内层树皮有渗透性膜，可以使水快速从活组织中流出，这样细胞内就无法形成破坏性的冰晶。最粗的树干比我的胸膛还宽。落叶很浓密，就像一张腐烂的地毯，而且当我把双手插进潮湿的落叶层中时，气味也像腐烂的地毯。这就是林下灌丛的养料，正是这些养料让林下灌丛到处都是刺柏、柳叶菜、拉布拉多茶、蓝莓、月季、野醋栗、覆盆子和红醋栗。利安熟悉这个地方，她会来这里采摘水果做果酱。

看到如此遥远的北方杨树以截然不同的方式，陪伴着它们在南方树冠封闭的森林中的邻居，真是令人震惊。物种的传播仍然没有得到充分的了解。为什么有些树在这里，而不在其他地方？它们是怎么来到这里的？白云杉由风授粉，很容易扩散和自然萌发，是林木线的天然前沿，它已经移动了千百年之久。香脂杨的有性繁殖很困难。从雌树的油性花芽中冒出的黄色小花，看起来就像每年春天从蛹中钻出的毛毛虫的圆头，甚至在叶片还没有展开之前就出现了。它们吸引北方森林中饥饿的鸟类和昆虫前来享用春天的第一股花蜜。当花凋谢时，整个柔荑花序都会落下。当叶片完全长大时，果实成熟并裂成两半，释放出微小的种子，每一粒种子都附带一簇白色丝质长毛，以便乘风飘荡。这一簇“棉花”让杨树得到了“棉花木”（cottonwoods）的绰号，并被原住民用来纺纱、制作绷带，以及给婴儿床做衬垫。这种茸毛还被添加到水牛果中并捣成泡沫状，制成“印第安冰激凌”。

种子必须落在湿润的苗床上，可以轻松接触到矿物质土壤（最近焚烧过的地方是最好的），然后必须在合适的温度下保持湿润数周才能萌发。但是种子不会存活很长时间，而且考虑到香脂杨对河流的偏好，洪水经常会让河岸地区脆弱的幼苗付出代价。在这处遥远的北方，火灾间隔超过四百年。一颗随处漂泊的受精杨树种子，即使它成功抵达这里，也需要赶上几年前这样的火灾事件，才能有萌发生长的机会。因此，这种树倾向于留在更南边的位置，而利安会对双子湖边的林木线中存在香脂杨感到惊讶。

利安的同事史蒂夫·马梅特（Steve Mamet）对当地的云杉、北美落叶松和桦树做了取芯研究，发现最古老的树龄约为四百年。他没有对香脂杨取芯。我希望他以后会。它们是最近的意外事件吗？它们是不是难民，是不是从森林更靠北的时代遗留下来的它们这个物种最后的另类？或者它们实际上是人类种植的，从那以后就一直在等待时机，等待像如今这样的温暖时期，好沿着砾石路伸展自己的萌蘖？双子湖的蛇丘提供了相当多的考古证据，证明这里存在拥有一千多年历史的因纽特人相关文明，比中世纪的多尔赛特文化还要早。

"这是一种神圣的树，记住，"戴安娜后来说，"他们很可能把它带上。"就像凯尔特人和他们神圣的欧洲赤松一样。为什么不呢？这种杨树可以改善鱼类的栖息环境，而且杨树灰烬中的盐可以用来保存和烹饪鱼类。在世界的这个地区，就像在苏格兰、俄罗斯和阿拉斯加等其他地区一样，树木和人的脚步一同跟随冰雪的消退路线。也许二者比我们所知道的更需要彼此。

丘吉尔一直是个边远之地。这座小镇当初是作为一个设有防御工事的港口建造的，供英国人与第一民族开展贸易，以及从哈得孙湾的分水岭开采资源。凡是地表水最终汇入哈得孙湾水域的土地，其所有权都被英格兰国王查理二世授予了哈得孙湾公司，这片土地被称为鲁珀特地区（Rupert' s Land），一直延伸到今天的明尼苏达州和北达科他州。丘吉尔的命运始终取决于远方人们的"任性举动"。

一条连通温尼伯和丘吉尔的铁路线（沿途有一列火车，名字令人难忘："泥炭沼泽快车"）决定了这座城镇在20世纪作为谷物运输仓库的角色：将北美大草原的收获运到海上，而此时哈得孙湾公司的星光正逐渐暗淡。20世纪50年代和60年代，美国军方决定调查北极光和地球磁层，导致一批科学家迁往该镇，并在苔原中部留下了混凝土发射塔，发射失败产生的残骸还散落在瓦普斯克国家公园各处。当我在2019年来到这座小镇时，它仍在因为三年前的另一个决定而痛苦：拥有镇上港口的奥姆尼特拉克斯（Omnitrax）公司决定将这个港口关闭。

市政厅是一座与丘吉尔河口不相称的混凝土建筑，里面有室内篮球场、健康中心、曲棍球场、关闭的图书馆和每周开放三天的游泳池——在办公室里消磨时间的三名工作人员告诉我，从那时起，这座城镇就处于"应激障碍"状态。这个决定最近被推翻了，几年来的第一艘船预计很快就会到来，但公司的踌躇不定导致许多人失去了工作，学校至少流失了一个教职。办公室里的这些人带着同样的无奈和不公感谈论全球变暖：又是一桩远方造成的痛苦。

沿着路继续前行，在戴夫·戴利用他在双子湖砍伐的云杉树干自己建造的小木屋里，他斜靠在一张木椅上。他使用的云杉长满了色卷蛾——他不愿意砍倒活着的树。他住在自己新木屋里的第一年，就有很多甲虫从原木里钻出来，进入起居区。他从小就在丘吉尔周围打猎和设陷阱捕猎，这期间他见到了巨大的变化：北美落叶松在沼泽中失去了树皮，不再结种子；云杉被色卷蛾毁坏，桦树扩散得到处都是，而香脂杨则沿着河岸肆意萌发。

“从我小时候起，这些杨树就已经这么大了。”戴夫说。他讲述了丘吉尔周围的树木如何快活地生活了很多年，但现在随着永久冻土层的融化，它们被沼泽取代了。“你可以通过地上发生的事情来判断地下发生了什么。”

然而，双子湖的杨树对山脊上的环境很满意。它们喜欢那里，戴夫说。砾石不像土壤那样冻结得十分坚硬，它更温暖，受泥炭影响较小。人类也喜欢山脊。那里一直是定居点的所在地。戴夫在距离这些杨树不远的蛇丘上的垃圾堆里发现了贝壳、鲸骨和压帐篷用的石圈。他认为，一种有道理的推测是，他的克里族祖先，甚至可能是更早的祖先，可能随身携带了一粒种子或一棵幼苗，一举跨越了数百年的种子自然传播过程。所谓的“自然”，科学家指的是人类除外的动物传播。

我们考虑了沿河的香脂杨入侵，以及这些树可能对鱼类资源再生造成的影响，但戴夫摇了摇头。

“别跟我说什么鱼！一条鱼都没了！”

罪魁祸首很明显。非常遥远的另一家市政公司：一家名叫马尼托巴水电（Manitoba Hydro）的电力公司。

“我以前经常一连下网好几天，捕捞吸口鲤给我的狗吃。现在什么都没了。马尼托巴水电公司杀死了这条河。他们让水位变得很低，然后它一直冻到河底，杀死了一切。水坝挡住了河流的沉积物，其中包含所有营养物质。难怪旅行社说这里的能见度非常适合看鲸鱼！所有好东西都从水里过滤掉了。

“而且河面上也没有鸟了。我曾经每年都在这条河上为加拿大自然资源部做鸟类调查，现在什么也看不到了。我向马尼托巴水电公司投诉，但他们告诉我：‘我们不会为了让你钓鱼而浪费数百万美元的水。’”

马尼托巴水电公司时常引发大规模泄洪，但极端水流并不能形成稳定的生态系统。每次河水暴涨时，河岸上长出的香脂杨树苗就会被冲走。现在，水坝泄洪时发生的洪水有了自己的名称——丘吉尔河和纳尔逊河连接后水量增大。当地人称这些洪水为“水电潮汐”。波普勒河流入温尼伯湖，而温尼伯湖过去是通过纳尔逊河流入海洋的。但是现在这两条河交汇在一起，构成波普勒河独特化学特征的皮马乔文阿基和流域内其他森林的矿物质、养分和酸性物质，转而通过涡轮机流入丘吉尔河或纳尔逊河，具体的量取决于当天马尼托巴省有多少人打开空调、烧水或者看电视。当马尼托巴省的居民按下开关时，他们大概不会想到为舒适生活提供动力的水，也不会想到将该流域的河流鱼类与海洋中的鲸联系在一起的土壤特征。

全球变暖的正面影响在丘吉尔得到了充分的体现：经营极地探险、极北之海团队游、北极熊体验、苔原小酒馆、极光酒店和许多其他北方主题的旅游企业，都沿着北美边疆地区特有的宽阔单行主干道排列开来，这条街上布满了生锈的集装箱、用木板封起来的公司大门，还有仅仅一个的加油站汽油泵。唯一的交通工具是有时驶过的一辆使用深胎纹运动轮胎的SUV，或者一辆巨大的阿尔戈牌（Argo）四轮越野车，光看车轮会以为它是露天矿井车，但实际上是为了载着游客穿越湿地而设计的。

自从港口突然关闭以来，这座小镇一直在努力将自己重塑成一个旅游胜地。其显而易见的策略是利用人们日益增长的兴趣，吸引游客在北极的脆弱地貌永远消失之前亲眼欣赏一回，而丘吉尔幸运地拥有北极巨型动物中最具代表性的两种动物的繁殖栖息地：北极熊和白鲸。

在极地酒店（Polar Hotel）外，我和一百多名游客一起登上了一辆大巴，游客来自世界各地：美国加利福尼亚、马来西亚、中国、爱尔兰和澳大利亚。我们沿着通往小镇东边的道路前行，经过市政垃圾场和粮仓，这些粮仓又长又高，就像一艘出水的大型运油船。巨大的混凝土塔楼像工业大亨一样俯视着这座小镇，提醒居民他们的经济是被束缚的。数百米高空中，一条高架传送带高悬海面之上，随时准备将谷物倒入等待已久的船里。建造于20世纪30年代，这些筒仓的钢铁已经锈迹斑斑，混凝土也有剥落的痕迹，仍然霸气地占据着河口海岸。高低不平的地面、柳兰、柳树和古老的铁丝网栅栏将粮仓设施与码头隔开，而大巴将我们送到码头上，下车点是一个方形浮台的尽头。我们穿上救生衣，听取安全须知，然后登上一队在水面上发出低沉马达声的黑色充气佐迪亚克（Zodiacs）冲锋艇，最近融化的海冰给河口染上了一种不透明的、闪闪发光的矿物蓝色。

现在是涨潮的时间，水面死一般平静。薄雾从远岸的苔原上滚滚而下。天空呈现出和大海一样的烟灰色。丘吉尔河宽半英里，几乎没有流动，毫不费力地静静进入沉闷的大海。冲锋艇在水面上绕圈，就像池塘水面上的一群苍蝇。我原以为观鲸是一项撞大运式的活动，不保证一定能看到鲸鱼，但是我们刚一进入主河道，同行的旅客们几乎立刻就站了起来。“在那里！那里！还有那里……”在各个方向上，弯曲的白色背部像厚厚的奶油块一样划开水面。河里满是白鲸——看起来就像是没有背鳍的白色海豚。

我们的导游驾驶着充气艇，绕着正在觅食的鲸鱼绕圈。每艘船旁边都有一小群白鲸可以看，而且还有多余的。它们在我们周围游来游去，从船下穿过，侧身滚动，以便仔细观察在他们的午餐时间跑过来的这些奇怪的观众。在所有须鲸类中，白鲸是唯一拥有灵活颈部的种类。由于不像同类那样颈椎骨是融合的，因此它可以扭曲和转动，看起来更像人类。它弯弯的喙固定成咧嘴笑的样子，额头上的隆起中含有回声定位装置，这种装置在白鲸皮肤上产生的皱纹很像眉毛，这又让它看起来好像一个好奇的书呆子。它们是小型鲸类，但体长仍然超过四米——体形庞大、头脑聪明，比我们的船还长，而且数量是我们的十倍。有五六头白鲸在充气艇后面跟着，享受着尾流。导游不确定它们是喜欢尾气的温暖，还是喜欢桨叶搅动时的产氧效应，或者是因为一台九十马力的雅马哈发动机的频率对它们有独特的吸引力。

游览的高潮是在船后放下水听器（一种防水麦克风）。放在船上的扬声器会发出尖声、颤音、口哨声、长长的吱吱声和有节奏的咔嗒声。这些白鲸正在水下激烈地交谈，听到自己的声音被反馈回来，让它们更加疯狂地喋喋不休。白鲸有一千二百种不同的声音信号，比智人（*Homo sapiens*）的语音系统复杂得多。研究表明，白鲸会像人类一样“提高嗓门”让其他白鲸听到，但到了一定程度它们就会放弃。他们的压力水平与噪声污染水平密切相关。随着海冰的消失，北极航运的大规模扩张可能是对白鲸最致命的威胁，它们用回声定位来“看”东西，生活在一个几乎永久的声音网络中。它们不断相互交流，对它们来说，生活就是聊天。这些交流实际上构成了一整套人类尚未完全理解的语言。

更多白鲸游过来，聚集在充气艇的后方，探着头看这些浮在水上模仿他们辩论的人类。一头白鲸母亲加入鲸群的边缘。一头和成年人差不多大的幼崽骑在它背上，身上还残留着它第一层皮肤的碎片。白鲸在河口浅水区产崽，和开阔海域相比，那里相对温暖，含氧量也更高。雌性白鲸孕育幼崽十二个月，并哺育幼崽长达三年，在此期间，随着年龄增长和摄入乳汁，幼崽的颜色会变白。人工饲养的白鲸样本从未活过三十岁，这使得研究人员最初认为白鲸的寿命出奇地短，不过现在人们认为它们的寿命超过一百岁。这头幼崽可能是两年前在这里受孕出生的。白鲸和鲑鱼一样，总是回到同一条河流。

归巢本能可能是作为一种激素-化学调控下的生命路线进化而来的，令动物返回到一个安全的地方，在相对和平且食物丰富的环境下繁殖。但是，随着气候带和洋流变得难以预测，这样一种经过精心协调的聪明计划如今看来像是一种负担。那些探险家或殖民者的机会主义是一套不同的技能，是一种有别于基因中对家园的呼唤的精神地理学。白鲸和其他动物能够在如此短的时间内学会吗？在一个温度升高三四或五摄氏度的世界里，是否还会有与它们现在的栖息地和分布范围相匹配的气候相似区（climate analogue）？随着所有北方物种进一步向北迁徙，白鲸和北极熊等生活在最高纬度的物种无处可去。

“那么这个地方有什么特别之处呢？”我问我们的导游，“它们为什么总是回到这里？”

“有几种说法，”他说，“在河里的岩石上蜕皮，河口的水比较浅，虎鲸无法进入，而且这里有很多食物。但我们基本上并不知道真正的原因。”

我想我可能有一条线索。当我们从水中取出水听器后，跟随我们的白鲸群就散开了，白鲸们又开始成群结队地划开水面，捕捉毛鳞鱼。每年的这个时候，毛鳞鱼的数量非常丰富，大量毛鳞鱼被冲到冰川海滩上。居民们提着水桶满载而归，也有人抱怨它的恶臭。我们的导游没有这么说，但毛鳞鱼在这里是因为浮游动物，而浮游动物和它们赖以生存的食物浮游植物在这里，则是因为融化海冰与顺流而下的树木在这里相遇。

白鲸只会在短暂的夏季融冰期才会冒险向南进入河口产崽，其余时间，它们生活在浮冰边缘，在洋流形成的应力裂缝（称为冰间湖和冰间水道）中呼吸。情况危急时，它们可以用坚硬的球状头部冲破冰层呼吸。这种“没有翅膀的海豚”进化得没有了背鳍，适合在海冰下游泳，并捕食食物链的较低营养层，如鲦鱼、幼鲑、虾、浮游生物和甲壳类动物，而所有这些生物都依赖顺流而下或者像雨水一样慢慢从海冰中落下的营养物质。

海冰作为食物链底部海洋生物的重要平台，其关键作用自20世纪60年代以来就已为人所知，但仍然有很多人认为海冰的快速融化只是美丽风景的不幸丧失，或者更糟糕的是，被当作开辟新航线的机会。事实上，这是对海洋食物链的毁灭性的削弱——相当于陆地上的大量表层土被清除，只是发生在海里。

在冬季，重盐水（液态）从海冰中排出，落到海底，导致海水循环，将下面的营养物质带到海面。海冰的淡水晶体内存在因盐分析出而留下的通道，于是硅藻（悬浮在冰中的微生物）可以开始在其中繁殖。极地冬季结束后，阳光一旦照射到浮冰上，冰晶就会减弱光线，浮游生物就会吸收松永教授和戴安娜鉴定出的腐殖酸中的螯合铁，并开始分裂。

整个春天，浮游生物不断在冰中分裂，在冰层破裂时达到高峰，此时它们终于从自己的水晶茧房中释放出来。注入海中的淡水以及其中重要的铁让浮游植物能够疯狂分裂，为毛鳞鱼和其他幼鲑、鲦鱼和刚孵化的动物提供一场盛宴。毫不奇怪，这种活动在主要河流的河口最为繁忙。鱼类体内的油酸来自浮游植物，浮游植物制造油酸需要用到溶解在淡水中的矿物质，而这些矿物质是从腐烂树叶渗滤出来的。海冰融化和浮游生物爆发的一个月后，白鲸就会前来享用它们的盛宴。

这场盛宴的基础是脆弱的：流域内必须有足够的树木，不能有太多农业污染，而且海水一定不能变得太温暖。海洋中看不见的森林（水下和潮间带的藻类）需要周围海水的临界温度梯度（和这些植物体内产生的热量相比是冷水）才能繁殖。

海冰的消失将改变白鲸的处境。它还可能改变海洋的环流模式。历史表明，洋流以前发生过变化，而且这种变化就像打开电灯开关一样快。戴安娜援引安大略省滑铁卢大学地质学家阿兰·摩根（Alan

Morgan）的话说，洋流变化可以在两周内发生。举个例子，在未来的某一天，墨西哥湾流可能会突然逆转方向。目前海洋一片混乱，没有人能够预测温度、洋流和物种分布范围将如何变化。由于变量太大，计算机无法进行精确建模。陆地植被变暖和淡水入海的化学成分对海洋初级生产的反馈作用，是一个很大的未知数。

长期以来，白鲸因其优美的鸣叫声而被亲切地称为“海中金丝雀”。但是，就像与它们息息相关的树木一样，它们现在也是另一种意义上的金丝雀。当陆地森林和海洋森林之间重要的生产关系破裂时，白鲸将会第一个感受到这种破裂。目前，监测白鲸的科学家很满意。哈得孙湾有五万七千头白鲸，数量很稳定，最集中的区域是纳尔逊河，它是皮马乔文阿基的主要外流河。

但是戴夫·戴利不太有把握。在他那间满是蛀虫的云杉木屋里，他抿紧嘴唇摇了摇头。他知道科策布的白鲸发生了什么：它们上一年还在，下一年就消失了。“他们说白鲸会坚持下来。但是……那里没有从前的毛鳞鱼了。而且这些鲸的寿命很长。我不知道。我还在等待。”

在充气艇周围划着弧线游来游去的这些优雅、顽皮、快乐的动物，比我们更了解在那里发生的事情。利用次声波，它们可以跨越数千英里通信。就像阿尔伯特在摇晃帐篷里与不列颠哥伦比亚省的人们打电话一样，海里的所有白鲸可能一直在相互交谈。可能在将来的某一天，它们还在举行一场虚拟电话会议，第二天就消失了。

第六章　和冰的最后一支探戈

Last Tango with Ice

格陵兰花楸（Greenland mountain ash，拉丁学名*Sorbus groenlandica*）

纳萨尔苏瓦克，格陵兰

61°09'41"N

肯尼思·赫格（Kenneth Høegh）在十三岁时种下了他的第一棵树。周六和平时放学后，他在格陵兰最南端纳萨克（Narsaq）的当地图书馆儿童部做兼职。据他自己说，他是一个书虫。有一天，他在一本儿童科学杂志上看到一篇文章，介绍在更北边的一座背风峡湾里进行的植树实验。

“对于在格陵兰长大的人来说，树是一种奇异的东西，很陌生。”他说。

小镇纳萨克没有一棵树，这里风景如画，色彩柔和的彩色房屋坐落在绿色山坡上，环绕着一个在冬天结冰的天然港口。当时的他从小就没见过几棵树。他想，也许他可以尝试自己的植树实验，于是他请求父母给他买了一棵树苗。这棵树苗是从冰岛空运过来的，被他种在了父母的花园里。那是一棵西伯利亚落叶松。他父母后来搬家了，那座花园现在属于邻居，但那棵落叶松至今还在那里。如今它有五米高，而肯尼思已经五十三岁了。

肯尼思在大学学的是农学，后来成为格陵兰南部农民的农业顾问，同时继续沉浸在对植树的热情中。20世纪末，格陵兰将来的林务工作者面临的困难是那里几乎没有树。不过，格陵兰有两位林业专家。自20世纪70年代起，生态学家波尔·比耶格（Poul Bjerge）和索伦·奥杜姆（Søren Ødum）博士一直在纳萨尔苏瓦克（Narsarsuaq）峡谷做实验，看看什么树可以在格陵兰生长。肯尼思当年在杂志上看到的就是他们的工作成果，而他去加入了他们的工作。

在20世纪80年代和90年代，波尔、索伦和肯尼思前往北极林木线沿线的许多地点，收集耐寒的北方物种样本，然后带回格陵兰岛。他们去过阿拉斯加、育空地区、不列颠哥伦比亚省、哈得孙湾、魁北克、挪威，还穿越了西伯利亚，从乌拉尔山脉到阿尔泰，再到堪察加半岛和库页岛，并在这个过程中建立了全世界最全面的北方林木线物种树木园之一。迄今为止，这座树木园已拥有一百一十种植物，可与克拉斯诺亚尔斯克的苏卡乔夫研究所媲美。这三位科学家的目的是为格陵兰设立一个参考。随着全球气温上升，格陵兰的资源意义远远超出了这片狭窄峡湾的范围：它是北方森林的风向标，也是在其他地方濒临灭绝的物种未来的残遗种保护区。

肯尼思热爱比较研究和对单个物种的长期研究，但他也喜欢种树：成千上万的西伯利亚落叶松、英格曼云杉、挪威云杉、北美乔松、扭叶松、花旗松、香脂杨，以及许多其他树种。如今已经作为国家树木园的格陵兰树木园（Arboretum Groenlandicum，格陵兰语Kalaallit Nunaata Orpiuteqarfia）是一片年轻的森林，超过二十五万棵树覆盖着纳萨尔苏瓦克峡谷的一半面积。

当飞机以剧烈的倾斜角度在峡湾口转弯时，刺眼的白色和蓝色被一片细长的楔形森林分开，森林闪烁着绿色和黄色的光芒，偶尔夹杂着血橙色。此时是2019年8月，夏末的树叶在冰盖和大海之间本来贫瘠的岩石和草地景观中散发短暂的勃勃生机。

令纳萨尔苏瓦克适合植树的地形条件，也使它成为一个足够平坦、适合建造飞机跑道的地方，而且几乎是格陵兰南部唯一适合的地方。如果让因纽特人来决定，纳萨尔苏瓦克不会成为定居点。远离夏季海冰、没有天然港口的宽阔峡谷，对于依赖海洋的人们来说没有什么吸引力。但是修建飞机跑道的美国空军并不是从维持生存的角度来看待它的。1941年，德军刚刚入侵丹麦，美国人正在寻找一个中转站，一个为B-17机队加油的地方，它们将从佐治亚州途经加拿大和丹麦的格陵兰殖民地飞到苏格兰，前往欧洲作战。所有补给和建筑材料都是通过海运或空运运来的，其中包括五千名士兵，他们后来又建造了被称为"蓝西一号"（Bluie West One）的冷战基地。

丹麦政府认为没有必要破坏他们1958年从美国人那里继承的基础设施，而在将近七十年后，纳萨尔苏瓦克仍然是首都努克以外唯一的国际机场，是通往旅游局所说的"阳光明媚的格陵兰南部"的门户。游客们将体验到类似斯坦利·库布里克的电影《奇爱博士》片尾场景的空中时刻：来自欧洲的飞机在降落前掠过锯齿状黑色山峰之间刺眼的冰盖，机身拐弯时倾斜九十度，飞行在点缀着冰山的碧绿峡湾上空，然后陡降到这条被称为全世界最危险的跑道上。它的一段延伸到水面，另一端则紧挨着一面悬崖，悬崖下有一条泛着泡沫的冰川河。

我们刚刚完成惊险的着陆，走下登机梯，踏上四周环绕着雄伟山脉的停机坪，我的手机就发出了信息提示声："来酒店餐厅找我。"

在行李传送带都已经破损的简陋航站楼里，几十名游客身穿风帽上衣，背着色彩鲜艳的大背包，挤挤攘攘。他们急切地想要在荒野中徒步旅行，在冰层消失之前看到它。这是新冠疫情大流行之前的最后一个夏天，生意好得很：上一年，有九万二千六百七十七名旅客乘坐飞机来到这里。

一些游客正在等待直升机带他们前往格陵兰南部的其他定居点，另一些游客则像我一样，走上通往小镇的美国造柏油路，如果可以把它叫作小镇的话：这里有几栋房子，两家咖啡馆，还有四座由营房建筑改造而来的政府补贴住房，被粉刷成格陵兰标志性的淡蓝色和鲜绿色。道路缓缓下坡，通向该定居点，前方是闪闪发光的蓝色峡湾。这些建筑挤在一条点缀着树苗的崎岖山脊下，山脊的尽头是一个海岬，海岬上有一些醒目的白色圆柱体，它们像哨兵一样，矗立在一个小港口和一片被深蓝色波浪拍打的泥泞海滩上。这些圆柱体上标着"喷气机燃油1号""喷气机燃油2号""柴油""煤油"的字样——这也是美国人的遗赠。

在一栋住宅楼的台阶上，一个男人正在清洁一支步枪的枪管。他看了看我，然后继续擦拭枪管。阳光下，一位穿着拖鞋的格陵兰老妇人正在将洗好的衣服夹在晾衣绳上。两个孩子在一个看起来像是被遗弃的混凝土操场上跑来跑去。在他们上方的一个砾石露台上，有一个没有窗户的白色塑料箱，里面是当地超市。超市外面，两个穿派克大衣的妇女正在卖来自中国的厨具和用燃气烧烤炉烤的热狗。

操场旁边就是我在寻找的地方。纳萨尔苏瓦克酒店是又一座经过改造的军事建筑。走过开放式前台接待区，美军的幽灵仍在徘徊。没有窗户的不锈钢餐厅看起来可能属于世界上任何一个地方的军事基地。

在一张摆满午餐残羹剩饭的桌子旁，我找到了一头沙色短发的肯尼思，还有彼得。彼得是一位丹麦科学家，有着目光锐利的蓝眼睛和令人难忘的橙色胡须。我一到，我们就出发了，从后门出去，走进刺眼的阳光，经过酒店的垃圾箱，来到一块曾经被美国人用作砾石开采场的荒地。太阳很毒辣，阳光格外耀眼。十几个人分散在一片稀疏的草地上，忙着用看起来像火箭筒的东西对准地面。空地的一边有一辆皮卡车，已经卸下一半堆起来的纸箱。一个高个子男人戴着一顶套叠式平顶帽，帽子上插着充满异域风情的羽毛。他留着姜黄色山羊胡，戴着一副蓝色太阳镜，从皮卡后面抓起一个纸箱，走到人群中央。

“哟！杨树，大家伙儿！来拿杨树了！”他用美国口音喊道。

人们围上去，抓起一把树苗，然后走开，将它们放进火箭筒的开放腔室中。我放下帆布背包，抓起一把树苗然后寻找搭档。当我转过身的时候，肯尼思已经走了。没过多久，我就跪在地上，和一个名叫米格尔的西班牙人一起栽种香脂杨树苗。太阳晒热了我的脖子，人们大汗淋漓，纷纷脱下外套和套头毛衣。地面很硬。峡谷边缘的岩石悬崖在我们上方微微闪烁。河流的咆哮只是依稀可辨的背景声，就像山上的一条高速公路。东边，树木丛生在山脊前端，那里是树木园的起点。西边是住宅区的起点。

“别往那边种得太远了！”戴太阳镜的男子喊道，他似乎是负责人。显然，住宅区的居民不想让太多的树木破坏他们的视野。擦步枪的男人仍然坐在台阶上，他的武器放在膝盖上。偶尔有路人朝我们这边看一眼，然后继续前行。外国人在小镇边缘的荒地上疯狂地种树，显然已是日常景象。但当地居民并不参与其中。树木，曾经以灌丛和浮木的形式对这里的生存至关重要，但现在已经不再是人类生活的决定因素。如今，关键因素是来自丹麦的航班、从冰岛和加拿大运来食物、酒精和燃料的船只，以及鱼类和可供狩猎的猎物。擦亮一支步枪比种下一棵树更有用。

米格尔和我种了整整一箱，五十棵树，而那个美国人走来走去，用他的苹果手机拍摄整个过程。米格尔只会说一点点英语，不过我猜他在旅行团工作，负责带团进入冰盖。我们的种树同伴包括一个看起来像日本人的男人、一对看起来像中东人的女人和孩子，还有几个白人和一两个因纽特人。我没能从米格尔那里领悟到这是在做什么活动。拿苹果手机的男人身上穿的T恤印有大写的“格陵兰树木”（GREENLAND TREES）字样。他消失在卡车后面，突然又拿着另一个纸箱回来了。

“好啦，喝吧！汽水儿！嘿，大家伙儿，这可太热了！”

这个美国人递给我一瓶可乐，然后开始自我介绍。他是贾森·博克斯（Jason Box）教授，丹麦地质调查局的气候学家。他告诉我，“格陵兰树木”是他的主意，尽管他自己似乎并没有种植多少树。他说了很多，一边说一边挥舞着双手，对山脉、峡湾和种树的人们做着手势。他就像一个不断旋转的能量球。

“有些人说，别管了，让大自然做它自己的事吧，你会带来入侵物种的。生态学家不喜欢我们。但是我说，去他妈的！我们在帮助自然。在这里补充树苗需要很长时间，没有天然的种子来源……彼得和肯尼思告诉我们应该在哪里种植。”

贾森开始用手指指点点：来自荷兰的迪尔克和莫里斯、来自日本的正仁、来自美国的克里斯、来自伊朗的法齐亚，全都是经验丰富、深受尊敬的气候学家，都在为联合国政府间气候变化专门委员会从事研究工作，现在一个个膝盖上全是尘土，忙着将香脂杨树苗塞进稀薄的土壤中。

这个项目一开始只是内疚的冰川学家抵消其研究项目排放的一种方式：每年夏天，将研究设备和大量装备空运到冰盖上需要许多飞机、船只和直升机。然而，其他科学家很快也加入了进来。他们因为在冰盖上看到了极端融化而深感不安，所以想要采取一些切实且紧急的措施来消除大气中的二氧化碳。他们四处寻找可以种树的地方，然后他们记起，自己已经在树木园上空飞行几十年了。

那天晚上，种完一千三百棵树后，所有志愿者都被邀请参加驯鹿和格陵兰羔羊烧烤。沿着峡谷继续往上走，将旧基地甩在身后，在一条更小的峡谷（从前在这里的美国人称之为“医院谷”）的入口处有一座小木屋，它现在属于肯尼思，旗杆上早已没了当初的星条旗。二十年前，肯尼思在小屋周围种下了针叶树，它们现在才刚刚开始侵袭黄昏天空的淡淡蓝色。一旦太阳落下这座山，气温就会骤然下降到接近冰点。虽然白天的气温可以达到25摄氏度，但接近冰盖意味着格陵兰的夜晚总是寒冷刺骨，即使在夏天也是如此。科学家们围着篝火暖手，喝啤酒。他们穿着他们的行业制服——高科技探险服装，上面印着代表魅力的标志："极限冰雪勘探，荷兰北极探险"（EXTREME ICE SURVEY, DUTCH ARCTIC EXPEDITION）。荷兰人的比例过高。荷兰有四分之一的地区低于海平面，融化的冰川是这个国家面临的头号威胁。

彼得是唯一没有穿品牌服装的人。他是一名丹麦气候学家，研究植被的历史模式。他的那身行头是林务员的风格：衬衫、裤子、羊毛衫和外套，颜色是多种对比鲜艳的绿色。他静静地坐着，火堆另一边更年轻的科学家们在担心天气。黎明时分，他们将在冰盖边缘与一艘船和一架直升机会合，并与英国广播公司的影片摄制组一起前往冰盖，去查看他们去年夏天打进冰里的钢柱。钢柱的深度将告诉他们冰盖去年融化了多少。这是8月的最后一个周末，通常是融冰季的结束。但天气预报说会下大雨，于是他们来来回回地计划着各种方案。

荷兰冰川学家迪尔克将他们正在做的工作称为"地面实况"。美国空军的飞机曾飞越冰盖并用雷达进行勘测，试图测量冰的质量和融化速度，但它们只能沿直线测量。配备激光发射器的卫星已被送入太空做同样的事情，这是美国国家航空航天局的一个项目，代号是GRACE：重力恢复和气候实验（Gravity Recovery and Climate Experiment）。NASA测量了地壳和冰盖表面之间的差异，并由此估算了冰的质量。每年有三百立方公里的冰正在流失，而且流失速度还在加快。

这些方法都不是完美的，必须使用对冰盖表面的实际测量来补充它们的估算结果。这群人中有些已经来这里将近二十年了，有些人还是第一次来。格陵兰的项目数量以及科学家的人数都正在迅速增加。史前冰盖中包含的气候档案比树木年轮更重要，它对于我们了解过去地球气候如何变化至关重要。而冰盖融化的速度对接下来将会发生什么至关重要。地球上有两大冰盖：南极洲和格陵兰，而前往格陵兰容易得多，也便宜得多。它的融化速度也比南极洲快得多。格陵兰位于冰川学研究和海平面上升的最前沿，而关于消失的冰将如何改变我们这颗星球，篝火周围的这群人贡献了我们如今所知的大部分相关知识。

迪尔克建立了监测南极冰盖的测量站网络，贾森为格陵兰建立了一套这样的网络。数据输入到正仁等其他科学家构建的复杂气候模型中。我们讨论了一会儿模型。这已经是正仁今年第二次前往冰盖了。这里距离日本很远，而他在日本的实验室正在不断完善世界上最复杂的模型之一，也是IPCC所依赖的模型。他认识到，这个模型在气候反馈循环方面存在困难，而从他语速加快、瞪大眼睛和缩着脖子的样子来看，他热衷于填补这些差距。当我提到一些生态学家认为地球系统非常复杂，以至于无法对其建模时，谈话就戛然而止了。

曾几何时，模型是供科学家使用的工具，但如今似乎人类已经成了自己创造的模型的工具。巨额研究经费投入科研项目中，旨在获取更多数据，以完善超级计算机构建的模型。但模型是危险的，它们可以根据人们想要讲述的故事进行调整。2013年的IPCC第五次评估报告就以过去十年的模型为依据，而不是以实际可获取的观测结果为基础——后者描绘出的关于北极海冰融化的前景要悲观得多。[1]真实数据是无可争辩的。

真实的气候数据是目前地球上最有价值的货币，而这些科学家是现代的寻宝者，利用直升机、绳索、雪橇和最先进的技术，做着危险而迷人的工作，勇敢地面对冰裂缝和暴风雪，带回无价的冰芯样本。他们凝视着这些冰芯，以占卜我们的未来。但是测量、目睹和冷静地解释冰盖崩溃的客观概率，以及这对地球上的人类生命意味着什么，会让人产生情感上的矛盾。科学研究项目在结束时，总是会确定值得进一步研究的领域，以便为知识的不断积累做出贡献。西方科学是其自身目的的产物，是一种关于进步的意识形态。现在看来，它像是对未来主义的一种过度崇拜。它假设人们永远有更多时间。

像莫里斯这样的年轻科学家，动力似乎来自对决定性事实的迫切追寻，而年长的科学家却更悲观。年复一年，记录着越来越危险的融化程度，却看不到任何行动，这令人绝望。正因如此，迪尔克和他的妻子法齐亚——也是一位重要的冰川学家，在十多年前记录了康格鲁萨（Kangerlussaq）冰川的加速融化——决定退出学术界，投身于“格陵兰树木”这个项目。

如今，他们看待格陵兰的方式不一样了。以前，他们只在纳萨尔苏瓦克等待搭乘直升机飞上冰盖，或者在纳萨尔苏瓦克酒店的酒吧里喝得酩酊大醉，和其他路过的科学家交换专业八卦，他们从不和当地人会面。而现在，当贾森和他的团队明天上山时，迪尔克和法齐亚将与彼得一起乘船南下，向小学生们介绍这个种树项目。他们过去只看到这座岛的白色部分。现在他们着眼于它变绿的潜力。

科学家们已经返回酒店。火堆变成一把余烬。在半明半暗的天光下，浮雕般的黝黑山体后面持续闪烁着一道光，而河水微弱的咆哮声就像远处飞机在轰鸣，给夜晚增添了活力。空气冷冽清爽。格陵兰在时间和地点上都显得很反常。纳萨尔苏瓦克位于北纬61°，坐落在格陵兰南部很偏远的地方，与设得兰群岛、挪威和瑞典中部或阿拉斯加的安克雷奇等亚北极地区的纬度相当。但是，东格陵兰洋流将海冰从北冰洋向南带到海岸，再加上冰盖的冷却效果，决定了这里独特的小气候。

“这是一件非常奇怪的事。”彼得解释道。他指的是格陵兰岛的内陆峡湾的气候非常适合北方树种生长，但几乎没有任何树。

这些地方的年平均气温远高于冰点，最近的夏季气温已经超过洪堡提出的7月10摄氏度等温线，这是北方树木生长极限的传统定义。彼得说，如今7月的新常态是11摄氏度以上。

但是格陵兰没有树木的原因并不是这里太冷，而是没有种子。植物变化需要数千年的时间。这就是生态学家所说的非均衡动态学，形容的是处于寻求平衡的过程中的生态系统或生物群落。就像伴随着我们当前全球变暖所发生的变化一样，在温度或洋流发生变化之后，物种和生态系统跟着变化的时间存在一定的滞后，在某些情况下会滞后数千年。格陵兰岛仍在追赶上一个冰期的步伐。

上一次冰川极盛期，冰覆盖了整座岛屿。如今，冰层已经消退至大约80%，生态学家估计，如果没有人类的影响，树木生长的“迁移滞后期”可能长达数千年。对于格陵兰而言，由于山区峡湾之间海拔和地形的极端变化，情况变得更复杂。目前抵达的物种都是可以通过空气传播的物种。

非常轻的种子被风裹挟而来，在峡湾中扎根，例如来自拉布拉多地区的桦树和桤木的柔荑花序结出的种子。这些种子，以及包含在花楸和刺柏浆果中并由鸟类繁殖的种子，形成了格陵兰岛目前仅有的四种本土树木。欧洲刺柏遍布北方。桦树和桤木是北美种类，很容易追溯到戴维斯海峡对面的这座临近大陆。但是格陵兰花楸（Greenland mountain ash，拉丁学名*Sorbus groenlandica*）是一个奇怪的亚种，据说是在上一次间冰期从格陵兰扩散到了北美定殖的。如今它已经找到了从大洋彼岸的一个残遗种保护区跨海返回的路。

它长得很低矮，比欧洲的同类欧亚花楸（*Sorbus aucuparia*）或两个北美表亲北美花楸（*Sorbus americana*）和美丽花楸（*Sorbus decora*）小得多，其叶片是其他花楸叶片的微缩版，并具有相同的银色树皮和独特的鲜红色浆果，果实底部呈五角星形，深受鸟类和此前几代人类的喜爱。格陵兰花楸的故事是物种形成的一个很好的例子，这种神秘的进化过程是被行星轨迹的节奏、冰期的脉动和地质时间不可察觉的展开所掌控的。对于北方物种来说，这个过程是一个寓言，预示着即将到来的挑战。

在前几次冰期之间的某个时候，一个花楸物种最终抵达格陵兰岛，并通过种子繁殖形成了一个本地种群。从斯堪的纳维亚半岛到西伯利亚，花楸属（*Sorbus*）遍布整个北方地区，而且在各地都显示出通过广泛杂交来适应环境的能力。杂交能力是一种生存策略，是人类世[①]的一项有用技能，而花楸是卓越的生存高手。

它的树皮光滑，呈银色，反射着可能融化其过冷树液的阳光。芽是深紫色的，以便吸收太阳光线，开出春天的第一批花。花楸是两性花植物。每一朵乳白色的五花瓣花都包含雄性和雌性部分。作为蔷薇科的一员，它聚集成簇的小花是蔷薇的微型复制版本，含有深色花粉和一年当中最早的一批花蜜，欢迎大大小小的昆虫造访。花楸不能对访花昆虫挑三拣四，因为本来就没有多少访客。它提供的山梨酸对黄蜂、蛾类和春天的其他昆虫至关重要，而秋季的鸣禽则在其独特的红色浆果中寻找有甜味的山梨糖醇。花楸是日历上的固定节目，就像北方的年度时钟：白色花朵是春天的预兆，浆果变红是秋天的开始，而浆果消失则表明冬天已经到来。

格陵兰的种群与其他种群隔绝开来，也许是被海洋，或者更可能是因为冰雪，它保持着自己的节奏，不断进化以适应新的栖息地，长出更小的叶片，株高也变得更矮。格陵兰的地形特征限制种子传播，同样也让这里成为理想的微型残遗种保护区。

过去，山脉和岛屿发挥了这样的作用。像格陵兰这样地形多样的山区，栖息地的环境差异很大，还可能出现大气层的逆转现象——暖空气被困在峡谷中，上方的冷风将其压在原地。地质记录

---

① 人类世是部分学者提出的地质时代，位于全新世之后，指的是人类活动对气候及生态系统造成全球性影响的时代。但关于其开始的时间和是否有必要单独划分出来，地质学家尚未达成一致意见。

显示，在没有被冰破坏的山谷中存在这样的庇护所，那里的物种以奇怪的组合生长在一起，并产生难以预料的结果。[2]地质学家将冰期称为“物种泵”，正是因为存在这种周期性的强迫进化。

当冰层消退，鸟类再次找到跨越海洋的通道时，格陵兰花楸被移植回来，发现原来的种群已经进化得面目全非，如今它成了它自己的亚种。在世界其他地区，物种分布范围出现分裂，但再也没有重叠。在美国的阿巴拉契亚山脉，残留的北方物种与如今在加拿大最北部发现的其他物种有亲缘关系。在坦桑尼亚，位于乌德宗瓦（Udzungwa）山脉或乌桑巴拉（Usambara）山脉等热带山脉的山顶上并且如今不再连成一片的云雾林中含有本土特有物种，当曾经连接不同栖息地的森林退缩并变成稀树草原后，这些物种就被困在了山顶。喜马拉雅山是另一个例子。

在即将到来的气候混乱发生之后，一旦地球找到新的平衡，哪些物种会留下来？这个问题的答案将取决于残遗种保护区：它们能否在足够长的时间里提供足够多的庇护，以及物种一开始是否能够进入它们。

在这个气候变暖的世界，有这样一句残酷的格言：“适应、移动或死亡。”但是有些物种比其他物种更容易移动。气候变化速率是指一个物种需要移动以跟随其气候生态位的速度。对于自然保护主义者来说，到时必须做出艰难的选择，就像诺亚和方舟一样，尽管如今的方舟远远不够大。这是战略生态学的新兴领域。种植不是基于当前的气候，而是基于对未来的猜测。

在赤道上，变暖的地球最终将把云雾林的特有物种从山顶向上驱赶到消亡的绝境，在北半球，物种已经在向北移动。对于在北半球高纬度地区进行迁徙的驼鹿、北美驯鹿和熊等哺乳动物，或者泰梅尔半岛的鸟类而言，移动不是问题，只要有连续的栖息地和食物资源就行，至少在抵达北冰洋之前是这样。但如果你扎根在一个地方怎么办？如果你是一棵树呢？

例如，欧洲赤松通常会在距离母株不到两百米的地方长出新苗，偶尔才有调皮的种子传播到更远的地方。松林成群移动，但它们的速度很慢。能够远距离传播种子（如桦树）并能跟上不断变化的时间窗口的物种，追赶适宜气候的速度可以达到每年数英里。[3]按照这个速度，如果树本身能走路的话，你甚至能够看到它迈出步伐。

有原地残遗种保护区，指的是物种可以自行抵达的地方；还有易地残遗种保护区，指的是非常适合安全度过风暴，但物种可能需要移植到那里的地方——科学文献中所谓的辅助迁徙。这些专业气候术语即将进入大众词典——冷静且干巴巴的语言掩盖着一种含蓄的投降：我们没能阻止这场灾难。

肯尼思开始种树时并没有考虑到气候恶化的问题。他和他的同事们是从一个非常基本的见解开始的：在北美洲，格陵兰花楸通常并不是林木线物种，因此，格陵兰一定还有其他物种的生存空间。但他们提出的问题和目前科学界的自然保护主义者和战略生态学家所关心的问题在本质上是一样的：什么气候类型和格陵兰的气候相似？如果有必要的话，还有什么能够在这里生长？

他们不是第一个提出这些问题的人。1892年，本着殖民实验的精神，丹麦植物学家L.K.罗塞温格（L. K. Rosevinge）用六棵欧洲赤松在纳萨尔苏瓦克峡湾的上游建立了一个试验人工林，考察可以从这片丹麦北方领土中获得什么资源。

该人工林位于一处名叫卡纳西亚赛特（Qanasiassat）的地方，此地坐落在名为钦戈（Qinngua）的狭长海湾顶部，大约是格陵兰的沿海群岛中你能够从开阔海域抵达的最远的地方。一大早，一个叫贾吉的船夫就开快艇带我去了那里。秋天的第一场雪已在夜里落下，将群山涂上一层白色，这些山看起来不太喜欢那些试图在陡峭的山坡上靠放羊谋生的少数坚韧牧民的农场。山顶上云雾缭绕，峡湾表面笼罩着一层仿佛毛皮的薄雾，颜色像脏牛奶一样。沿着纳萨尔苏瓦克峡谷奔流而下的河流满载着来自冰川融水的沉积物。贾吉解释说，小股融化的水流会积聚在冰川下面，然后定期溢出，导致河水中充满浑浊的颗粒物。

美国人留下的港口仍然完好无损，在港口边，涂了沥青的巨大花旗松树干被捆在一起，这样的树可能也会在遥远的某一天出现在格陵兰。沉重的船在平静如布料的峡湾水面上划出了一道白色的伤口。太阳仍在山的后面，但即使在这个时候，天空也带着来自地平线外冰层的背光。贾吉是法国人。1976年，他和一群嬉皮士乘坐自制的小船来到这里，他是唯一忘记回家的人。他不仅没有回家，还创办了一家名为“蓝冰探险家”（Blue Ice Explorer）的旅行社，而就在他刚要退休的时候，旅行社的业务突然爆火，很多人被正在消失的蓝冰吸引到这里来。他耸耸肩。明年，他和他的丹麦女友将购买一辆露营车，计划返回他的家乡阿尔卑斯山。

在峡湾的顶部，海面毗邻一座圆形剧场，它由一块壮观的岩石雕刻而成，呈现近乎完美的圆形。在岸上，这片人工林看起来很奇怪，就像钉在山腰上的一块方形天鹅绒。破损的铁丝网围栏内是一公顷新近种植的树木：落叶松、白云杉、北美短叶松，还有欧洲赤松。罗塞温格最初种植的欧洲赤松挺立在这个绿色方块的边缘，饱经风霜的它们显得矮小干瘪，颜色也灰蒙蒙的。似乎只有两棵还活着，树皮被风剥落，残留的针叶呈褐色，只有针尖处还带着斑驳的绿色。周围的草浓密松软，长满了苔藓。一百二十年来，一直有人前来向这些来自挪威北部的难民致敬，现在看来，它们终于接近生命的尽头了，虫子显然已经严重破坏了其中的一棵。绵羊啃掉了一些位置较低的树枝。

纳萨尔苏瓦克博物馆里有一些更幸福的日子的照片。馆长奥勒解释说，罗塞温格的错误在于选择了来自挪威北部的样本，他认为这些树来自类似的气候。实际上，挪威北部欧洲赤松的遗传基因所适应的环境日照少得多，生长季也短得多，因此它们不适应格陵兰南部较长的生长季节，当初秋其他树木还在沐浴阳光时，它们就停止了生长。

这些病恹恹的松树旁边，有一棵非常令人难忘的落叶松，巨大的下垂枝条已经折断，看起来已经有一百多岁了。金属标签上写着数字3799。这片方形的人造森林内一片寂静。针叶地毯迅速分解成肥沃的腐殖质，散发出一种刺鼻的气味。每片森林的声音都是独特的——阔叶和针叶的组合过滤吹过来的空气，发出簌簌作响的独特声音。这片森林听起来就像静止下来的波浪起伏。

人工林的另一头是一间设备齐全的小屋，里面有木柴、工具、炊具和毯子。这是一个被困住的孤立之地，但不是糟糕的那种。冰山峡湾和紫色雨云下的白色冰冻山峰，还有偶尔出现的游轮，眼前的景色可以是世界末日的绝佳背景。

当我走了一圈，穿过这一公顷的土地之后，就没什么可看的了，是时候向停泊在峡湾的贾吉挥手致意，然后重新上船了。当我回过头来看那个深绿色的方块时，我才意识到这片人工林的奇怪之处。即使在围栏之内，那里也几乎没有树苗。北方森林物种需要火灾或扰动才会萌发，它们需要矿质土壤，而不是覆盖着湿苔藓和莎草的土壤。围栏外的山坡上生长着很多低矮的桦树，是腺桦（*Betula glandulosa*），它是本地产的杂交种。在上方山体滑坡令土地裸露在外的地方，我只看到了一棵云杉幼苗。

高纬度地区自然造林的时间尺度突然清晰起来，而且它令人恐惧。即使气候条件适宜，森林也需要数百年甚至数千年才能形成。土壤、降雨量和扰动率都必须保持一致。在任其自力更生的情况下，大自然决定了桦树是这里的合适树种。桦树可能会准备土壤——或者燃烧，从而为针叶树扫清道路，但还不是现在。虽然在这个人工林中，比罗塞温格的欧洲赤松种得更晚的针叶树目前看起来健康且茂盛，但人工林更新能力的缺乏实际上是反对此类项目的一个论据：在没有人类干预或扰动的情况下，这些树木将不会自行繁殖。它们将一直是山坡上的遗迹，直到最终被其他东西取代。

快艇环绕着峡湾顶端摇摇摆摆，离开光秃秃的灰色碎石坡，向南驶向雷雨云、山脉、雪、冰和大海的壮丽景色。苔藓、莎草和桦树的自然栖息地停留在一定的高度和坡度上。均匀到完美的绿色板块似乎是从山坡上挖出来的。这些微型田野就像是棕色和灰色之中的岛屿，拖拉机以不可思议的角度在这些田野中爬行，收集打包好的巨大草捆，用黑色塑料将它们堆成巨大的金字塔。峡湾的牧羊人正在储存过冬的干草，就像他们的中世纪斯堪的纳维亚祖先一千年前在同样的田野上所做的一样。如今格陵兰南方的天然桦树林如此稀少，正是因为维京人将它们全都砍光了，而这也是进行试验种植的部分理由。

在返程途中，贾吉想去送信。在纳萨尔苏瓦克对面，穿越峡湾，是一个更古老、人口更多的村庄，名叫卡西阿尔苏克（Qassiarsuk）。美国人在第二次世界大战期间来到这里时，他们在峡湾中间画了一条假想的线，并禁止当地人越过它。现在，一艘悬挂法国国旗的巨大游轮正横跨在这条线上，黑色船体闪闪发光。多艘佐迪亚克冲锋艇正冒着毛毛细雨，将乘客从这座水上酒店运到岸上。贾吉小心地绕过它，我们停泊在一艘生锈的旧货船旁边，一辆叉车正在从船上卸下可乐、啤酒、卫生纸、糖、奶粉和管道设备。除了因纽特人曾经在这里依靠土地生活过一段时间，后来又搬到海洋对面加拿大的更容易生存的地区之外，格陵兰从来没有出现过自给自足的人类。在这里生存是艰难、孤独和昂贵的。

看起来十分破旧的房屋在港口上方摇摇欲坠。在一个院子里，一条拴在绳子上的狗在绕圈，狗的上方是排成一行正在晾干的北极红点鲑，鱼头插在棍子上。在另一个院子旁边，一匹拴着的马在海岸上面的草地上吃草，啃出了一个完美的圆形。贾吉消失在兼作邮局的咖啡馆里，而我盯着加油站。说是加油站，只不过是一个集装箱里装备了两台自助加油泵，与一台自动取款机相连。游客们正前往山坡上的中世纪斯堪的纳维亚人遗址，该遗址现已被联合国教科文组织列为世界遗产地。维京人的小块扇形田地被石头环绕，新近割下的草点缀着海岸的这一部分。一个戴着帽子和围巾、穿着油布雨衣的农民骑着四轮摩托车从我身边呼啸而过。四周的群山与乌云融为一体，遮蔽了天空。

这座南边最后的农场拥有最大、最绿的田野，这是从石头和苔原上开垦土壤的艰苦工作的产物。包着浅绿色塑料膜的干草堆整齐地码放着，一栋白色农舍毗邻一栋蓝色农舍和一排谷仓，它们的一侧被一排不寻常且醒目的树木遮蔽。田野以柔和的曲线起伏延伸至海滩，有一辆废弃的车被扔在那里腐朽生锈。这是布拉塔利德（Brattahlid）农场，曾经属于乔希尔德（Tjohilde），她是格陵兰的第一位维京殖民者红胡子埃里克（Erik the Red）的妻子，在982年建立了这个定居点。将近一千年后，这里成为新探险家们前来格陵兰重建绵羊养殖业的地方。奥托·弗里德里克森（Otto Friedrikssen）是其中一位先驱，在丹麦政府的支持和鼓励下，他在1924年带着家人一起来到这里。

奥托的孙子现在和他的格陵兰人妻子住在蓝色的房子里。埃伦（Ellen）有一双和善的眼睛，一头钢灰色的短发，戴着一副时尚的眼镜。她穿着黑色T恤和长裤，看起来更像是一位斯堪的纳维亚建筑师，而不是牧羊人。她的房子里摆放着常见的丹麦现代主义风格家具：金色的木材和玻璃。有一张桌子是例外，它看起来像是用浮木制作的。

“格陵兰复古风。”她笑道。在格陵兰进口木材之前，埃伦的祖先依赖来自西伯利亚的浮木，这些树被冻在冰里，然后被冰山释放出来，沿着格陵兰东海岸由波弗特环流（Beaufort Gyre）向南输送。波弗特环流是气旋型洋流，尽管正在减弱，但仍在逆时针绕着北极旋转。这些木材主要是西伯利亚落叶松，为制作器皿、滑雪板、帐篷杆和建造房屋提供了重要的木材来源。埃伦认为，现在被冲上峡湾海滩的浮木越来越少了，原因可能是西伯利亚的伐木业，可能是洋流的变化，也可能是海冰在更远的地方破裂，将浮木释放到北大西洋，而不是峡湾的自然涡流中。实际上，浮木可能就是这里出现定居点的最初原因：世界另一端的树木在这个最不适宜居住的地方维持着生命。

埃伦向我讲述了卡萨苏克（Kaassassuk）的故事，卡西阿尔苏克村就是以他的名字命名的。卡萨苏克是个孤儿，某天晚上，当其他人都在睡觉的时候，他从海里拖上来一大块浮木。到了早上，没有人能把它抬起来，也没有人理解这块浮木是怎么跑到离吃水线这么远的地方的。村民们想到，他们之间肯定有一个非常强壮的人，但他们不知道这个人就是那个孤儿。还有其他一些故事，距离现在更近，但都发生在美国人到来之前：她丈夫的祖父告诉她，他曾涉水穿越峡湾前往纳萨尔苏瓦克，在桦树灌丛中捡树枝当柴火。那时的森林与现在不同。她还告诉我，现在遮住她窗外景色的树木是一个种植项目的一部分，而这个项目使用的是来自阿拉斯加的树。四十年前，她和她的丈夫将云杉种在窗前可以看到的地方。他们没想到，这些树最终会长得令房子相形见绌。

但是现在让她担心的不是木材的稀缺，而是雨水的短缺。我指着窗外大雨倾盆的峡湾，她露出苦笑。“太晚了。”

今年夏天，政府顾问来到这里，和卡纳西亚赛特（Qanasiassat）峡湾的十一名养羊农民谈话，讨论如何适应更温暖、更干燥的气候。缺水严重影响了干草的收成，进而影响了绵羊度过漫长冬季的能力，因此才有了那些精心捆扎的草捆。这场谈话的重点是使用融水湖泊来灌溉，但就连这些湖泊现在也会在夏天干涸。今年7月只下了两场雨，而干草收成下降了50%。

埃伦第一次注意到气候变化是在2006年。在此之前，峡湾总是在冬天冰冻。他们会开车穿越冰面，去纳萨尔苏瓦克。2006年，峡湾没有冰冻，从那以后，在海冰上开车就不安全了。过去的三个冬天一点儿雪也没有下，他们的雪地摩托只能停在车库里生锈。这里有座农场正在实验饲养奶牛。埃伦不知道该做什么。养羊的前景似乎很不乐观。他们一直计划把农场传给儿子，但儿子现在对未来也不太确定。

埃伦看起来冷静又坚韧。她还是卡西阿尔苏克村立学校的校长，这所学校在2014年因学生人数不足而关闭，但最近重新开学了，有十二个孩子和三名教师。只有当她谈到文化时，她的焦虑才有情感上的重量。她向我展示了她的民族服装——白色海豹皮短裤、刺绣衬衫、红色羊毛紧身裤和白色海豹皮靴子。在温和的冬天很难继续制作这些衣服，她解释道。海豹皮的颜色是在寒冷干燥的冬季室外环境下晾晒出来的。如果天气太温暖，海豹皮就不会变白。

“人们都开始用布料制作我们的传统服装了！”埃伦说，她的愤怒程度达到高峰。她指出，靴子错综复杂的顶部看起来像珠子装饰，但实际上是密密麻麻排列在一起的染色海豹细皮条。“掌握这种技术的人正在减少——知识在消亡。再也没有人知道那些名字了……”她的声音渐渐变弱，双手下垂到身体两侧。仿佛生存是一回事，一种可以承受的技术上的、现代的挑战，而她的文化的死亡是不可挽回、不可原谅的。世界就是这样终结的。在无数微小的悲剧中终结。每一种物种、语言和习俗的灭绝都不是伴随着抗议的咆哮被记录下来的，纪念它们的只有一滴无声的眼泪。

格陵兰再次让自己成为文明崩溃的实验室。中世纪斯堪的纳维亚殖民地在1420年之后的一段时间内消失了。维京人饲养绵羊、牛和山羊，并艰难地种植牧草和小麦。在鼎盛时期，该殖民地有一名主教、一座教区总教堂、十二座普通教堂和三百个农场。他们向挪威出口海象象牙和北极熊皮，从加拿大的拉布拉多海岸进口木材。当气候在始于约1400年的小冰期变得更寒冷时，夏季的海冰显然阻止了他们的船只离开峡湾。考古记录表明，他们耗尽了充当燃料的木头，在不到五百年的时间里，他们清除了花费数千年才形成的所有低矮且生长缓慢的桦树和桤木灌丛。但是在全部木材资源远未耗尽之前，他们还开始焚烧草皮作为燃料补充，这是一个更具灾难性的选择，因为土壤形成所需的时间比木头更长。

贾雷德·戴蒙德在其著作《崩溃》中写到了环境退化和森林砍伐是如何共同造成格陵兰殖民地面临的致命压力的。[4]如果当初中世纪斯堪的纳维亚人认识到他们环境的脆弱性并加以妥善管理，情况可能会有所不同。戴蒙德指出，环境退化，特别是森林砍伐，是我们所知的所有人类文明崩溃的核心原因。

“蓝西一号”是美国政府公开承认的格陵兰十五个美军基地之一。其实还有第十六个基地，那就是“世纪营”（Camp Century），它是一个冰层之下的秘密基地，作为核弹头储存地使用。“世纪营”是多项冰动力学相关实验的开展场所，催生了许多现代冰川学知识。其中一项实验向下钻了一英里深的冰层，直到钻头将泥土和树叶带了上来。这块冰冻的土芯一直在丹麦一所大学的冰柜里冷冻着，直到2020年，研究分析揭示了迄今为止发现的最古老的DNA。[5] 八十万年前至四十五万年前，格陵兰岛上云杉、松树和桤木茂密，有很多昆虫和甲虫，平均气温比现在高好几度。[6]毫无疑问，格陵兰岛曾经是绿色的，而且它将再次变成绿色。

哥本哈根大学构建的林木线模型预测，到2100年前，格陵兰包括北部海岸在内的所有纬度都将拥有适合树木生长的土壤和气候区。[7]这表明，曾经导致红胡子埃里克将这里命名为格陵兰的纳萨尔苏瓦克乃至更广泛的图努利亚尔菲克（Tunulliarfik）峡湾系统的小气候，可能再次成为独特的气候生态位，支持更稠密的物种生存。对于整个格陵兰南部，该模型表明，那里的气候将与北美大部分地区、斯堪的纳维亚半岛、西伯利亚、苏格兰、阿尔卑斯山地区，甚至喀尔巴阡山脉和乌拉尔山脉的气候相似。这意味着，如果有足够的土壤和水，格陵兰就可以维持德国或罗马尼亚那样的森林。更重要的是，它可以成为更南边遥远地区面临热胁迫的物种的避难所。

大多数残遗种保护区的问题在于科学家们所说的容量。它们还能继续充当多久的残遗种保护区？在大多数预测中，人类导致的气候变暖速度非常快，以至于在2100年适合作为残遗种保护区的地方将在八十至一百年内随着全球变暖的加速而被淘汰。格陵兰可能有所不同。即使在更高的气温以及所有相关影响之下，它的冰仍然需要很长时间才能融化。也许是几千年，也许是几百年。

目前格陵兰仍有三百万平方公里的冰层，有些地方厚达数公里。冰盖以及它融化的水（后者至关重要）毗邻峡谷的小气候系统，可以起到冰箱的作用，让相关地区在更长的时间内保持相对凉爽，使物种能够安全地免遭干旱和火灾的影响，而根据预测，其他北方森林地区容易遭受这些。冰盖可能已经无可挽回，注定将要消失，但这个过程是漫长的，而冰层最后的回响很可能将决定北方森林在未来数千年下一次迭代的构成。

第二天，肯尼思必须离开他心爱的树木园，前往华盛顿特区参加一场预约好的会面。他认为自己是格陵兰人，他的血脉可以追溯到因纽特人和丹麦殖民血统几个世纪以来的融合，而且由于格陵兰仍然是丹麦的一个省（尽管它有自己的自治政府），所以肯尼思很方便地拥有了丰富的职业履历。他曾在丹麦外交部的官方援助机构丹麦国际开发署（DANIDA）驻亚洲分部担任农业顾问，并在丹麦外交部一路晋升，如今他的本职工作是格陵兰副外长。2019年8月，唐纳德·特朗普想要购买格陵兰岛的新闻登上了各大媒体头条。引起他兴趣的并不是这座岛屿在气候变化面前可能扮演的救生筏角色，而是其包括铀在内的丰富矿产资源，由于永久冻土层的融化，人们现在能够获取这些资源了。美国对重新开放一些前军事基地的兴趣也在增加。在曾经的十六座军事基地中，如今只有一座叫作图勒（Thule，现改名为皮图菲克太空基地）的基地还在运行，它紧挨着一座圣山，山中容纳着一代又一代因纽特人的灵魂。而当年因为一条飞机跑道覆盖着因纽特人村庄卡纳克（Qanaq）的旧址，村庄被强行向北迁移了几十英里。

我被雨打在帐篷上的声音吵醒。帐篷里面湿漉漉的。我在肯尼思的小屋附近的一面碎石斜坡脚下露营。一根木质电线杆，曾经是一棵生长在遥远的太平洋边上的巨型大树，现在躺在一条沟里，连接在它上面的电线与柳树缠绕在一起。地面上铺着一层地衣，昨天它们像冰霜一样在脚下嘎吱作响地裂开，而现在却像橡胶一样富有弹性。刺柏和柳叶菜沿着山坡向上蔓延，然后在岩石的起始处逐渐消失。在令人毛骨悚然的灰色黎明中，渡鸦孤零零的叫声在高耸的悬崖上回荡，提醒人们这里几乎没有其他鸟鸣。

我踮起脚尖走进小屋，发现肯尼思穿着一身黑色西装，一边装他的黑色背包，一边在靠窗的圆桌旁喝黑咖啡，桌子上方有一张钉在墙上的北极熊皮。他不喜欢谈论政治，但还是忍不住透露了自己的目的地：白宫西翼[①]！不过在被追问到特朗普时，他再次变得沉默寡言，他眯起灰绿色的眼睛，带着外交官的谨慎盘算。

“我们还是只谈树吧。”

---

① 美国总统办公室等重要办公场所的所在地。

无论他在政府职位上参与了什么秘密工作，树木可能才是他最持久的遗产。与波尔·比耶格和索伦·奥杜姆一道，肯尼思几乎肯定改变了格陵兰的植被和地质历史。而且，如果格陵兰作为北方物种关键残遗种保护区的潜力得到进一步证明，那么对于我们目前环境被肆意破坏的时刻过去之后将出现的全球森林的形态，肯尼思很可能已经发挥了关键作用。在未来的某个时候，人类的排放将会减缓并停止。当冻结在永久冻土层中的甲烷和碳全都被释放出来，当反馈充分发挥作用，氧气和二氧化碳的混合比例再次稳定下来时，那些仍然存活的光合作用机器将再次开启使用可利用的土壤和种子资源建造森林的艰苦过程。在格陵兰南部，肯尼思和美国军方的共同努力将决定这些资源可能是什么。

在下面的海滨，一片片的细雨席卷着谷底。一条浑浊的条纹横亘在峡湾中。咆哮的乳白色河流被棕色土壤打断。在机场跑道的围栏内，两只硕大的白靴兔懒洋洋地趴在遍布灌木丛的碎石上。当肯尼思的沙色脑袋消失在航站楼的双层门后时，前冰川学家迪尔克和法齐亚以及他们的儿子雷丁（Radin）还有林务员彼得从南部回来了。我加入他们的行列中，跳上他们红色卡车的后座，前往老空军基地的所在地再种植一些树木。

从飞机跑道出发，这条破旧的美国公路蜿蜒穿过一座桥，进入一片平坦的平原，上面点缀着数百棵小树：西伯利亚落叶松和英格曼云杉。这里是这些树最喜欢的地方，也是它们最能大量自播的地方。与生长着莎草和苔藓，没有针叶树落脚之处的峡湾不同，这片冰碛在20世纪40年代被美国人用推土机夷为平地，是幼苗扎根的理想土壤。我们拿着火箭筒和一把铁锹，在新生的森林中寻找空隙，森林中的一些树已经超过两米高。在美国人留下的破碎混凝土、排水沟、倒塌的输电铁塔和电线杆中，树枝正在萌发。无论我们挖到哪里，都会挖出生锈的机械碎片、飞机上的铆钉、铸造管子、塑料管道和一米又一米的电线。在一个地方，一整片自播的落叶松从一面沥青油毡屋顶的破碎遗骸中生长出来。在另一个地方，一块石棉板被云杉用作苗圃。之前有一次，肯尼思挖出了一箱20世纪40年代的可口可乐瓶子。那天早上最奇怪的景象是一个仍然矗立在树丛中的铸铁消防栓。这是一个预兆，是对未来的一张快照。这里曾经是一座微型城市，拥有一家医院、一所容纳六十名儿童的学校、四个常驻管弦乐队、七个俱乐部和五千名军人——玛琳·黛德丽（Marlene Dietrich）曾在1944年来到这里为他们演唱。而现在，在不到七十年后的今天，这里是一片新生的森林。

美国人会从漂浮在峡湾中的冰山上凿取冰块，用于调制鸡尾酒。数千年在巨大压力下形成的冰，会在玻璃酒杯中起泡、开裂，并发出清脆的爆裂声。但现在几乎没有冰山了，从基地的所在地再也看不到冰川露头的景象。它已经向峡谷顶部后退数百米，藏身到岩壁后面去了。

尽管如此，到处都是令人沉思的冰的存在：存在于冰川融水河流的持续咆哮中，存在于峡谷本身的形状，最重要的是存在于光线中，从山后面发出的柔和的光芒颠倒了天空，使地平线在大气弧光接触冰盖并被折射回来的边缘变得更加明亮。冰是格陵兰的天堂和地狱，它恒定、累加的力量决定着生死。迪尔克和法齐亚记得，他们第一次来这里时，冰川比现在近得多。彼得回忆起几十年前在上面行走的情形。他们都坚持认为，没有看到冰川的格陵兰之旅是不完整的。

林木线在和冰的对话中不断演化，始终保持着尊重的距离。在整个林木线生态交错带上，是冰决定了哪些树可以生长在哪里。作为构造运动、冰川作用和侵蚀作用的组合过程，造山运动塑造了地壳的地质特征。随着冰川的消退，由此产生的集水区、排水和矿物质的变化会改变土壤成分和养分水平，并推动植物、树木和相关生命形式的适应。森林和冰雪的命运交织在一起，上演了一场持续数千年的地球探戈舞曲，不过目前的舞蹈看起来是相当长时间内的最后一场了。根据一项研究，在18世纪工业时代刚开始的时候，二氧化碳含量略有上升，从180ppm增加到240ppm，这阻止了下一次冰期的到来。[8]其他研究表明，下一次冰期可能会在两万三千年后到来，但现在看来，即使它没有被完全取消，也会被推迟。

黎明过后，玫瑰金色的阳光首先照亮了北方山峰的尖端，我动身前往冰盖。在通往内陆方向峡谷顶端的美国柏油路上，清晨的阳光沿着山脊缓缓滑落到峡谷的另一侧，照亮了桦树、刺柏和柳树灌丛的黄色、琥珀色和淡淡的常绿颜色，这些树已经在陡峭的山坡上站稳了脚跟：它们是森林的前沿。当柏油路变成布满花岗岩巨石的小道时，我开始寻找格陵兰花楸独特的细长对称叶片。待在这里的一周，我见到的花楸只有一株来自瑞典的欧亚花楸（*Sorbus aucuparia*），还有种在肯尼思的小屋周围，来自冰岛的花楸。肯尼思说，格陵兰版本的花楸可以在山里找到——将冰拒之门外，高耸于小峡谷之上的山脉，使其平坦的地形显得独特而引人注目，值得命名。在因纽特语中，“纳萨尔苏瓦克”的意思就是“平坦的地方”。

英语中的“花楸”（rowan）一词直接借用自古斯堪的纳维亚语“raun”，意思是“树”，而且在苏格兰它仍然发“raun”的音。对于中世纪斯堪的纳维亚人，它一定是最重要的树，而且对于有些人来说，花楸是唯一的树。在他们的神话中，男人是白蜡树形成的，女人则是花楸形成的。在凯尔特的欧甘文字中，花楸是“luis”，而威尔士语中的花楸是“criafol”，意为“哭泣的树”。在古英语中，花楸被称为“cwicbeam”，字面意思是“活树”，也可能是“生命之树”。[9] 在凯尔特人看来，花楸是不同世界之间的门户，是精神世界的门槛，可以召唤灵魂或灵感。

在因纽特语中，代表树的单词是“orpik”，这也是代表桦树的单词。这是有道理的。在美军基地遗址之外，地上生长着茂密的杂交桦树，名为腺桦。它们超大的叶片呈黄色和浅橙色，格陵兰的8月是秋季的开始。你可以看出树木园里的物种是从更北的纬度引进的，因为它们呈现出更深的红色。在它们遗传记忆的预期中，白天会更短，所以它们会更早落叶。

峡谷收窄，变成了一条冲沟，那里的桦树和我的头差不多高。下面，柳树和刺柏覆盖着岩石。太阳已经映出前方的山峦，金色的晨光倾斜在峡谷的边缘，将岩石照得发亮，但我感觉更冷了。过了一会儿我才意识到原因：我正在接近冰面。

从冰川吹来的微风寒冷逼人，将我脸上的皮肤刺得发疼。空气是如此洁净和清新。水的气味与我靴子下踩碎的百里香和刺柏的气味混合在一起。山口顶端，在小路下降到一条通往冰川的青草和鲜花峡谷之前，桦树在几米之内就生长得和我膝盖一样高。生态交错带，也就是生态过渡区，不仅因高海拔而缩短，也因冰的存在而缩短。林木线区域在加拿大或西伯利亚可以绵延数百英里，而在格陵兰则被压缩到只有几米宽。我身后仅几步之遥的峡谷属于亚北极地区。而从冰川末端升起，一直延伸到上方冰盖荒漠的，无疑是苔原。这里有绿色、黄褐色和紫色的低草、高山植物、苔藓和地衣：羊胡子草、当归和柳叶菜。

我向下走进一片河漫滩，风势减弱，气温有所上升，树木再次变高，突然间传来了整个早上都没有听到的声音：鸟鸣声。不多，但有三只长得像石鹡的棕色小鸟发出抚慰人心的熟悉的啁啾声。肯尼思说过，更高的气温给树木园带来了更多离群鸟。穗䳭（*Oenanthe oenanthe*）如今是纳萨尔苏瓦克的常客。也许这可以解释为什么格陵兰花楸在上游峡谷低矮的桦树林中如此稀缺。花楸种子必须经过鸟类的胃部才有机会发芽。当风媒授粉的桦树显然正在大肆扩张时，令格陵兰花楸难以传播的原因是否可能是格陵兰缺乏吃种子的鸟类？如果是这样的话，全球变暖将有助于更多的离群鸟向北移动。

粉红色悬崖上的灿烂阳光和前一个星期都被遮蔽的蓝色天空让这个早上歌唱起来。草地的芬芳令人陶醉，应该装进瓶子里收起来。干草刚割完：塑料布包裹的草捆将人们的视线引向一台停放在工作场所中的联合收割机，它的窗户上覆盖着闪闪发光的露珠。再往前，小路穿过草地，来到一处宽阔的河流拐弯处，泛滥的河水在这里冲刷出一系列相互连接的水道。小桥已被淹没，精心铺设的踏脚石位于水面之下半米深，在清澈的河水中清晰可见。已经有脚步沿着峡谷边缘开辟了一条更高的小路，绕过淹没的灌木丛，以及本来在河边、现在漂浮在河水中央的柳树。四处都回荡着大河的轰鸣声。灰色的河水裹挟着肮脏的冰块，沿着悬崖蜿蜒前行，然后在大小均匀的白色花岗岩巨砾上变宽，冲出一条泡沫裙边，这些巨砾困住冰块，使其跳起舞来，上下晃动，直到冰块崩裂，加入奔向大海的水流。

冰川的边缘是一片宽阔的泛滥平原，上面覆盖着按大小分级的石头堆，这是冰的奇妙作用的产物。移动中的冰川的重量会像滚珠轴承一样，将石头按照完美的直径等级聚集起来。当我走近时，草丛被苔藓和高山委陵菜——“内鲁拉拉克”（inneruulaaraq），意为“看起来像火的小东西”——取而代之，最后又变成淡红色和绿色相间的地衣，然后只剩下裸露的岩石和沙子。河口隐藏在一面悬崖身后，只有通过裸露岩石崖壁之间汹涌的灰色漩涡才能看出它的规模，而这些岩壁构成了向空中直升数百米的峡谷。

河水的声音震耳欲聋，让人感觉其中意味深长。即使曾经有可能，现在也不再可能用中性的术语来感知或描述环境了。我们不可能只听到湍急的河水声。不可能不知道水从哪里来，为什么以如此大的水量和如此强的力量涌来。不可能将那个不请自来的问题消声：河流在说什么？这是内疚的声音、责备的声音、恐惧的声音。

这些天来，要想真正看到冰川，必须在绳索的协助下，沿着一条危险的小路跋涉到上面的高原。我爬了这条路。大约六十米后，我看到最后一棵柳树和最后一棵刺柏倒在路边的地上，树干大约有人的手臂那么大。又爬了六十米，我站在峡谷高处，回望黝黑的大海、碧蓝的天空，还有惊人的黑白两色锯齿状垂直山峰，它们高悬在邻近峡湾的上空，令人眩晕。前方的高原上点缀着晶莹剔透的湖泊，深邃、冰冷，毫无生机。莎草和禾草稀疏地覆盖着岩石。小路在巨砾之间蜿蜒。四只加拿大雁躲在一块巨砾下面，受惊之下几乎在我脚下嘎嘎叫着飞起来，一分钟后落在下面平静如镜的湖面上，天空也随之泛起涟漪。

然后，小路向下伸向一个从前的融水湖，它如今是已蒸发干涸的盆地，薄薄的泥巴上长满了羊胡子草（*Eriophorum scheuchzeri*）——“乌卡柳萨克”（ukaliusaq），意为“像兔子的东西”。它的束状花被纤细的纤维包裹，使这种植物能够捕捉光线，提高其内部生殖器官的温度，从而使它比其他邻近植物更快地转化养分。因纽特人过去常常吃它的茎，并用它来治疗腹泻。它将为目前数量稀少的其他物种铺平道路。

翻过最后的山脊，冰盖的威严突然完全显露出来。一片刺眼的肮脏白色海洋，从中伸出黑色的金字塔——被冰覆盖到接近山顶的山峰。在前景中，高原下降到一面陡峭的边缘，下面是一座名字叫“基亚图特塞尔米亚特”（Kiattuut Sermiat）的较小但仍然壮观的冰川，表面有深深的裂纹和裂缝。彼得说，以前人们可以爬上冰面，但现在它布满黑色条纹的肮脏冰面有数百米的落差。冰川表面如今染成了一种新型皮肤病：来自远处的烟灰、煤烟，以及以冰川融化释放的有机养分为养料的藻类。颜色更深的表面会吸收更多阳光，导致融化更迅速，这是加速北极系统变暖的另一种残酷的反馈循环。冰是我身后大海的负像，就像海洋的一根手指在峡湾口收窄，延伸到广阔的逆转冰冻之海、山脊和低谷的波浪点缀着黑色泡沫。

在岩石和冰之间有一个灰色水池，水池的水源是从沟壑纵横的山脊之间的冰川表面流出的稳定细流。水池里漂浮着正在融化的冰，冰块碰撞，叮当作响。在水池的一头，浑浊的水消失在一个冰川锅穴中——它是冰川下的黑色空洞，淹没在水下的水流发出一种奇怪的窒息声音。灰色水流落入黑暗，只留下回声和诡异、持续不断、致命的细流。没有任何声音，除了融化本身，它在山脉和冰盖的巨大寂静中注入了尖叫的力量。

到这里来花了将近半天的时间，下去还需要半天。如果不想在寒冷的黑暗中被困在高原上，我就得尽快动身了。但我却挪不动腿。它的巨大令人着迷。它是生命的神秘礼物和被遗忘的承诺。人们来到这里研究它的秘密，挖掘它的智慧，查阅地球气候的档案，在它消失之前过来一睹它的风采。也许这就是为什么如此众多的文化着迷于地球寒冷极地，以及探险家、作家和讲故事的人着迷于冰雪女王和纳尼亚的神话与童话故事的原因。在内心深处，我们知道我们需要冰。自人类存在以来，冰就存在。这种着迷还源于它的力量，以及相比之下，我们自己的无力。它是独立的、不可把握的、无法控制的。它晶莹剔透的完美不仅承载着整个人类历史，还承载着我们的未来。我们袖手旁观，看着冰川越来越快地将我们的过去和未来倒进温暖的大海之中。面对冰川，就是思考死亡。

数百万年来，冰和树木共同上演的探戈将地球冷却。如果没有树木来减少大气中的二氧化碳，冰可能一开始就无法形成。正是二氧化碳的减少造就了第四纪冰期的临界点，这场冰川运动消灭了数十亿种植物，并让它们在十万年的冰期脉冲中重生。我们从来不知道过去一万年的伊甸园如此脆弱。如果没有冰层的这种微妙心跳，地球可能永远不会进化出奇怪的全新世平衡，而全新世见证了地球上如此丰富的生物多样性。

地球是一个精细调整的系统。其轨道的几度变化就可能导致冰期，几度的温度变化就可以改变物种的分布，可以融化冰川并形成海洋。在未来，当冰层消失时，可能根本不会有林木线这样的东西。随着与墨西哥湾流、极锋、极涡和波弗特环流相关的稳定气流和水流消散或发生波动，北冰洋完全融化，高层大气中的罗斯贝波（Rossby waves）彻底失控，亚历山大·冯·洪堡首先观测到的温度、海拔和纬度的精细梯度将脱钩，生态过渡区会变得一团混乱。我们可能不会再看到地球各处壮观绵延的森林地带，而是在奇怪的地方看到断断续续的树木，它们是从早已消失的土壤和气温中逃出的难民。我们可能会在北极再次看到鳄鱼。

全球变暖扰乱了我们和其他物种赖以生存的地球最基本的功能：呼吸循环，生命的脉搏。不只是冰和林木线上下数十万年的地质关系，还有年度光合作用脉冲的季节性生产——春季树木长出叶片的氧气峰值，以及每日峰值和昼夜之间的低谷，它们起到调节植物界主要叶绿体功能的作用。这些脉冲实质上是地球的心跳——它们为我们的世界提供氧气，但是随着氧气比例呈下降趋势。波峰和波谷变得越来越浅，界限也不那么清晰。当大气中的二氧化碳增加时，树木就不需要那么努力地完成日常碳固定了。它们会节省能量，减少叶片气孔的打开数量。这意味着它们的呼吸作用减弱，蒸腾作用减弱，呼出的氧气也会减少。[10]

我突然感到喘不过气来。在正午的阳光下，白色冰盖反射出明亮的光，令人眼花缭乱，迷失方向。我在悬崖边站得太久了。我开始感到眩晕、恶心，四肢因恐惧而发软。这就像恐慌发作的前奏，就好像我刚刚与死神擦肩而过。在某种程度上说，我确实如此。我在植树活动中遇到的美国冰川学家贾森·博克斯后来做了一项研究，表明格陵兰冰盖在2019年损失了两千五百四十亿吨冰，是20世纪90年代的七倍。在此之前，这种规模的冰盖损失预期直到2070年才会出现。而且融化的速度如今还在加快。更重要的是，2019年的融冰季持续到10月，而2020年的融冰季持续到了12月，为冰盖的迅速崩塌创造了条件。

我们知道正在发生什么。科学的一项不幸的副作用是人类掌控一切的幻觉：人们总是认为如果我们知道正在发生什么，那么我们就可以控制它。讽刺之处在于我们本可以控制。悲剧在于为时已晚。连锁反应正在进行之中。从现在开始，曲线只会变得更陡峭。贾森说，从大气中已经存在的排放来看，海平面上升五米是板上钉钉的，问题只是冰融化的速度有多快。模型似乎再次低估了这个速度。[11]所有关于冰冻北方的故事和想法，就像人类文化中与稳定的气候、熟悉的物种和正常的季节相关的许多其他内容一样，将像星星发出的光芒一样，即使它们早已消亡，也会继续闪烁多年。

在我脚下，红棕色的岩石上刻满了深深的凹槽，这是冰川最近完成的地质工作留下的条纹。我有一种时间伸缩的奇怪感觉。我正站在一条地质断层线上，它是北极-温带过渡带的起点。我在一个从行星角度来看几乎昨天才结束的过程的边缘，当时威尔士、斯堪的纳维亚半岛、西伯利亚、阿拉斯加和加拿大地盾都被覆盖着，眨眼间，林木线就已经在向北方追赶融化中的冰。自然的变化之快令人惊奇。

但是在下一个眨眼间，当格陵兰被森林覆盖，当泰梅尔的树岛不再是一座岛屿，当斯堪的纳维亚半岛或阿拉斯加不再有苔原，当北美和西伯利亚的森林被烧毁变成草原，当树木出现在此时我站立的地方，还会有人类看到它们吗？我们当前的时代让人想起乔治·贝克莱[①]在17世纪提出的一个问题，但这个问题又有了新的变化：如果一棵树生长在森林里，但没有人看见它，它真的存在吗？人类有可能想象一个没有自己的星球吗？

我们目前的紧急情况迫使我们记住直到最近我们一直都知道的事情：在我们之外，还有一个富含沟通、意义和重要性的网络，一个各种生命形式在其中聒噪、喊叫、调情和互相狩猎的世界，它们对人类的事务漠不关心。这样的景象令人感到安慰。摆脱由于我们狂奔而去的碳排放死胡同而引起的抑郁、悲伤和内疚的方法，就是思考一个我们不存在的世界。是知道地球和生命将在其所有的神秘和奇迹之中继续其进化之旅。是拓宽我们对时间和我们自身的看法。如果我们将自己视为一个更大的整体的一部分，那么这幅完整的图

---

① 爱尔兰哲学家，近代经验主义的重要代表之一，开创了主观唯心主义。

景就是美丽的，值得赋予意义和尊重，也许值得为之付出生命，因为我们知道，生命不是死亡的对立面，而是一个循环，就像森林告诉我们的那样，是一个连续体。

直升机微弱的轰鸣声打破了这一刻，从直升机上放下的一个红色小箱子载着科学家或者游客登上冰盖，一瞥移动中的永恒。我动身下山，心怀敬畏和感动，感觉自己十分渺小。面对地球上庞大、无价、正在消失的冰之宝库，我的精神已经耗尽，双腿在下来时摇摇晃晃。太阳跟着我一起落下。午后的阳光下，群山显得鲜明而美丽。峡湾的海水将阳光反射到峡谷，为它披上金色、红色和绿色的秋季外衣。带有凹槽的红色岩石被砾石取代，正在退缩的冰川尽头前方，小路兜了一个圈子，先上后下地翻过冰碛。我脚下不再是被困在冰层下数千年之后暴露在空气中的新鲜地面，我的靴子在苔藓和青草上跳跃，落在砾石、淤泥和岩石之间。地衣开始分解巨砾，这是珍贵的土壤的起点。前面有柳叶菜、刺柏、桦树，更远处是针叶树宏伟的树干，它们带翅的种子被风吹起。森林很快将出现在这里。

后记

像森林一样思考

拉内留，威尔士

52°00'01"N

森林不是静态的东西。它是纷繁复杂的不断进化的物种组合，这些物种彼此之间存在着多种多样的关系，并且与岩石、大气和气候之间也存在着多种关系。俄罗斯生态学家先驱苏卡乔夫将这种相互关联的系统称为“生物地理群落”，而科尤康人称之为“渡鸦创造的世界”。这种最复杂的关系的精确运作方式是一个谜，我们只能猜测其大概轮廓，而且对于其结果，我们只能欣赏到一种形式：维持地球生命的有呼吸的活生生的森林。

本书试图一睹自然算法的工作过程，并停下来赞叹其结果。它并没有试图为人类造成的自然危机提供任何解决方案，尽管有些结论是不可避免的。我们所知道的事情中，有很多值得恐惧的东西，而在我们不知道的事情中，也有很多值得寄予希望的东西。

从我沿着林木线的旅程中可以清楚地看到，全球变暖的步伐大大提前，而且尽管人类也许仍然能够减缓气候变暖的规模和严重性，但无力阻止它的发生。此外，即使是在我为这本书做调研的很短时间内（2018—2021年），所目睹的地质变化的速度也比模型预测的要快。世界正处于前所未有的变革之中。你以为你赖以生存的星球已经不复存在。但这都是老生常谈了。

现在真正的问题是，我们该如何利用这些知识。接受我们快速变化的环境这一现实，是对富裕的生活方式和基于进步、和平、民主和经济增长的观念（以及经验）的西方思维习惯的根本挑战。北半球国家的对话似乎陷入了两方面之间的困境，一方面是对“净零”碳排放和无痛绿色增长的越来越不实际的梦想，另一方面是关于世界末日、暴力和人类灭绝的厌世故事。但是对于生活在林木线沿线的人们——他们比大多数人更长久地生活在不断变化的环境现实中，其历史提供了另一种选择。这是第三种说法，即从更积极的角度解读人类与其栖息地的关系，它是想象一种不一样的未来的关键。

树木和人类拥有相同的气候生态位。我们的对生拇指不断提醒我们，我们是在树林中进化和繁衍的。我们永远都是森林的生灵。自上一次冰期结束以来的一万一千年里，人类与树木协同进化，迁入由前进的林木线所开辟的栖息地，然后适应、管理和看护它们，并且几乎贯穿了整个时期，在全球范围内创造了一个非常稳定和友好的环境。无数原住民的世界观证明了我们对森林的根本依赖，而科尤康人、萨米人、恩加纳桑人和阿尼什纳贝人只是其中的一小部分。我们一直是全新世的关键物种——无疑是一种地质力量，而且并非完全消极的力量。地球上几乎没有一片森林没有受到过人类的扰动，这往往为生物多样性开辟了生态位。

齐莫夫父子几乎肯定是正确的，他们认为智人灭绝了西伯利亚的巨型动物，为泰加林铺平了道路，但我们也将欧洲赤松带到了苏格兰，将香脂杨带到了哈得孙湾沿岸的砾石蛇丘。我们为阿里马斯的冻土落叶松森林以及威尔士和苏格兰的温带雨林进行人工修剪，在树林中放牧动物，开辟牧草草地、沼泽、平原和高地荒野，并精确地控制北方森林的燃烧以提高生物多样性，并使其有利于人类，而不是破坏生物多样性，就像波普勒河的阿尼什纳贝人做的那样。我们作为地球关键物种的短暂统治，恰逢地球生物多样性达到顶峰。正如激进的生态学家伊恩·拉佩尔（Ian Rappel）所写："从生物多样性和生物圈的角度来看，人类世没有任何问题。有问题的是……它现在的运行方式。"[1]

地球生态上限的破坏仅仅是由近期的一种特定经济模式促成和加速的，那就是工业资本主义及其政治出口品——殖民主义。[2]但是资本主义，即通过剥削资源和劳动力将财富集中在少数人手中，不一定是最好的经济模式。事实上，我们在地球上的集体生存几乎肯定取决于超越这一模式。从资本主义时代来审视这片土地，我们被引导相信自己没有其他选择，而且认为这场危机是我们的责任。但接受指责不仅会严重削弱我们的力量，也是不恰当的。

我们的经济体系不是从所有可用选项的列表中选择的。我们或多或少都是历史力量的受害者，这些力量在千百年的历史中，基于非常直率的价值评估建立了权力结构。对于一棵树来说，只有木材才能在市场上标价，而这棵树生长所依赖的土壤、为它授粉的昆虫、滋养它的阳光或者浇灌它的雨水都不能卖钱，但作为如此多物种家园的森林群落是无价的。资本主义不仅异化自然并将其商品化为产品，将人类转变为消费者，它还将我们异化并商品化。我们的目光本身已经成为一种产品。我们的注意力被引导得远离我们赖以生存的生物圈，这种疏离使我们在不同程度上变得盲目且聋哑。纵观我们与森林协同进化的漫长历史，人类与自然的断裂只是一眨眼的事。地球上人类生活的故事比资本主义的历史更长更广阔，最重要的是，结局还没有写下。

我们并非生来就对周围环境漠不关心。在我写到这里时，电锯的轰鸣声正在一座名叫瑞德艾利谷（Cwm Rhyd Ellyw）的狭窄小山谷的混交林中回荡，这座山谷就在我家旁边的拉内留教堂的下边。这个树林是所谓的古老林地上的人工林，因此尽管有一些巨大的阔叶树，当局还是向土地所有者授予了明确的砍伐许可证，以夷平这片土地。那里有北方森林的所有特征物种——欧洲赤松、桦树、落叶松、云杉、花楸，还有其他几种树，例如桤木、白蜡树和花旗松。

山谷里有我的两个女儿以前会去玩耍的地方，包括一块被她们称作“河边咖啡馆”的桦树下的石头，还有倒下的杨树下面的深水池，被她们称作“苍鹭的家”。当我和两个女儿走在路上，下去看看这些地方受到的破坏时，她们非常震惊，流下了眼泪。原木堆得很高，空气中充满树液的刺鼻味道，陡峭的河岸上散落着树枝，雨水填满了伐木机深深的车辙，使河水呈现出雪松木的红色。女孩们在短短的生命中第一次看到了远处的群山。她俩一个六岁，一个四岁。她们问我，既然我们需要树木产生的氧气和它们凝结的雨水，那为什么它们还会被砍伐？但最令她们难过的是对以森林为家的生物的担忧。这又让她们哭了起来。

“这些树肯定在哭！”（加拿大第一民族很熟悉这种想法。）

“如果瓢虫妈妈回到巢里，却发现树被砍倒了，她的孩子们都不见了，那该怎么办！”

在气候迅速变化的时代养育孩子，不能有厌世情绪或虚假的希望。用加州大学哲学家唐娜·哈拉维（Donna Harraway）的话说，我们必须“和麻烦共存”。[3]

写完上一本关于非洲之角难民的书后，我的想象力被移动的林木线所吸引。这不仅仅是因为在经历了肯尼亚和索马里赤道沙漠的酷热和沙尘之后，我想去一个寒冷之地。非洲之角就像整个萨赫勒地区一样，对与其他地方森林（以及毁林）的遥相关所驱动的海洋气候变化和降雨模式特别敏感。那里的流离失所和暴力事件，在很大程度上是由干旱和气候变化造成的，而我想写一写气候变暖的影响已经显而易见的其他地方，在那里，人们可以瞥见未来。

我没有意识到，我报道非洲战争和难民，以及人们在艰难环境中努力寻找意义和希望的经历，会有多么重要。战争或自然灾害的受害者往往更有能力想象和应对巨大的变化。在灾难中，社会秩序被摧毁，我们会重新认识自己。“人”被释放出来，摆脱了习惯性的束缚，有时会带来野蛮的后果，但更多的时候会带来正面影响。人们有能力做出非凡的事情。我在刚果、苏丹、乌干达和索马里的废墟与难民营中学到的是，奋斗带来希望，而不是相反。希望不是一种躺在那里等待发现的惰性贵金属，而是必须根据每天不断变化的环境来制造和重新定义的东西。这里的教训是，绝望是通向修复的第一步。承认过去的破坏是赋予力量的过程，就像波普勒河的长者，将殖民时代的悲哀转化为一场建立北美最大森林保护区的运动，或者托马斯·麦克唐奈扭转了几个世纪以来绵羊和鹿的过度啃食，开始恢复苏格兰的伟大森林。

认为希望已经成为拯救或实现富裕和稳定的理想状态的同义词，这是一种资产阶级的自负，特别是在这种富裕与地球的经济增长极限不相容的情况下。挪威的玛蕾特·布廖会嘲笑这样的想法。希望在于共同的努力，在于变革，在于为公共利益而做的有意义的工作。

我们正处在地球生命的新纪元的边缘。至少2摄氏度的升温已经是跑不掉的，而且即将发生。不过有些科学家预测的升温幅度比这更大，认为将会有高达4摄氏度的“毫无保留的变暖”。[4]在21世纪结束之前，将会有一波灭绝浪潮，树木将向北跃进，干草原将扩大，苔原将和北极海冰一起消失，海洋将被重新配置，城市将暴发洪水。最后一代了解稳定气候及其季节周期和常见物种——以及以此为基础的所有人类文化和传统——的人已经出生了。

情况很困难。但是接受现状无法挽回这一事实也是采取行动的起点。突然之间，有这么多事情要做。减少损失并为即将发生的事情做准备的奋斗已经开始。这是布莱克山学院的理念，它是我参与创立的一所新型教育机构，造就这本书问世的调研也为它提供了指导。这一理念源于对森林学校运动的一个简单见解：只有当自然本身就是课堂时，和自然的重新连接才会出现。学院在户外展开教学，为学生提供途径，去学习按照多样性、平衡、限制和共生的生态原则组织人类社会所需的技能和思维方式。如果人们能够更广泛地学习和理解林木线如何在一开始令我们的世界变得适宜居住，了解森林如何创造雨水、驱动风力、管理水源、为海洋提供养分、为许多现代医药提供基础、净化空气中的人为污染和消毒大气，那么减少它们就会变得困难得多。

和以往的任何一代人相比，21世纪出生的孩子们的生活将更多地取决于非人类世界的发展状况。当水和食物变得稀缺（现在已经显示出了这方面的迹象），当洲际供应不再可行，当工业化农业举步维艰，我们将需要再次集中注意力。我们将需要重新融入森林，逆转查尔斯·艾森斯坦（Charles Eisenstein）所说的“分离的故事”。而我们做到这一点的方法是利用我们的灵魂与世界其他部分联系的门户：通过我们的感官。好奇心和观察力是与地球建立新关系的朴素而又根本的先决条件。当存在一种需要变化的文化时，体系就会改变。革命始于在森林里的一场散步。我们怎么会忘记那些制造氧气、净化空气和水的生物的名字呢？

在即将到来的动荡面前，如果我们想成为协同进化以求生存的物种集合的一部分，那么我们就需要恢复和其他生物之间的基本联系。我们都需要再次学习如何像森林一样思考。

搜寻熊的科尤康猎人不会给找到的熊起名字。他们甚至会尽量避免直视那头熊。恩加纳桑人在讲一个关于帐篷里的某个女人的故事时，不会说出这个一家之主的名字，只会说她是“坐在帐篷门边的那个人”。这也是其他原住民文化和口头传统中的一种习惯——不称呼别人的名字，而是根据他们与说话者的关系来称呼他们：“嘿，兄弟！”“亲爱的弟妹”“老师”“比我年长的人”。这是对一切存在都是相互关联的这一事实的明确承认。每个人都不能简化为单一的自我，而是包含许多个自我，许多自我的实例。每个生物都蕴藏着各种可能性。

给熊起名字就是物化这种动物，因此是一种冒犯。我们不知道熊如何指代自己，也不知道熊的身体可能包含什么其他灵魂或自我。因此，不给熊起名是谦逊和尊重的标志。不起名也是对不确定性的承认——熊的性质尚未确定——它和猎人的关系仍处于确定的过程中，这个过程将由猎人和熊的行为决定。猎人还会避免看熊，因为看和被看是一种涉及关系的活动。当你闻到某种东西时，你闻到的东西的微小颗粒将溶解在你的鼻子里：被闻到的东西正在成为你。原住民对感官感知的理解[以及大卫·艾布拉姆（David Abram）如此雄辩地提醒我们的对现代现象论的理解]进一步深化了这一科学事实：所有感知都是参与。[5]如果你看到熊，那么它也看到了你，你们都会因为这个事实而改变。

原住民森林文化中，围绕必须如何看待、谈论、对待、杀死及食用动物和植物的严格规则和仪式，源于这样一个事实：人类的生存与其他物种的生存紧密相连。当我们吃熊时，我们就变成了熊，因为将生命赋予熊身体的物种集合重新组合在了我们的身体中。根据对消化道的现代医学研究，这些观点并不像乍看起来那么牵强。当你的根系中有一半以上被另一种生物寄生，或者当你依赖昆虫为你的花授粉时，你就处于协作生存状态。所有的进化都是协同进化。[6]

科尤康人或阿尼什纳贝人、萨米人或恩加纳桑人的可怕禁忌不仅承认了人类对自然过程的依赖，也是对这个地球关键物种肩上重大责任的认可。气候变暖是必然的，但是物种如何应对它仍是一个未知数，而且人类在其中发挥着关键作用。战略生态将很快成为国家安全和社区韧性的核心要素。辅助迁徙——帮助物种迁移和适应——将成为自然保护的一个关键目标。我们就是诺亚，带着他的方舟。我们有能力选择至少一些能存活下来的物种。在未来的几千年里，在我们的选择下存活下来的树木，将决定整个森林和生态系统的面貌。人类世才刚刚开始，即使在我们消失之后，它的回响仍将主导地球。

一直以来，生活就是一种道德努力，生活的行为本身就是一种遗产。通过凯尔特人、科尤康人、萨米人、恩加纳桑人或阿尼什纳贝人的眼睛看森林，你会看到一个由多重自我和灵魂组成的相互交流的世界。如果我们承认所有这些生命以及我们对它们的依赖，我们就必须面对这个问题：什么是正确的做法？叶子和风对话，花和蜜蜂对话，根系和真菌对话——世界是一个混沌、吵闹的地方！当我们走进森林，我们就在用我们的身体、我们的脚、我们的眼睛、我们的呼吸、我们的想象力创造这个世界。无数种随机分支的未来都有可能发生。森林是可能性的海洋，是协同进化的无限实验。

在这样的定义中，充满希望的未来并不是对稳定的祈求，而是对参与的邀请。所谓参与，指的是探索、体验，迷失，或者找到自己的道路。这是一个通过做正确的事情来实现真正自我的机会。你尚未做的事情永远比你以前做过的事情更能定义你。事物无法被命名，因为它们尚未完成。进化的自然是神秘的引擎。是我们不知道也无法知道的事情的引擎。在森林里，你是某种神奇而巨大的东西的一部分，在那里，每一步都同时是破坏和创造的行为，是生命的行为。令人欣慰的是，我们一直生活在过去的遗迹中，我们现在仍然生活在那里。

我们必须让我们的孩子做好应对不确定性的准备，但不是让他们成为受害者。我们和孩子们都是地球的守护者，仍然肩负着古老的责任。地球是充满生机和魅力的，我们生活在地球上的每一个行动都是通过生活来施展魔法——去看、去听、去感受、去舞蹈——用每一步创造未来，并充分认识到，我们的一举一动，无论大小，都很重要。

树木一览

本章节是对本书提及的树木的说明，它们有各章的主角，也包括北方森林中的其他几种常见树种。这些内容是我从比我更专业的人士那里学到的东西的总结。想要了解更多信息，请查阅以下资料：

- Diana Beresford-Kroeger, *Arboretum Americana* (Michigan University Press, 2003)
- Diana Beresford-Kroeger, *Arboretum Borealis* (Michigan University Press, 2010)
- Daniel Moerman, *Native American Ethnobotany* (Timber Press, 1998)
- Nature Conservancy (nature.org)
- Iain J. Davidson-Hunt, Nathan Deutsch and Andrew M. Miller, *Pimachiowin Aki Cultural Landscape Atlas* (Pimachiowin Aki Corporation, Winnipeg, 2012)
- Trees for Life (treesforlife.org.uk)
- Colin Tudge, *The Secret Life of Trees: How They Live and Why They Matter* (Allen Lane, 2005)
- Woodland Trust (woodlandtrust.org.uk)

桤木

欧洲桤木（*Alnus glutinosa*），英文名为common alder（普通桤木）或black alder（黑桤木），是欧亚北方森林中海拔五百米左右的常见树种。桤木类有三十多个物种，在北美，欧洲桤木之外的许多其他物种十分繁盛。它们是第一民族原住民的药用树木，被称为"有异味的柳树"。

欧洲桤木属于桤木属（*Alnus*），是桦木科（Betulaceae）的成员。它是喜水物种，通常生长在河流和湖泊附近，它的根系很深，有助于稳固河岸，并通过从空气中固氮的能力来提高土壤肥力。桤木生长得很快，就像桦树一样。它从多根茎上或者直接从树桩上长出芽和边缘带齿、几乎呈圆形的叶片。这些芽和小枝的表面可能有黏性，因此它的拉丁学名中有"*glutinosa*"（黏稠的）一词。

这种树雌雄同株，春天，雄性柔荑花序和圆锥状雌花先于叶片出现。它靠风授粉。种子有气囊并在水面上萌发，使它们能在被冲上的河岸上扎根。

桤木是支持生物多样性的重要物种，它为一百四十多种昆虫提供食物，树叶可在河水中分解，化学物质能保护水生生物，根系可以让四十七种不同的菌根真菌安家。它还含有一种名为桤木弗兰克氏菌（*Frankia alni*）的固氮细菌，这种细菌从桤木中获取碳，并以氮作为交换。这使得桤木成为恢复退化景观的最佳选择，作为先锋物种，它可以为土壤施加氮肥，供给之后出现的树木。它在美国曾被用来恢复废弃煤矿，1915年还被用来在俄罗斯圣彼得堡周围重新造林，建设绿化带。

在凯尔特民间传说中，桤木在欧甘碑文中名为“fearn”，与隐藏和秘密的含义联系在一起。桤木树林被称为“carrs”，是潮湿、布满沼泽、难以到达的地方。它的木材在水下保存得非常好，因此是船闸和运河建筑的常见选择。它还被用来制造支撑威尼斯这座城市的木桩。它非常耐火烧，因此作为防火带种植在森林中。

欧洲桤木

（*Alnus glutinosa*，英文名为common alder）

桦树

桦树类分布广泛，全球一共六十多个物种中有很多生长在北方地区，从林木线一直向南延伸到温带森林。它是卓越的先锋物种，大量种子随风传播，在没有太多土壤的情况下只用短短四周就能萌发。不挑剔的桦树喜欢酸性的、新近被清理或焚烧过的区域，一旦站稳脚跟，它就能为森林中其他寿命更长的树（如栎树、松树和雪松）的幼苗提供遮阴。

它独特的白色树皮——如此平整和细腻，在某些文化中被用作纸张——在一些树种中比在其他树种中更明显。毛桦（*Betula pubescens*）和矮桦（*Betula nana*）的灰色树皮较厚，裂纹较多，适合在寒冷气候生长。矮桦和毛桦的叶片较圆，有单排齿。大多数桦树的叶片在背面长有茸毛，是蚜虫等类似昆虫的重要栖息地，而这些昆虫是鸟类、毛毛虫和蝴蝶的食物。桦树是许多蝴蝶和超过三百三十种昆虫的栖息地。它的真菌的关系同样丰富多彩，有大量的菌根真菌搭档，几种常见的蘑菇都依赖于它，例如鸡油菌、疣柄牛肝菌和毒蝇伞。

春天在树干上插管子以获取营养丰富的树液是很多文明的古老习俗。在波普勒河，长者们还记得“哦奇卡瓦皮”（oh-chi-kah-wah-pi）——用树皮制作容器来饮用桦树汁，还有“诺斯夸苏瓦赫”（noskwa-so-wach）——切下有甜味的内形成层来食用。

它的树液、真菌关系和修复退化土壤的能力是如今鼓励种植桦树的众多原因中的一些。这种树的气溶胶和树脂对附近的人类和动物都有好处。桦树的叶片具有杀菌作用，树皮可以抑制蛀牙，叶片浸泡液可以治疗尿路感染。

美洲原住民奥达瓦人（Odawa）有一个传说，讲述了一个男人变成第一棵桦树的故事，奥吉布瓦族也有一个桦树如何被烧伤的故事。在齐佩瓦族（Chippewa）社区中，桦树皮被用来包裹死者的尸体。《皮马乔文阿基地图册》（*Pimachiowin Aki Atlas*）谈到了奥吉布瓦族使用桦树皮制作长途路线地图的事情。

对凯尔特人来说，桦树是更新和净化的象征。桦树在凯尔特语中的名字“beithe”是欧甘碑文的第一个字母。凯尔特人的夏末节（相当于万圣节）以桦树扫帚扫除旧年的仪式来庆祝，而在五朔节（相当于春节），人们则用桦木和栎木点燃篝火庆祝。这种树有时被称为“树林圣母”，与生育有关，因此有了“扫帚婚礼”这种教堂仪式之外的另一种选择。盎格鲁-撒克逊人的春之女神是厄俄斯特（Eostre），人们也通过桦树庆祝她的降临，五月柱也是用这种树制成的。

垂枝桦

（*Betula pendula*，英文名为 silver birch）

榛树

榛树是人类与过去森林关系的标志。从不列颠群岛的树篱到欧洲和北美中石器时代生活的考古记录，很明显人类在很大程度上依赖榛树的坚果。榛树一度占据欧洲林冠面积的75%，这一事实引发了这样一种猜测：人类故意传播了这种树。稀树草原的焚烧、放牧和耕作系统非常适合种植坚果，而坚果是可与肉类媲美的丰富蛋白质来源。

榛树生长迅速，有多根茎从一个基部萌发。如果放任不管，它的寿命不会超过一百年，但是如果定期修剪（平茬），它几乎可以无限期地存活。它的叶片与桤木和桦树的叶片相似，圆形，末端渐尖，边缘有锯齿。榛树实际上属于桦木科。

榛树珍贵的坚果对森林中的生命至关重要，它们从受精雌花中长出，雌花是和雄性柔荑花序一起生长在树枝上的红色小芽。啮齿类动物和鸟类以这种芽为食，而柔荑花序是昆虫的重要食物。柔荑花序在前一年冬天长出来，被树脂密封，直到来年春天。树脂融化后散发出来的大量花粉是昆虫从冬眠中醒来后的第一批食物。这种树的光滑树皮也是许多地衣物种的重要宿主。

榛树在盎格鲁-撒克逊语中的名字是“Haessel”，意为“兜帽”，指的是坚果顶部的帽子状结构。凯尔特人称榛树为“Coll”，并认为它充满智慧。在凯尔特神话中，九棵神圣的榛树生长在一个水池周围，坚果掉进水里，被一条鲑鱼吃掉。鲑鱼身上的斑点就对应着它们吃掉的坚果的数量。榛秆被用于探测水源，而焚烧坚果产生的烟雾是古老而强大的凯尔特占卜仪式的一部分。

在一个面临粮食危机的世界中，榛子可能会再次成为人类饮食的重要组成部分。

欧榛

（*Corylus avellana*，英文名为common hazel）

刺柏

刺柏是北方森林的地毯。这种树在苏格兰有时被称为“mountain yew”（山红豆杉），它会沿着地面蔓延，拥抱大地，在很多方面都抛开了树的概念。它是世界上分布最广泛的常绿针叶树，从日本到欧洲和非洲以及北美洲和中美洲都有分布。刺柏属（*Juniperus*）在北方森林有许多种类，全世界有六十多个物种，所有物种都属于有药用价值的柏木科（Cupressaceae）。

雌株的淡紫色浆果是一种香料，用于给肉和杜松子酒调味，也是一种药用成分。它生长在一层短而尖的鳞片状叶子中，这些树叶耐热、防水，并且含有阻止动物啃食的毒素。蜡质角质层通过三种方式促进生态健康：它们为地面遮阴，保存土地水分；它们控制土壤侵蚀；它们浓缩有药效的树脂，不仅对鸟类有益，对土壤和大气的整体健康也有益。

北方森林的鸟类，尤其是吃刺柏种子的田鸫和环颈鸫，似乎对种子的萌发至关重要。浆果在植株上悬挂长达三年。种子包裹在其不透水的外皮内，当外皮穿过鸟类的胃部后，种子才能萌发。这种植物和鸟类彼此需要。

刺柏富含树脂的树枝一直扮演着神圣的角色，焚烧它们产生的烟雾是许多原住民仪式不可或缺的一部分。对于北美原住民部落而言，刺柏是保护的象征。夏延人（Cheyenne）和达科他人（Dakota）等平原印第安人在他们的圆锥形帐篷上悬挂刺柏树枝，帮助他们抵御风暴。这些树脂有抗病毒和保健作用，有助于缓解呼吸问题。盖尔民间传说认为，刺柏还有助于诱导子宫收缩以促进分娩。

尽管刺柏分布于世界各地，但在某些地方，它正在迅速衰退，需要特别保护。这种树不喜欢阴凉，其中的药物需要阳光才能激活和释放。在学校、托儿所、疗养院和医院周围种植刺柏将会是有益的。

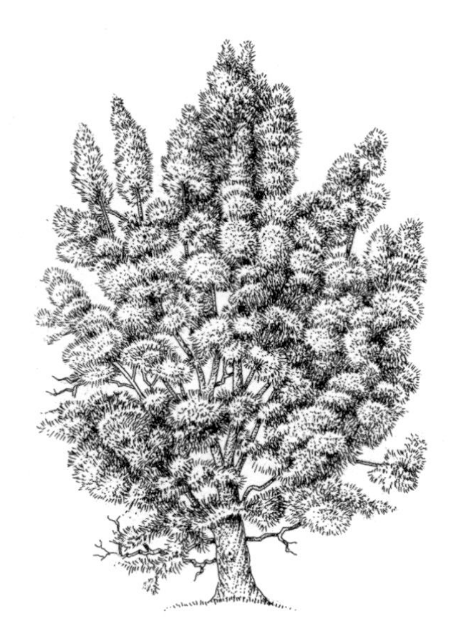

欧洲刺柏

（*Juniperus communis*，英文名为common juniper）

落叶松

落叶松（larch）在北美称为“tamarack”，它是一个异类，一种落叶的针叶树。全世界只有九个落叶松属（*Larix*）物种，大多数分布在西伯利亚和欧亚大陆腹地。北美落叶松（*Larix laricina*）是加拿大和阿拉斯加的落叶松，又称“垂枝落叶松”（weeping larch）。和在西伯利亚的严寒中发育不良的达乌里落叶松和西伯利亚落叶松相比，它更高，姿态更优雅，为从落基山脉到大西洋海岸的森林增光添彩。

落叶松和水是分不开的，不仅是因为它能够调节地下水流，并能通过其细胞的运动方式将水从液体转变成冰然后再转变回来，还因为它的繁殖方式。落叶松的花粉与其他针叶树的花粉一样，通过水传播。它的精子会像人类精子一样游动，沿着花粉管游到卵子处，令其受精。

落叶松的落叶机制使其成为最不寻常的针叶树。它能制造脱落酸，这是它的与众不同之处。这种激素促使叶绿素从针叶中流失，使针叶变成橙色或棕色。秋季气温的进一步下降导致脱落酸再次大量分泌，攻击将针叶附着在树枝上的叶柄组织。落叶堆积，树木进入冬季休眠状态。春天，树木再次启动，吸入二氧化碳，并利用二氧化碳长出之后又会落下的针叶。这个过程会捕获数百万吨的碳，这些碳之所以被储存起来，是因为树木的树荫给森林地面降温，减缓真菌活动，减少蒸发，抑制了分解。

对于西伯利亚的原住民而言，落叶松是生命之树，是他们所有神话和神圣仪式的核心。北美和欧洲的人们对落叶松的根非常珍视，它被用来将桦树皮独木舟缝合在一起，甚至用于连接大型帆船的甲板和船体。使用笔直的落叶松树干（能抗腐烂）制成的管道被用在水井中。

落叶松是封存二氧化碳和调节地下水的最有效的树木之一，在制定生态战略方法时至关重要。

西伯利亚落叶松
（*Larix sibirica*）

云杉

戴安娜·贝雷斯福德-克罗格将云杉称为全球森林的主力军。云杉属（*Picea*）有四十五个物种，但最突出的两个物种是白云杉和黑云杉，它们"洗涤"了很大一部分的亚北极大气。

白云杉（*Picea glauca*）是白色版本，又被称为"加拿大云杉"（Canadian spruce）、"牧场云杉"（pasture spruce）、"猫云杉"（cat spruce），或者被奇普怀恩人称为"老大哥"。黑云杉（*Picea mariana*）是黑色版本，又称"东方"（eastern）、"沼泽"（bog或swamp）或"双"（double）云杉。

这两个物种都有结实的绿色针叶，实际上是紧紧卷成管状的叶片，螺旋状排列在树枝上。它们的树干长而直，不过北方的云杉和黑云杉的根部如果一直浸在泥炭沼泽的潮湿环境中，可能会发育不良。针叶、树皮、树根和球果都富含树胶和树脂，具有很高的药用价值。缓慢生长在最边缘的栖息地的树木则含有最丰富的药物。

云杉的超深色叶肉可以在极端条件下进行光合作用，在环境艰苦的地球角落中获取最大价值。它的深色树叶吸收辐射并进行光合作用，通过阻止长波辐射返回大气层并接着被温室气体捕获，对地球起到双重冷却效果。

在北美神话中，云杉树具有不同的意义。对于西南部落，它们

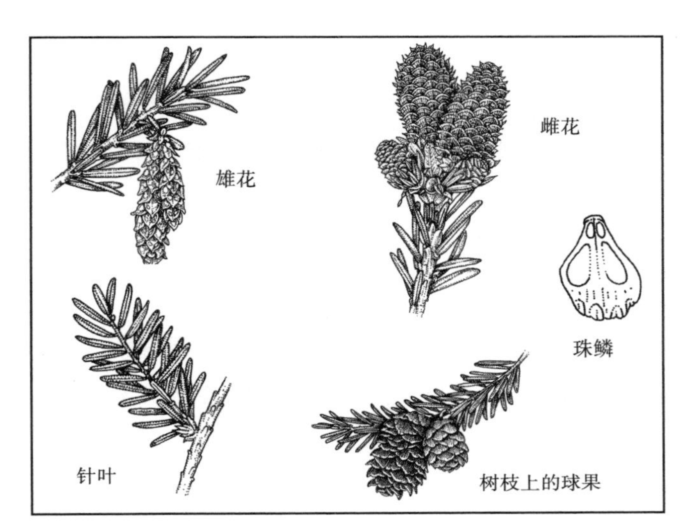

黑云杉（*Picea mariana*，英文名为black spruce）

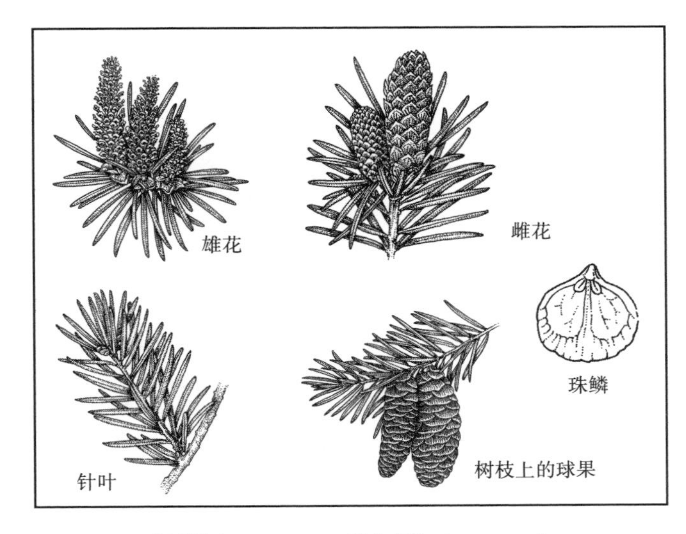

白云杉（*Picea glauca*，英文名为white spruce）

是天空的象征。在霍皮人（Hopi）的神话中，云杉树是一位将自己变成了一棵树的巫医。在皮马人（Pima）的洪水神话中，皮马人的父亲兼母亲在洪水来临时，漂浮在云杉柏油形成的球里，幸存了下来。还有一个易洛魁人（Iroquois）的传说，讲述了云杉精灵从女巫手里救出一个女孩的故事。

阿尼什纳贝人将云杉称为“卡瓦提克”（ka-wa-tik），并用沸水熬煮幼树的球果，用于治疗腹泻。云杉的根——“瓦图普”（wahtup）——被放入水中软化，用来将桦树皮绑在一起，制作独木舟和捕捉兔子的陷阱。

用云杉生产的树胶、柏油、树脂和油可以用来代替石油基产品。通过更多的研究和关注，替代行业正在等待被发现。

松树

欧洲赤松（*Pinus sylvestris*，英文名为Scots pine）是欧亚大陆松树家族的杰出代表，它的孪生物种北美短叶松（Pinus banksiana）则在北美占据主导地位。殖民定居者对它有多种称呼，如“杰克松”（jack pine）、“灌木松”（scrub pine）、“黑松”（black pine）和“灰松”（grey pine）等，而美洲原住民叫它“科埃”（kohe），这是一个阿萨巴斯卡语单词。另一个北美物种刺果松（*Pinus aristata*）是世界上最古老的树种之一，在加利福尼亚有一些五千多岁的案例。

欧洲赤松的寿命比北美短叶松长，生长高度更高，但北美短叶松更坚韧，可以在裸露的岩石和沙质土上生存，而且它与地衣建立了非同寻常的关系，可以获取稀薄土壤无法提供的养分。这种共生关系发生在根系，也存在于树干、树枝和针叶。漂亮的松萝科（Usneaceae）地衣挂在北美短叶松的树枝上，它们捕获氮，将其作为养料提供给这种树，并制造一系列具有抗菌作用的酸和生化物质。

欧洲赤松长有两针一束的蓝绿色针叶，还有直立在树枝上的笔直对称的球果，而北美短叶松则有粗短尖锐的针叶，并在树枝上对生两个扭曲的雌性球果，就像两只成对的香蕉一样。这些球果被树胶密封，只会在火中打开。树脂意味着北美短叶松的木材因其高热量输出而受到重视，也意味着死亡松树的腐烂速度很慢，残枝可以保存长达一百年。

北美生产各种松树，有超过一百个物种，而这座大陆的原住民对于松树有广泛的医药用途。针叶、树脂和树胶具有防腐和抗菌作用。松树的各个部位被焚烧、浸泡或煮沸，以帮助治疗呼吸道疾病。卡尤加人会收集松节（药物浓度最高的部位）并提取木髓，来治疗结核病。

对于生活在五大湖地区的部落来说，松树是与自然和谐关系的特征。易洛魁人焚烧北美乔松（*Pinus strobus*）的松针以驱除邪灵，寻求平安，而掉落的树枝会被烧掉，产生的烟雾被用来“清洗”见过死人的人的眼睛。在西伯利亚，贝加尔湖沿岸的松树林对布里亚特人（Buryat）而言是神圣的。在英国，欧洲赤松按照传统习俗被用作景观标记，表示边界和通行权。古埃及人会将奥里西斯神（Osiris）的神像埋在一棵松树挖空的中心。

虽然欧洲赤松和北美乔松都容易受到干旱的影响，但北美短叶松似乎能很好地应对季节性缺水。鉴于其分布范围广泛，横跨北美洲并延伸至北极圈以南一千多英里，它可能成为未来森林的候选者，因为它有广阔的气候生态位。

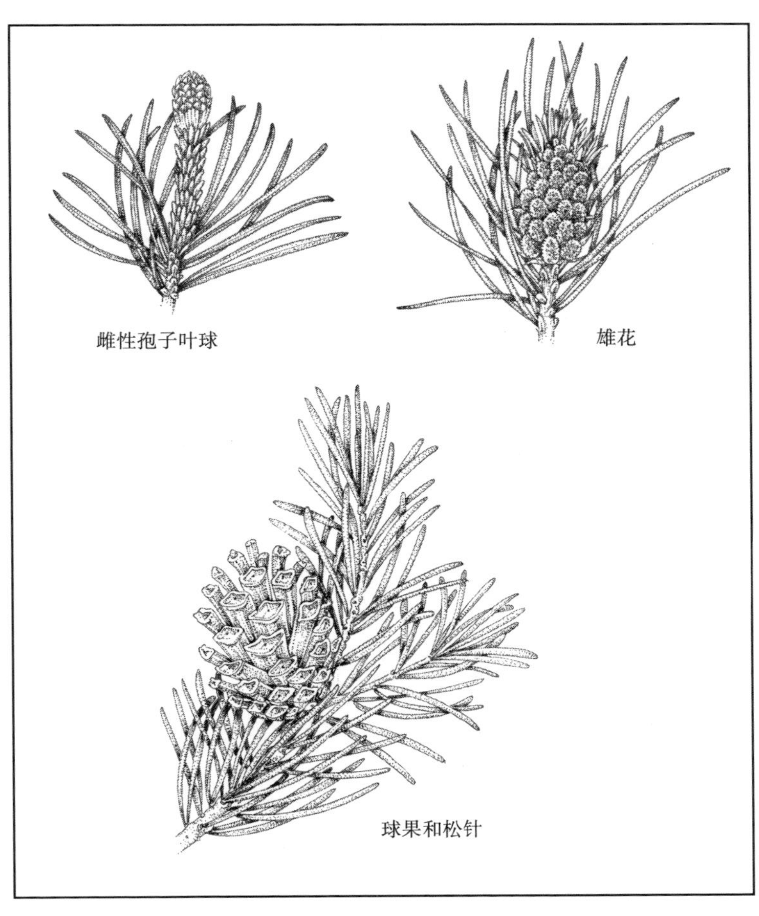

欧洲赤松（*Pinus sylvestris*，英文名为Scots pine）

颤杨

颤杨是世界上分布最广泛的树木之一，从北极圈到北非，跨越北方森林直到日本。和桦树一样，它是先锋物种，也是在上一次冰期之后最早在北半球拓殖的物种之一。它生长迅速，在受到扰动或火灾后的再生能力很强。

它的树皮光滑，呈灰色，叶片小而圆。它们的叶柄基部呈现独特的适应性特征，形状扁平，非常灵活但又结实，可以在风中旋转拍打，由此得名颤杨（*Populus tremuloides*）。爱尔兰人说它是激动得浑身颤抖。新长出的叶片呈铜棕色，充满叶绿素后变成绿色，然后在秋天变成黄色。树叶的颤动将光反射到树木周围，并将叶片中的生化物质分散在空中。

颤杨是动物和人类的重要药物来源。蝴蝶会到这种树上采集水杨酸盐和锌、镁等矿物质。树皮的酸性较低，这意味着它是一些只生长在颤杨身上的地衣的家园。人类可以食用其内层树皮，其味道类似甜瓜，而外层树皮被用来治疗糖尿病、心脏病、性病和胃痛等各种疾病。树叶可以缓解蜜蜂或黄蜂蜇伤的疼痛，人们还可以采集树皮的白色周皮，研磨成粉末后用于止血。

颤杨的花在春天会长出带有长茸毛的种子，因此在英语里有“棉花木”（cottonwood）的绰号。这种树很少使用种子繁殖，它更喜欢通过无性繁殖的方式克隆自身。波普勒河畔的大片颤杨林很可能是拥有数千年寿命的单一生命体。阿尼什纳贝人用杨树熏制食物和兽皮，并用燃烧的烟熏火堆驱赶蚊子。

在希腊神话中，它被称为“盾牌树”，提供身体和精神上的保护。这种树的盖尔语名字是“克里特安”（critheann），高地居民认为它有魔力，与仙界有关，因此将它用于建筑是一种禁忌。

全球各地的颤杨似乎正在遭受高温胁迫。不过，戴安娜·贝雷斯福德-克罗格指出，在大西洋两岸，颤杨产生了三倍体突变——细胞内的三套染色体取代了正常的两套，这可能为培育更具韧性的种类提供了机会。

美洲颤杨

（*Populus tremuloides*，英文名为 trembling aspen）

香脂杨

香脂杨是杨柳科（Salicaceae）的另一种“棉花木”，每年春天，雌树都会释放出云朵般的茸毛。和颤杨一样，香脂杨也有营养繁殖再生的习性，在地下将萌蘖伸展到距离母株可达四十米远的地方。它看起来和颤杨很像，有笔直的灰色树干，幼树的树干是光滑的，不过随着时间的推移，它会开裂并裂成深沟。叶片更长、更绿，有点呈心形，比堂亲颤杨的叶片大得多。

“香脂杨”这个名字来自这种树的芽和叶片中丰富的油性树脂。该物质是香脂杨的“药箱”，也是其杂交物种之一“基列[①]香脂”（the balm of Gilead）绰号的由来。这种树脂之所以浓缩在香脂杨体内，是因为这种树偏爱林木线地带的恶劣生境。在很少有阔叶树能够生存的地方，香脂杨却能茁壮成长，忍耐寒冷，长到三十米高，直径可达两米。它从不以发育不良的形态出现在矮曲林中，只会长得又直又高。

虽然分布于北半球各地，但它并没有在北美以外的地区形成大片森林。对于第一民族原住民来说，它是一种重要的树，他们称其为“巴姆”（bam）、“巴姆树”（bamtree）或“哈克马塔克”

① 基列是《圣经》中的一片土地，位于今约旦境内，因产一种可治病的树脂而闻名。

（hackmatack），并使用树脂治疗多种疾病，包括癌症、高血压和心脏病。这种树的油是包治一切的灵药，被美洲原住民用于许多不同的治疗方法，而且木材具有药用和抗菌功效，因此可用于制作牙签和筷子。西方医学尚未充分研究香脂杨的药用潜力。

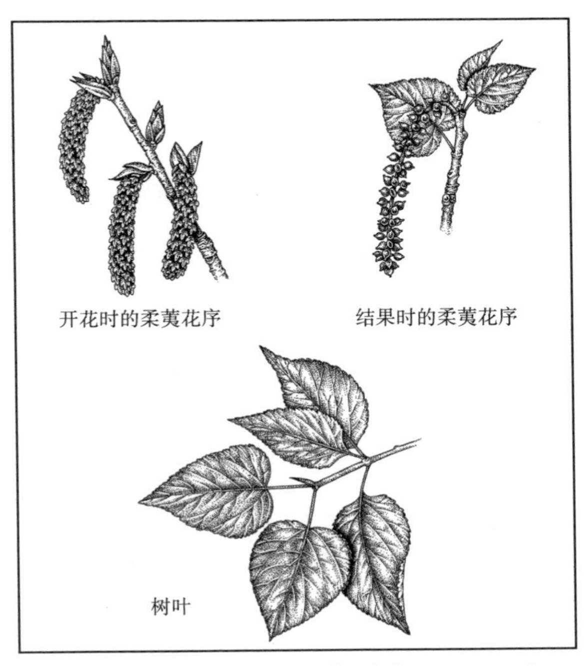

香脂杨（*Populus balsamifera*，英文名为balsam poplar）

柳树

柳树是前沿物种，生长在林木线之外，标志着其向苔原的过渡。作为耳柳（eared willow）或黄华柳（goat willow 或 pussy willow），柳树可以生长成灌木，沿着地面匍匐；作为爆竹柳（crack willow）或白柳（white willow）时则可以生长成高达三十米的成熟乔木。柳属（*Salix*）有三百个物种，分布在非常广泛的气候生态位上。它们都喜欢水。

柳树紧贴水道，排列在林木线以北的低地河流、苔原池塘以及山间溪流边上。由于和水的距离太近，有发霉的危险，但柳树进化出了一种名为水杨酰苯胺的异种化感物质，具有抗真菌和防霉功效。柳树保护流域的上游，管理地下水流，减缓洪水，并向水中释放有利于鱼类和其他水生生物的恢复性生化物质。不稳定的酯类有助于油脂在鱼类体内固定。其他水杨酸会增强水中的光照，从而有利于水生植物，而柳树种子一旦从茸毛中脱落，就会漂浮在河里并且变成金色，成为落入幸运鱼儿口中富含蛋白质的食物。

在冬天，大多数树种的裸露枝条是彩色的——绿色、黄色和红色。在春天，新叶尚未长出，柔荑花序便率先出现，它们是毛茸茸的、粗短的芽，受到良好的保护，而且很漂亮。柳树家族为超过四百五十个昆虫物种提供食物。

它的柔荑花序是熊蜂的首要花粉来源之一。蜜蜂会寻找柳树，获取其有药效的花粉和花蜜，其中含有抗生素特性。蝴蝶也依赖柳树获取生化物质，用于螯合它们制造自己的绚丽色彩所需的金属。

柳树对于清洁和健康的流域，以及健康的昆虫种群来说都至关重要。当授粉媒介与全球变暖作斗争时，种植更多柳树将会对它们有所帮助。大多数物种都是通过插入地面的插条种植的。柳树种子在萌发三十六个小时后开始生长，并且不会停止。它们是森林中生长最快的树木之一。

柳树幼嫩的枝条一直被用来制作篮子和柳编，而且成熟的木材适合用来制造很多东西，包括家具、车轮、板球棒和木底鞋。奥吉布瓦族用柳树制作汗蒸小屋，它的药用用途包括缓解疼痛、抗炎、缓解便秘以及作为抗生素。早在阿司匹林的有效成分被分离出来并向全世界推广之前，人们就已经开始咀嚼柳枝了。

爆竹柳

（*Salix fragilis*，英文名为crack willow）

花楸

在整个北方森林，花楸都是常见的景象。春天它开出白色的花朵，秋天则会结出一串串红色的浆果。作为蔷薇科（Rosaceae）的成员，它对称的带锯齿叶片与白蜡树的叶皮相似，因此其英文名mountain ash的字面意思是“山白蜡树”。欧亚花楸（*Sorbus aucuparia*）是常见的欧洲种类，北美花楸（*S. americana*）和美丽花楸（*S. decora*）是常见的北美物种。格陵兰花楸（*S. groenlandica*）是一个专属亚种。

花楸属（*Sorbus*）是森林中生长迅速的先锋，很容易在意想不到的地方站稳脚跟，因此是北方森林俱乐部的重要成员，与真菌和地衣形成的有用关系仅次于榛树。春天的花具有浓郁的甜香气味，对授粉者有吸引力，也是各种昆虫的觅食地，为漫长冬季后出现的候鸟提供食物。花楸是北方森林的安全网，无论天气模式如何被扰乱，它都能产生花粉和花蜜。

到了秋天，候鸟在南飞之前会再次享用盛宴——吃花楸的红色浆果。花楸的红色是冬季降临的预兆。鸟儿传播种子，每个红色球形果实中有八粒种子。种子坚硬的外皮需要动物消化道或天气的作用将其分解。种子产生数年后可以萌发。

人类也可以吃花楸浆果，而且常常将其制成蜜饯，与肉类一起食用。在苏格兰高地，除了浆果外，人们忌讳使用这种树的任何部位，并且严禁用刀切割木头。人们把花楸种植在房屋附近以求保护，并将其和精灵世界联系在一起。浆果上的小五角星是一种古老的保护符号。在斯堪的纳维亚半岛，巫师将符文写在花楸木上用于占卜。

花楸的叶片背面是银色的。它们反射光线，并且可以捕获和保持从土壤中升起的水分。根系深广，令这种植物能够在冬季和夏季水分不足的情况下生存，因此花楸是减缓气候变化的优良树种。

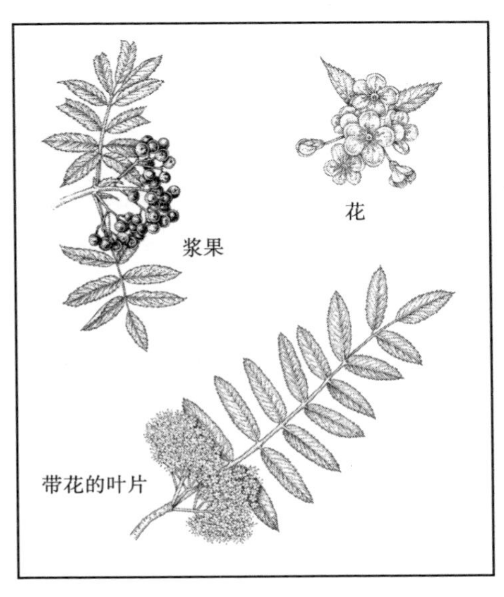

欧亚花楸（*Sorbus aucuparia*，英文名为rowan）

欧洲红豆杉

欧洲红豆杉是一种奇特的植物。它是一种喜欢潮湿气候中的边缘土壤的针叶树，从英国跨越欧洲，到北非、伊朗和高加索的山区都有分布，但它只以小种群或单株树木的形式存在，几乎没有一座完整的森林。它在很多国家被列为濒危物种。

一棵欧洲红豆杉（European yew，拉丁学名*Taxus baccata*）是欧洲现存最古老的树——生长在苏格兰格伦莱昂（Glen Lyon）的福廷格尔（Fortingall）红豆杉，而红豆杉属（*Taxus*）是欧洲最古老的树木属，显然是在六千六百万年前的白垩纪和第三纪过渡期出现的。因此，我们在看到欧洲红豆杉时很难不怀着敬意。它因其悠久的历史和永生的潜力而受到关注。这就是凯尔特人将它作为生命与死亡之树加以崇拜的原因。红色肉质假种皮（形似浆果）内的黑色种子对人类有剧毒，但有时也用于治疗头痛和神经痛。最近，科学家还发现了它的抗癌功效。它的树干可以长得很大，低矮的树枝形成浓密的阴影，几乎没有什么东西可以在它们下面生长，这赋予了欧洲红豆杉一种神秘和神奇的感觉。

欧洲红豆杉提醒我们，我们对树木以及它们如何抵达现在的地方知之甚少。欧洲红豆杉似乎是一种孑遗植物，它曾经的分布范围比现在广泛得多，但过去的气候变化塑造了它目前的分布模式，将其限制在残遗种保护区。有证据表明，新第三纪（三千五百万年前至三千四百万年前）的冰川振荡令欧洲红豆杉的分布范围大大缩小，而包括最后一次冰期在内的第四纪多次冰川振荡，则进一步令欧洲红豆杉的种群变得支离破碎。[1]

欧洲红豆杉的扩散能力很低，微小的绿色胚珠受粉后发育成红色浆果，位于叶柄和生长树叶的枝条之间。扁平的针叶背面有灰色和黄色条带，针叶以螺旋状着生在树枝上，尽管底部的扭曲形态让它们看起来是成行排列的。欧洲红豆杉的种子不会传播得很远，也不容易从种子中生长出来，它需要湿润、营养丰富的小气候和保护植物（常常是刺柏）来保护幼苗免遭食草动物的侵害。在受过扰动的地点，欧洲红豆杉会在竞争中胜过阔叶树，创造新的森林，但是一旦在混交林中被砍伐，将难以再生。

欧洲红豆杉仍然停留在人类出现之前的森林阶段。它现在的分布模式是气候对它造成不利影响并失去上新世潮湿雾气的结果，也是后来被人类砍伐的结果。在这方面，它不仅是过去的幽灵，也是未来森林的幽灵。

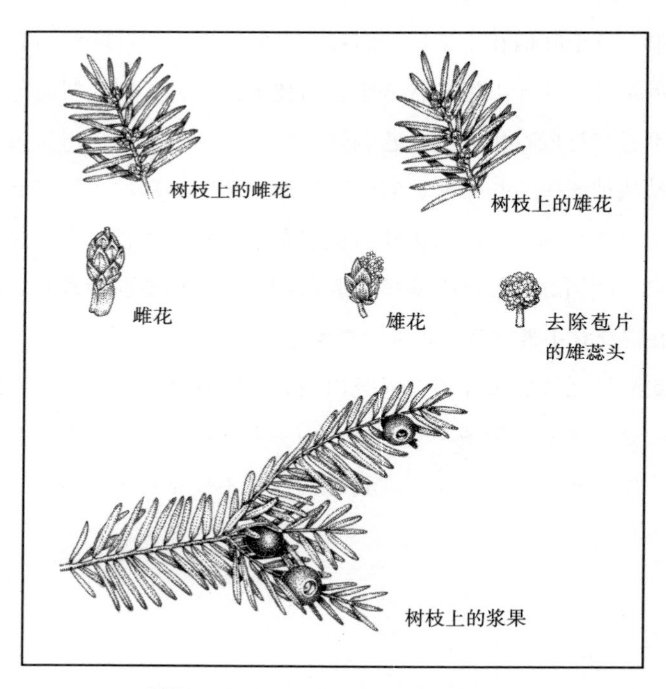

欧洲红豆杉（*Taxus baccata*，英文名为yew）

注释

序言

1. Thomas Berry, *The Dream of the Earth* (Sierra Club, 1988)

第一章
僵尸森林

1. Ron Summers, *Abernethy Forest: The History and Ecology of a Scottish Pinewood* (RSPB, 2018)
2. 同上
3. Oliver Rackham,*Trees and Woodland in the British Landscape* (Phoenix, 1976)
4. Rob Wilson et al., ‘Reconstructing Holocene Climate from Tree Rings: The potential for a long chronology from the Scottish Highlands’, *The Holocene* 22, 3–11, 2019. 又见 Miloš Rydval et al., ‘Spatial reconstruction of Scottish summer temperatures from tree rings’, *International Journal of Climatology* 37:3, 2017
5. Jurata Buchovska and Darius Danusevicius, ‘Post glacial migration of Scots pine’, *Baltic Forestry*, 2019
6. Garrett Hardin, ‘The Tragedy of the Commons’, *Science* 162:3859, 1243–1248, 13 December 1968. 哈丁（Hardin）的论点是，不能信任人类在公共领域会节制行事。他使用的完整短语是“公地自由的悲剧”，文章讨论了可能用来强迫人类保持克制而不去过度开发或污染公共区域的方法。虽然这是如今自然资源管理的一个相关论点，但它不是对过去的有用解释，也不严格适用于原住民的实践。然而，这并没有阻止哈丁的文章被这样使用。
   见 George Monbiot, ‘The Tragedy of Enclosure’, *Scientific American*, January 1994
7. John Prebble, *The Highland Clearances* (Penguin, 1969)
8. Arthur Mitchell (ed.), ‘Geographical Collections’, 2 in Professor T. C. Smout, *History of the Native Woodlands of Scotland 1500–1920* (Edinburgh University Press, 2008)
9. Jim Crumley, *The Great Wood: The Ancient Forest of Caledon* (Birlinn, 2011)

注：为保留原貌，依原版文献著录格式，仅翻译其中非文献的表述文字。

10. Vladimir Gavrikov and Pavel Grabarnik et al., ‘Trunk-Top Relations in a Siberian Pine Forest’, *Biometrical Journal* 35, 1993
11. Diana Beresford-Kroeger, *The Global Forest: 40 Ways Trees Can Save Us* (Particular Books, 2011)
12. Rackham, *Trees and Woodland*
13. Eurostat数据库, ec.europa.eu
14. Leif Kullman, ‘A Recent and Distinct Pine (Pinus sylvestris L.) Reproduction Upsurge at the Treeline in the Swedish Scandes’, *International Journal of Research in Geography* 4, 2018
15. LeifKullman, ‘Recent Treeline Shift in the Kebnekaise Mountains, Northern Sweden’, *International Journal of Current Research* 10:01, 2018
16. Summers, *Abernethy Forest*
17. 同上
18. Fiona Harvey, ‘London to have climate similar to Barcelona by 2050’, *Guardian*, 10 July 2019
19. Summers, *Abernethy Forest*
20. Bob Berwyn, ‘Many Overheated Forests May Soon Release More Carbon Than They Absorb’, *Inside Climate News*, 13 January 2019

第二章
追逐驯鹿

1. *Last Yoik in Saami Forests?* Greenpeace, 2005. 这部影片记录了反对砍伐芬兰古老森林的斗争。
2. 个人交流，来自 Diana Beresford-Kroeger
3. Diana Beresford-Kroeger, *Arboretum Borealis* (Michigan University Press, 2010)
4. Abrahm Lustgarten, ‘How Russia Wins the Climate Crisis’, *New York Times*, 9 December 2020

第三章
睡着的熊

1. Anton Chekhov, *Sakhalin Island* (Alma Classics, 2019)
2. Anatoly Abaimov et al., ‘Variability and ecology of Siberian larch species’, Swedish University of Agricultural Sciences, Department of Siviculture, Report 43, 1998
3. Bob Berwyn, ‘When Autumn Leaves Begin to Fall – As the Climate Warms, Leaves on

Some Trees are Dying Earlier', *Inside Climate News,* 26 November 2020
4. Berwyn, 'Many Overheated Forests …'
5. Elena Parfenova, Nadezhda Tchebakova and Amber Soja, 'Assessing landscape potential for human sustainability and "attractiveness" across Asian Russia in a warmer 21st century', *Environmental Research Letters* 14:6, 2019
6. Lustgarten, 'How Russia Wins …'
7. 同上。
8. Oliver Milman, 'Global heating pushes tropical regions towards limits of human livability', *Guardian,* 8 March 2021
9. Gabriel Popkin, 'Some tropical forests show surprising resilience as temperatures rise', *National Geographic,* 19 November 2020
10. A. A. Popov, *The Nganasan: The Material Culture of the Tavgi Samoyeds,* Routledge Uralic and Altaic Series 56, Routledge, 1966
11. Piers Vitebsky, *The Reindeer People: Living with Animals and Spirits in Siberia* (Mariner Books, 2005)
12. Peter Wadhams, *A Farewell to Ice* (Penguin, 2015)
13. Svetlana Skarbo, 'Weather swings in Siberia as extreme heat is followed by June snow, tornadoes and floods', *Siberian Times,* 9 June 2020
14. *Shaman,* Lennart Mari. 一部制作于1977年并在1997年发布的纪录片，https://www.youtube.com/watch?v=2ZlOPkIbR50
15. Eugene Helimski, 'Nganasan Shamanistic Tradition: Observations and Hypotheses,' Paper presented to the Conference 'Shamanhood: The Endangered Languages of Ritual' at the Centre for Advanced Study, Oslo June 1999.
16. W. Gareth Rees et al., 'Is subarctic forest advance able to keep pace with climate change?' *Global Change Biology* 26:4, April 2020
17. Dr Zac Labe of the University of Colorado interviewed by Jeff Berardelli, 'Temperatures in the Arctic are astonishingly warmer than they should be', *CBS News,* 23 November 2020
18. Chekhov, *Sakhalin Island*
19. Craig Welch, 'Exclusive: Some Arctic Ground No Longer Freezing – Even in Winter', *National Geographic,* 20 August 2018
20. S. Zimov et al., 'Permafrost and the global carbon budget', *Science* 312:5780, 16 July 2006
21. University of Copenhagen, 'Arctic Permafrost Releases More Carbon Dioxide than Previously Believed', phys.org, 9 February 2021

第四章
前沿地区

1. Charles Wohlforth, *The Whale and the Supercomputer* (Farrar, Straus & Giroux, 2004) 详细介绍了这项研究的故事和围绕它的辩论.
2. Ken Tape, 'Tundra be dammed: Beaver colonization of the Arctic' , *Global Change Biology* 24:10, October 2018; Ben M. Jones et al., 'Increase in beaver dams controls surface water and thermokarst dynamics in an Arctic tundra region, Baldwin Peninsula, northwestern Alaska' , *Environmental Research Letters* 15, 2020
3. Seth Kantner, *Shopping for Porcupine* (Milkweed Editions, 2008)
4. Anna Terskaia, Roman Dial and Patrick Sullivan, 'Pathways of tundra encroachment by trees and tall shrubs in the western Brooks Range of Alaska' , *Ecography* 43, 2020
5. Merlin Sheldrake, *Entangled Life* (Bodley Head, 2020)
6. S.W.Simardetal., 'Net transfer of carbon between ectomycorrhizal tree species in the field' , Nature 388, 1997; Ferris Jaber, 'The Social Life of Forests' , *New York Times Magazine,* December 2020
7. 'Satellites reveal a browning forest' , NASA Earth Observatory, 18 April 2006
8. 'Land Ecosystems Are Becoming Less Efficient at Absorbing CO2' , NASA Earth Observatory, 18 December 2020
9. Kate Willett, 'Investigating climate change' s "humidity paradox"' , *Carbon Brief,* 1 December 2020
10. Max Martin, 'Add atmospheric drying – and potential lower crop yields – to climate change toll' , *Toronto Star,* 12 March 2021
11. T. J. Brodribb et al., 'Hanging by a thread? Forests and Drought' , *Science* 368:6488, 17 April 2020
12. Jim Robbins, 'The Rapid and Startling Decline of World' s Vast Boreal Forests' , *Yale Environment* 360, 12 October 2015
13. 同上
14. Fred Pearce, *A Trillion Trees* (Granta, 2021)
15. 同上
16. David Ellison et al., 'Trees, Forests and Water: Cool Insights for a Hot World' , *Global Environmental Change* 43, 2017
17. A. M. Makarieva and V. G. Gorshkov, 'Biotic pump of atmospheric moisture as driver of the hydrological cycle on land' , *Hydrological Earth System Science* 11, 2007
18. 同上
19. Roger Pielke and Piers Vidale, 'The Boreal Forest and the Polar Front' , *Journal of*

Geophysical Research 100:D12, 1995

20. Makarieva and Gorshkov, 'Biotic pump of atmospheric moisture …'
21. Fred Pearce, 'A Controversial Russian Theory Claims Forests Don' t Just Make Rain – They Make Wind', *Science*, 18 June 2020
22. Kyle Redilla, Sarah T. Pearl et al., 'Wind Climatology for Alaska: Historical and Future', *Atmospheric and Climate Sciences* 9:4, October 2019
23. Richard K. Nelson, *Make Prayers to the Raven: A Koyukon View of the Northern Forest* (University of Chicago Press, 1983)
24. 'Project Jukebox', University of Alaska Fairbanks Oral History Program. 阿特拉的采访见网址：https://jukebox.uaf.edu/site7/interviews/3623
25. *Make Prayers to the Raven,* KUAC Radio, Fairbanks. 系列纪录片可在YouTube 网站观看。
26. World Wildlife Fund for Nature and Huslia Tribal Council, *Witnessing Climate Change in Alaska*, 2005. 学生主导的一系列采访胡斯利亚居民的广播电视节目见网址 https://wwf.panda.org/discover/knowledge_hub/where_we_work/arctic/what_we_do/climate/climatewitness2/huslia/radio_programmes/
27. Juliet Eilperin, 'As Alaska warms, one village' s fight over oil and development', *Washington Post*, 14 December 2019
28. Beresford-Kroeger, *Arboretum Borealis*
29. 同上
30. Dieter Kotte et al. (eds), *International Handbook of Forest Therapy* (Cambridge Scholars, 2019)
31. Sabrina Shankman, 'What Has Trump Done to Alaska? Not as Much as He Wanted', *Inside Climate News*, 30 August 2020

第五章
海中的森林

1. Diana Beresford-Kroeger, *To Speak for the Trees: My Life' s Journey from Ancient Celtic Wisdom to a Healing Vision of the Forest* (Pen- guin, 2019)
2. 同上
3. John Laird Farrar, *Trees in Canada* (Fitzhenry and Whiteside, 2017)
4. Beresford-Kroeger, *To Speak for the Trees;* see also Katsuhiko Matsunaga et al., 'The role of terrestrial humic substances on the shift of kelp community to crustose coralline algae community of the southern Hokkaido Island in the Japan Sea', *Journal of Experimental Marine Biology and Ecology* 241, 1999

5. Charles C. Mann, *1493: How Europe' s Discovery of the Americas Revolutionized Trade,* Ecology and Life on Earth (Granta, 2011)
6. Tracy Glynn, 'Canada is under-reporting deforestation, carbon debt from clearcutting: Wildlands League', *NB Media Coop,* 15 January 2020; Frederick Beaudry, 'An Update on Deforestation in Canada', treehugger.com, 31 January 2019
7. The fire cycles and the cultural geography of the Anishinaabe is detailed in Iain J. Davidson-Hunt, Nathan Deutsch and Andrew M. Miller, *Pimachiowin Aki Cultural Landscape Atlas: Land That Gives Life* (Pimachiowin Aki Corporation, 2012)
8. David Lindenmayer and Chloe Sato, 'Hidden collapse is driven by fire and logging in a socioecological forest ecosystem', *Proceedings of the National Academy of Sciences of the USA* 115:20, 2018
9. Robin Wall Kimmerer, *Braiding Sweetgrass* (Milkweed, 2013)
10. Pimachiowin *Aki Cultural Landscape* Atlas详细解释了阿加西湖的地质情况
11. Columbia University, 'Northern peatlands may contain twice as much carbon as previously thought', phys.org, 21 October 2019

第六章
和冰的最后一支探戈

1. Wadhams, *A Farewell to Ice*
2. C. Rahbek et al., 'Humboldt' s enigma: What causes global patterns of mountain biodiversity?' *Science* 365:6458, September 2019
3. Richard T. Corlett and David A. Westcott, 'Will plant movements keep up with climate change?' *Trends in Ecology and Evolution* 28:8, 2013
4. Jared Diamond, *Collapse: How Societies Choose to Survive or Fail* (Penguin, 2005)
5. Andrew Christ and Paul Bierman, 'Ancient leaves preserved under a mile of Greenland' s ice – and lost in a freezer for years – hold lessons about climate change', *Conversation,* 15 March 2021
6. Ker Than, 'Ancient Greenland Was Actually Green', *Livescience,* 5 July 2007
7. Signe Normand et al., 'A Greener Greenland?: Climatic potential and long-term constraints on future expansions of trees and shrubs', *Philosophical Transactions of the Royal Society* 368:1624, 2013
8. Peter Branner, 'The Terrifying Warning Lurking in the Earth' s Ancient Rock Record – Our climate models could be missing something big', *Atlantic,* March 2021
9. Max Adams, *The Wisdom of Trees* (Head of Zeus, 2014)
10. Ellison et al., 'Trees, Forests and Water …'

11. Aslak Grinsted and Jens Hesselbjerg Christensen, 'The transient sensitivity of sea level rise', *Ocean Science* 17, 2021

后记：像森林一样思考

1. Ian Rappel, 'Habitable Earth: Biodiversity, Society and Re-wilding', *International Socialism, April* 2021
2. 同上
3. Donna Harraway, *Staying with the Trouble: Making Kin in the Chuthulucene* (Duke University Press, 2016)
4. James Hansen, *Storms of my Grandchildren* (Bloomsbury, 2009); James Hansen et al., 'Young people's burden: Requirement of negative CO2 emissions', *Earth System Dynamics* 8, 2017; David Wadsell, 'Climate Dynamics: Facing the Harsh Realities of Now, Climate Sensitivity, Target Temperature and the Carbon Budget: Guidelines for Strategic Action', presentation by the Apollo-Gaia Project, September 2015
5. David Abram, *The Spell of the Sensuous* (Vintage, 1997)
6. "协作生存"是罗安清（Anna Tsing）在《末日松茸》(*The Mushroom at the End of the World* ; *Princeton University Press,* 2015) 中自创的一个短语

树木一览

1. P. A. Thomas and A. Polwart, '*Taxus baccata* ', *Journal of Ecology* 91, 2003

致谢

感谢我慷慨的东道主和许多地方的朋友，他们帮助我以新的眼光看世界：在苏格兰，有托马斯·麦克唐奈（Thomas MacDonnell）、玛格丽特·贝内特（Margaret Bennett）、罗布·威尔逊（Rob Wilson）、菲奥娜·霍姆斯（Fiona Holmes）和生命之树组织（Trees for Life）、马克·汉考克（Mark Hancock）和凯恩戈姆山脉联结组织（Cairngorms Connect）；在芬马克，有哈尔盖·斯特里德费尔特（Hallgeir Strifeldt）、托尔·哈瓦尔德·松德（Tor Havard Sund）、玛蕾特·布廖（M ā ret Buljo）、英格-玛丽·高普·埃拉（Inge-Marie Gaup Eira）、伊萨特·H.埃拉（Issát H. Eira）、贝丽特·于特西（Berit Utsi）、尼拉斯·米凯尔（Niillas Mihkkael）、玛丽亚·埃拉（M ā rija Eira）、萨拉-伊雷妮·哈埃塔（Sara-Irene Haetta）、托马斯·梅尔内斯·尼加德（Thomas Myrnes Nygård）；在俄罗斯，有叶连娜·库班斯卡亚（Elena Kukavskaya）、娜杰日达·切巴科夫（Nadezhda Tchebakova）、亚历山大·邦达列夫（Aleksandr Bondarev）、索菲·罗伯茨（Sophy Roberts）、科·范·惠斯泰登（Ko van Huissteden）、桑德·维拉贝克（Sander Veraverbeke）、贾斯塔（Dzhasta）和玛丽亚·叶夫斯塔皮（Maria Yevstappi）、米沙（Misha）和安娜·丘佩林（Anna Chuperin）、阿纳托利·加夫里洛夫（Anatoly Gavrilov）、尼古拉·齐莫夫（Nikolai Zimov）、尼

古拉·科扎克（Nikolai Kozak）和尼古拉·巴罗诺夫斯基（Nikolai Baronofsky）；在阿拉斯加，有帕特·兰伯特（Pat Lambert）、亚当·韦茅斯（Adam Weymouth）、肯·泰普（Ken Tape）、塞思·坎特纳（Seth Kantner）、罗曼·戴尔（Roman Dial）、帕特里克·沙利文（Patrick Sullivan）、丽贝卡·休伊特（Rebecca Hewitt）、布伦丹·罗杰斯（Brendan Rogers）、约翰·盖德克（John Gaedeke）、卡尔·伯吉特（Carl Burgett）；在加拿大，有戴安娜（Diana）和克里斯蒂安·贝雷斯福德-克罗格（Christian Beresford-Kroeger）、索菲亚（Sophia）和雷·拉布利乌斯卡斯（Ray Rabliauskas）；在波普勒河，有利安·菲什巴克（LeeAnn Fishback）、史蒂文·马梅特（Steven Mamet）、戴夫·戴利（Dave Daley）；在格陵兰岛，有肯尼思·赫格（Kenneth Høegh）、埃伦·弗里德里克森（Ellen Friedrikssen）、迪尔克·范阿斯（Dirk van As）、费泽·M.尼克（Faezeh M. Nick）、彼得·弗里斯·默勒（Peter Friis Møller）、贾森·博克斯（Jason Box），以及格陵兰树木组织（Greenland Trees）的所有人。还要感谢詹妮弗·卡特赖特（Jennifer Cartwright）在残遗种保护区方面的教育。

感谢伦敦和纽约的优秀团队从一开始对这个项目的支持：苏菲·兰伯特（Sophie Lambert）、安娜·斯坦（Anna Stein）、比·海明（Bea Hemming）和伊丽莎白·戴瑟加德（Elisabeth Dyssegaard）。感谢乔尼·多诺万（Jonny Donovan），是他的陪伴和热情让我开始了挪威之旅。感谢早期读者和诤友杰·格里菲斯（Jay Griffiths）、汤姆·布洛（Tom Bullough）、戴安娜·贝雷斯福德-克罗格、艾尔菲·罗伦斯（Elfie Rawlence）、西蒙·罗伦斯（Simon Rawlence）

和扎娜·杰弗里斯（Zanna Jeffries）。感谢为这本书献出生命的树木。感谢我的妻子路易丝（Louise），女儿达夫妮（Daphne）和茜茜（Cissy），这段日子她们见到我的时间比应有的少。最后，感谢布里吉德·霍根（Brigid Hogan）委托莉齐·哈珀（Lizzie Harper）为本书创作了精美的插画。这些画是为了纪念她的兄弟，我的岳父帕特里克·霍根（Patrick Hogan），一位和橡树一样坚毅、稳重的人，在我撰写本书时的新冠疫情大流行期间去世。